SERIES OF PROJECT TEXTBOOKS IN HIGHER VOCATIONAL AND TECHNICAL EDUCATION

高等职业技术教育项目化教学系列教材

水利工程识图与绘图

Hydraulic engineering drawings reading and drawing

主　编：胡建平　晏成明
副主编：李一宁　姚赛芳　鲁俊蓉
主　审：刘亚莲

华南理工大学出版社
SOUTH CHINA UNIVERSITY OF TECHNOLOGY PRESS
·广州·

内 容 简 介

本书是结合水利水电行业对高等职业教育高技能人才培养要求编写的。

全书主要包括基本制图标准与技能、工程形体的表达、水利工程图和计算机绘图等四个学习型项目,每个学习项目包含若干学习型工作任务。

本书可作为高职高专及成人高校水利水电类专业工程制图教材,亦可供有关工程技术人员参考。

图书在版编目(CIP)数据

水利工程识图与绘图 / 胡建平,晏成明主编. —广州:华南理工大学出版社,2012.6(2023.6重印)

高等职业技术教育项目化教学系列教材

ISBN 978-7-5623-3688-4

Ⅰ. ①水⋯ Ⅱ. ①胡⋯ ②晏⋯ Ⅲ. ①水利工程-工程制图-高等职业教育-教材 Ⅳ. ①TV222.1

中国版本图书馆 CIP 数据核字(2012)第 126818 号

水利工程识图与绘图

胡建平 晏成明 主编

出 版 人:柯 宁
出版发行:华南理工大学出版社
　　　　　(广州五山华南理工大学17号楼,邮编510640)
　　E-mail:scutc13@ scut. edu. cn
　　营销部电话:020 - 87113487　87111048(传真)
责任编辑:王魁葵
印 刷 者:广州小明数码快印有限公司
开　　本:787mm×1092mm　1/16　印张:16.5　字数:422千
版　　次:2012年6月第1版　2023年6月第9次印刷
印　　数:8 001~9 000册
定　　价:52.00元

版权所有　盗版必究　印装差错　负责调换

前 言

高等职业技术教育的任务是培养适应生产、建设、管理及服务第一线需要的，德智体美全面发展的高等技术应用型人才。本书是结合水利水电行业对高等职业教育技术应用型人才的培养要求编写的。

本书按照"项目导向、任务驱动"的思路组织内容，编排成四个学习型项目，每个学习项目设计成若干个学习型工作任务。在编写过程中力求理论与工程实际相结合、知识与应用相结合、训练与能力相结合，在完成任务的同时，学习知识和掌握技能。本书内容精炼，概念清楚，理论以"必须、够用"为度，注重实用性，突出对学生专业技能的训练和培养。

本书贯彻最新的国家技术制图标准和行业制图标准。

本书适用于高职、高专及成人高校水利水电类专业，也可供工程技术人员阅读参考。

本书由胡建平、晏成明主编，刘亚莲主审。参加编写的有广东水利电力职业技术学院胡建平、晏成明、姚赛芳、鲁俊蓉，广东水利电力规划勘测设计研究院李一宁。

本书编写中参阅了有关院校、施工企业、科研院所的一些教材、资料和文献，得到了有关专家教授的支持和帮助，在此表示衷心的感谢！

由于编者水平有限，书中难免有不足之处，敬请使用本书的师生与读者批评指正，提出宝贵意见和建议，我们将积极采纳和改进。

编 者
2011 年 12 月

目　录

绪论 ··· 1

项目一　基本制图标准和技能

教学目标 ··· 3
教学要求 ··· 3
引例 ··· 3
基本知识学习 ··· 4
 1.1　制图基本标准 ··· 4
 1.2　制图基本技能 ··· 15
引例分析 ··· 25
技能训练 ··· 25

项目二　工程形体的表达方法

教学目标 ··· 26
教学要求 ··· 26
引例 ··· 26
基本知识学习 ··· 28
 2.1　投影的基本知识 ··· 28
 2.2　立体的三视图 ··· 49
 2.3　剖视图和剖面图 ··· 95
 2.4　标高投影 ·· 104
 2.5　水工建筑物中常见的曲面 ·· 117
引例分析 ··· 123
技能训练 ··· 126

项目三　水利工程图

教学目标 ··· 140
教学要求 ··· 140
引例 ··· 140
基本知识学习 ·· 140
 3.1　水利工程图的分类与特点 ·· 141
 3.2　水利工程图的表达方法 ··· 143
 3.3　水利工程图的尺寸标注 ··· 152
 3.4　水利工程图的绘制 ·· 155

1

3.5　水利工程图的识读 ··· 156
　3.6　钢筋混凝土结构图 ··· 166
　3.7　建筑施工图 ·· 171
引例分析 ·· 186
技能训练 ·· 186

项目四　AutoCAD 绘图

教学目标 ·· 189
教学要求 ·· 189
引例 ·· 189
基本知识学习 ··· 189
　4.1　AutoCAD 绘图基础 ··· 189
　4.2　水工结构图的绘制 ··· 221
　4.3　建筑施工图的绘制 ··· 226
引例分析 ·· 240
技能训练 ·· 248

附录一　计算机辅助设计（机械/建筑）中级绘图员鉴定标准 ············ 254
附录二　计算机辅助设计绘图员技能鉴定样题（建筑类） ················· 255
参考文献 ·· 258

绪　　论

一、本课程的地位和作用

在工程建设中，无论是修建大坝、水电站等水利设施，还是建造房屋、制造机械等，都要通过工程图样（即图纸）来交流技术思想、组织生产施工。因此工程图样是工程建设中不可缺少的重要技术文件和生产施工的依据，被喻为"工程界的技术语言"。工程技术人员必须具备识读、绘制各种工程图样的能力。

本课程是研究绘制和阅读工程图样的理论和方法的一门技术基础课，主要培养学生的读图、绘图能力和空间想象能力，为后续课程及从事专业工作打下坚实的基础。

二、本课程的内容与要求

本课程包括基本制图标准与技能、工程形体的表达、水利工程图和计算机绘图等内容。本课程的教学目标为：

1. 知识目标

（1）掌握国家标准《技术制图标准》《水利水电工程制图标准》中的有关知识；
（2）掌握投影基本知识；
（3）掌握工程形体的表达方法；
（4）掌握标高投影的相关知识；
（5）掌握水利工程图的表达方法和识读方法；
（6）掌握 AutoCAD 软件绘制水利工程图的基本方法。

2. 能力目标

（1）具有对工程形体的图示能力和空间想象能力；
（2）能识读各类水利工程图；
（3）能利用绘图软件绘制水利工程图样。

3. 素质目标

（1）具有认真负责、规范严谨的职业素养；
（2）具有诚实守信、吃苦耐劳的职业品质；
（3）具有团结协作、相互帮助的团队精神。

三、本课程的学习方法

本课程是一门实践性很强的课程。在学习时，既要认真掌握基本的绘图原理和方法，又要紧密联系实际。在学习过程中应注意下列问题：

（1）本课程主要是通过投影的方法，来解决空间几何元素和形体的图示问题。因此，在学习过程中要注意空间几何元素（点、线、面）与立体投影之间的联系，基本几何体与复杂形体投影之间的联系，运用投影理论分析形体和视图之间的转换。初学时，可参考书中所给的立体图或自制简易的模型，帮助理解"空间与平面"的关系，逐步培养和发展空间想象能力和分析能力。

（2）本课程的内容由浅入深，环环相扣，如果对前面的概念理解不透，作图方法掌握得不熟练，后面将会感到越学越困难。因此在学习时，必须注意稳扎稳打，循序渐进。

（3）在学习新内容之前，应对新内容的基本要求进行概括了解。在学习时，切忌停留在单纯地阅读文字上；必须对照例图来阅读有关内容，边看边画。这样，不但易于理解，而且能切实掌握具体的作图方法和步骤。如果发现哪一概念或作图方法不清楚，须再学习直到弄懂为止。

（4）画图和读图能力的培养，必须注重实践。学习时，还必须独立、认真地完成每一学习项目后的技能训练题，以进一步巩固所学的内容，掌握好画图和读图的技能。

（5）在学习水利工程图时，除了读懂教材中的专业图样之外，要注意结合生产实践，有机会最好能多阅读一些相关专业的实际工程图纸，多留意和观察已建和在建的水利工程设施与水工建筑物，图物对照，增加感性认识和对所学知识的理解，提高工程实践应用能力。

项目一 基本制图标准和技能

教学目标

熟悉制图标准的一般规定；了解常用绘图工具的使用；掌握平面图形的分析和绘制方法。

教学要求

知识要点	能力目标	权重
图幅、图框及标题栏	了解基本图幅尺寸及图框和标题栏规格	15%
比例、线型、字体、尺寸标注及材料符号的基本规定	了解绘图比例的涵义，熟悉线型、字体的选用，掌握尺寸标注方法和材料符号的使用	50%
平面图形的分析与绘制	了解绘图工具的使用，能正确分析和绘制平面图形	35%

引例

分析图 1-1 所示某滚水坝剖面设计图，并用 A3 图幅抄画图形并标注尺寸。

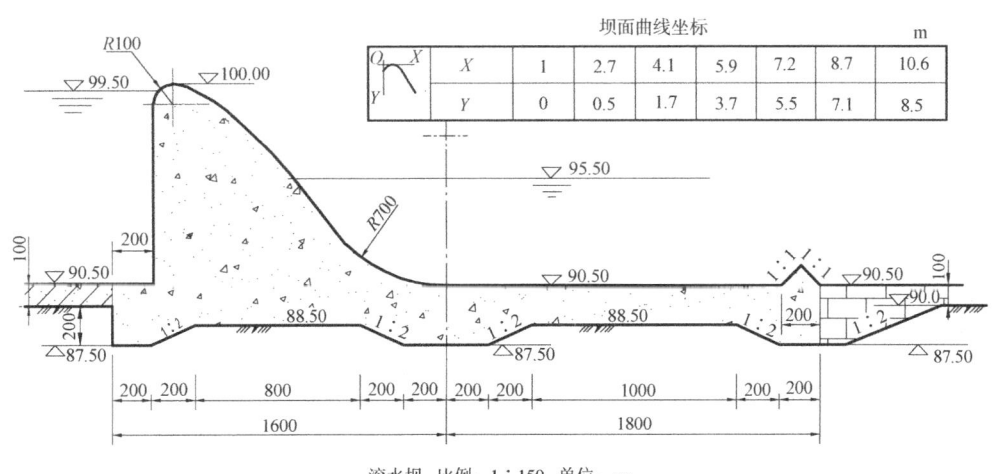

图 1-1 某滚水坝剖面图

提示：水利工程图都是按制图原理所获得的各种平面图形组成。平面图形的分析和绘制方法是学习水利工程识图与绘图的基础。如何分析平面图形中的各类图线和尺寸，确定绘制方法和步骤，以及标准图纸所涉及的图幅及格式、比例、线型、字体、尺寸标注及材料符号的基本规定有哪些，将是本学习项目要学习的主要内容。

基本知识学习

1.1 制图基本标准

工程图样是工程界的技术语言，为了统一图样画法，提高生产效率，便于技术交流，就必须在图样的格式、内容和符号等方面有统一的标准。

本书主要介绍国家标准《GB/T 技术制图》和行业标准《SL73—95 水利水电工程制图标准》中关于图幅、比例、图线、字体、尺寸注法等基本要求，其他有关标准将在后续章节逐步介绍。

1.1.1 图纸幅面及其格式

1. 图幅

图纸幅面是指绘制图样时采用的纸张大小，简称图幅。为了便于图纸的保管和合理利用，制图标准对图纸的基本幅面作了规定，其尺寸用图纸的短边×长边（$b \times l$）表示，如表 1-1 所示。各种基本图幅之间的关系如图 1-2 所示。必要时，可允许选用规定的加长幅面，加长幅面的尺寸是由基本幅面的短边成整数倍地增加。

表 1-1 基本幅面尺寸　　　　　　　　　　　　　　　　　mm

幅面代号		A0	A1	A2	A3	A4
幅面尺寸 $b \times l$		841×1189	594×841	420×594	297×420	210×297
周边尺寸	e	20		10		
	c	10			5	
	a	25				

2. 图框格式

图纸上必须用粗实线画出图框，其格式分为非装订式和装订式两种，同一工程图样只能采用同一种图框格式。非装订式的图纸，其图框格式如图 1-3 所示；装订式的图纸，其图框格式如图 1-4 所示；周边尺寸见表 1-1。

3. 标题栏

标题栏是图样的重要内容之一，每张图纸都必须画出标题栏。标题栏应画在图纸右下角，外框线为粗实线，分栏线为细实线。A0、A1 图幅采用的标题栏如图 1-5a 所示；A2～A4 图幅采用的标题栏如图 1-5b 所示。

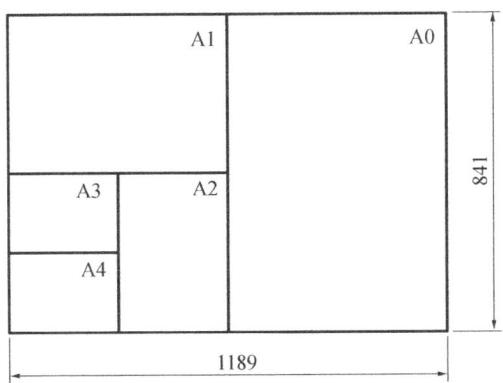

图 1-2 基本幅面之间的关系

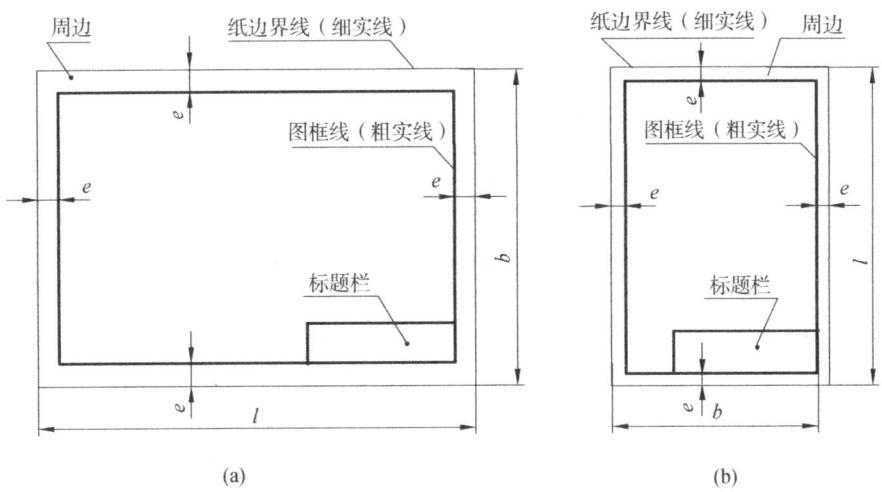

图 1-3 非装订式图纸

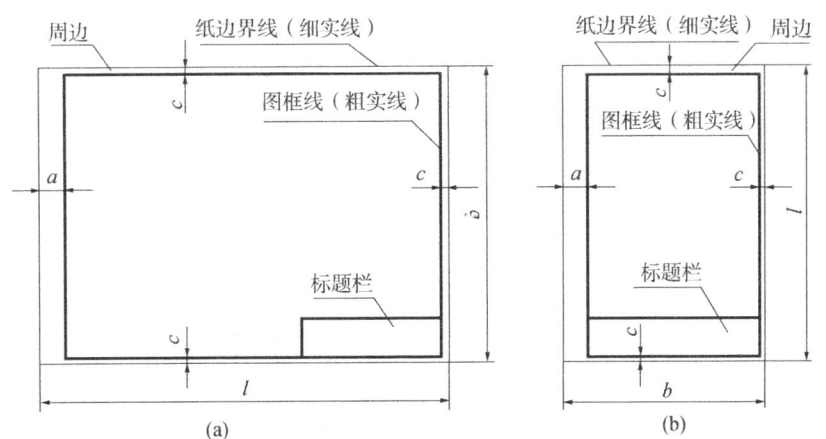

图 1-4 装订式图纸

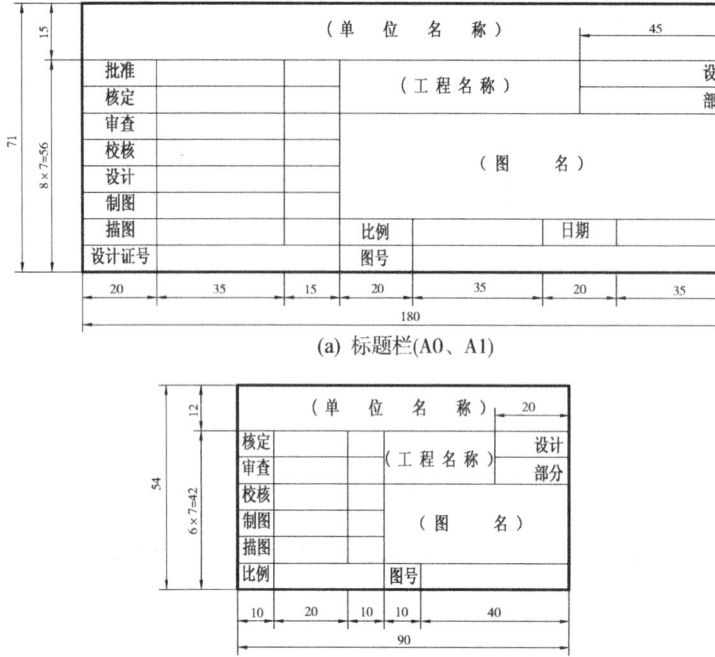

(a) 标题栏(A0、A1)

(b) 标题栏(A2~A4)

图1-5 标题栏格式、内容、尺寸

标题栏中的字体，应按制图标准规定书写。校内作业建议采用图1-6所示的标题栏。

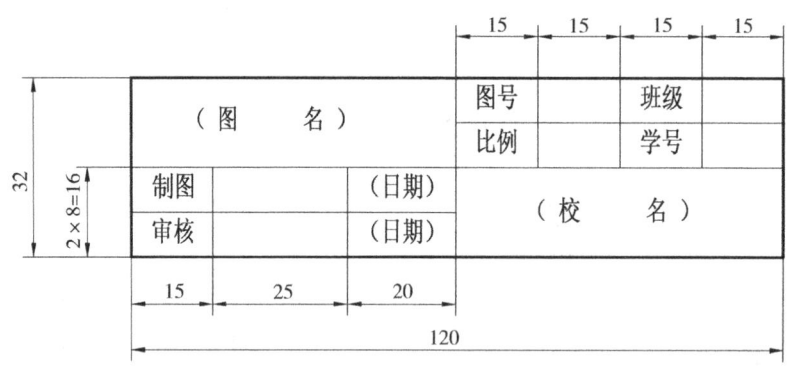

图1-6 作业用标题栏

4. 会签栏

会签栏是各专业工种负责人的签字区，应按图1-7的格式绘制。会签栏中的项目包括会签人员的单位、姓名、日期（年/月/日）；会签栏位于装订边的左上角或标题栏的上方或左边；不需会签的图纸可不设会签栏。

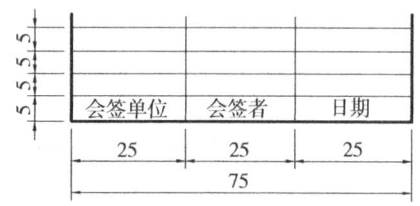

图1-7 会签栏格式

1.1.2 比例

工程建筑物的尺寸一般都很大，不可能都按实际尺寸绘制，所以用图样表达物体时，需选用适当的比例将图形缩小。而有些机件的尺寸很小，则需要按一定的比例放大。

图样中图形与其实物相对应的线性尺寸之比称为比例，即

$$比例 = \frac{图上线段长度}{实物线段长度}$$

比值为 1 称原值比例 1∶1，即图形与实物同样大；比值大于 1 称放大比例，如 2∶1，即图形是实物的两倍；比值小于 1 称缩小比例，如 1∶2，即图形是实物的二分之一。

绘图时，应采用表 1-2 规定的比例。

表 1-2 绘图比例   mm

常用比例	1∶1			
	1∶10^n	1∶(2×10^n)	1∶(5×10^n)	
	2∶1	5∶1	$(10 \times n)$∶1	
可用比例	1∶(1.5×10^n)	1∶(2.5×10^n)	1∶(3×10^n)	1∶(4×10^n)
	2.5∶1	4∶1		

注：n 为正整数。

图样上的比例只反映图形与实物大小的缩放关系，图中标注的尺寸数值应为实物的真实大小，与图样的比例无关。如图 1-8 所示，三个图形比例不同，但是标注的尺寸数字完全相同，即它们表达的是形状和大小完全相同的一个物体。

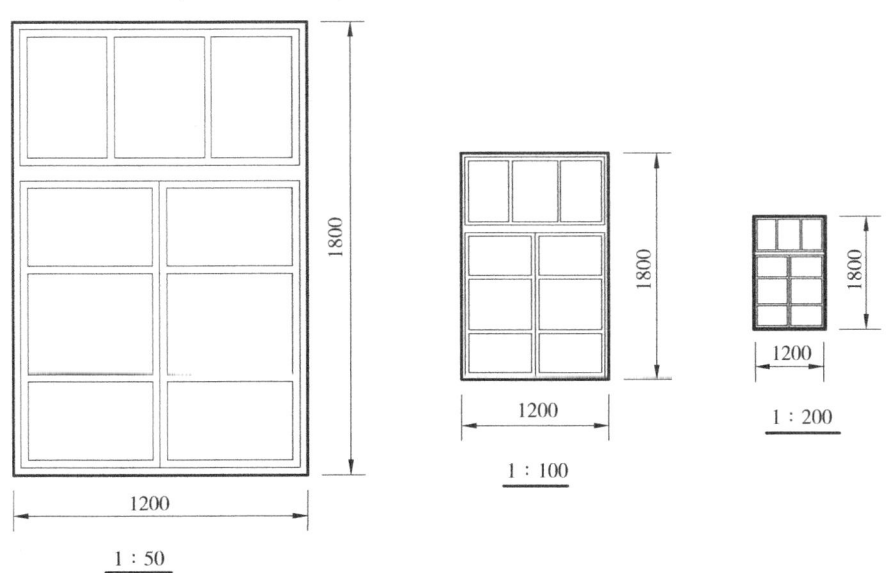

图 1-8 用不同比例画出窗的图形

在图纸上必须注明比例,当整张图纸只用一种比例时,应统一注写在标题栏内,否则应分别注写在相应图名的右侧或下方,如图1-9所示。按以上形式注写时,比例的字高应比图名的字高小一号或二号。

图1-9 比例的注写

1.1.3 图线

1. 图线及其应用

图纸上所画的图形是由各种不同的图线组成的。在制图标准中对各种不同的图线的名称、型式、宽度和应用都作了明确的规定,绘图时必须遵照这些规定。常用的几种线型的形式和用途见表1-3。

表1-3 图线

序号	图线名称	线型	线宽	一般用途
1	粗实线	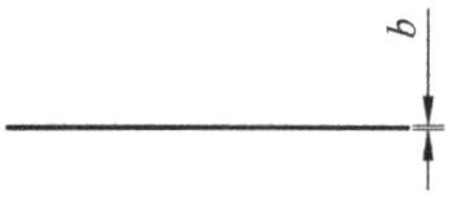 ————————	b	(1) 可见轮廓线 (2) 钢筋 (3) 结构分缝线 (4) 材料分界线 (5) 断层线 (6) 岩性分界线
2	虚线	 - - - - - - - -	$b/2$	(1) 不可见轮廓线 (2) 不可见结构分缝线 (3) 原轮廓线 (4) 推测地层界线
3	细实线	 ————————	$b/3$	(1) 尺寸线和尺寸界线 (2) 剖面线 (3) 示坡线 (4) 重合剖面的轮廓线 (5) 钢筋图的构件轮廓线 (6) 表格中的分格线 (7) 曲面上的素线 (8) 引出线
4	点画线	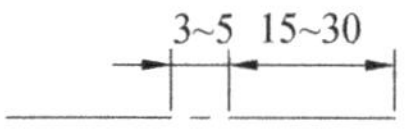 — · — · — · —	$b/3$	(1) 中心线 (2) 轴线 (3) 对称线
5	双点画线	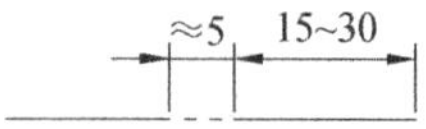 — ·· — ·· —	$b/3$	(1) 原轮廓线 (2) 假想投影轮廓线 (3) 运动构件在极限或中间位置的轮廓线

续表 1-3

序号	图线名称	线 型	线宽	一般用途
6	波浪线	 ～	b/3	(1) 构件断裂处的边界线 (2) 局部剖视的边界线
7	折断线	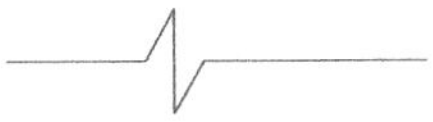 ⌇	b/3	(1) 中断线 (2) 构件断裂处的边界线

注：粗实线应用于图框线时，其宽度为（1～1.5b）。

图样中的图线分为粗中细三种，如图 1-10 所示。粗实线的宽度 b，应根据图的大小和复杂程度在 0.5～2 mm 之间选用。图线宽度的推荐系列为：0.18, 0.25, 0.35, 0.5, 0.7, 1, 1.4, 2 mm。

图 1-10 图线的粗中细

2. 图线的画法

在同一图样中，同类图线的宽度应一致。虚线、点画线、双点画线的线段长度和间隔应各自大致相等。画图时应注意图线相交、相接、相切处的规定画法，如表 1-4 所示。

表 1-4 图线的画法

图线间关系	图 形 示 例	说 明
虚线在粗实线延长线上		虚线为实线的延长线时，粗实线应画到分界点，留间隙后再画虚线
图线相交	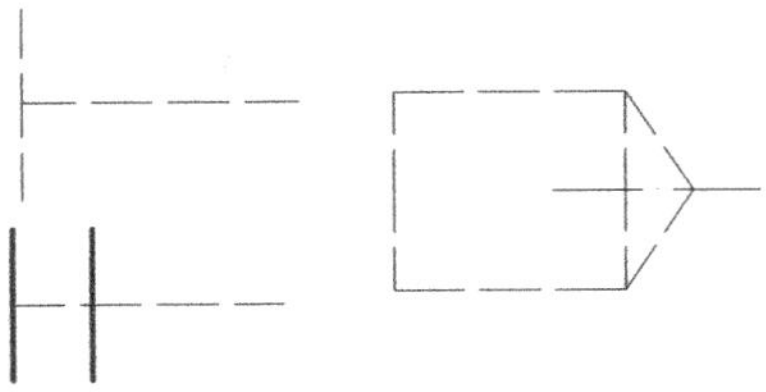	虚线与虚线交接或虚线与其他图线交接时，应是线段交接
虚线相切	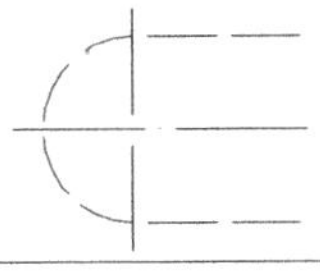	圆弧虚线与直虚线相切时，圆弧虚线应画至切点处，留空隙后再画直虚线
点画线与轮廓线相交	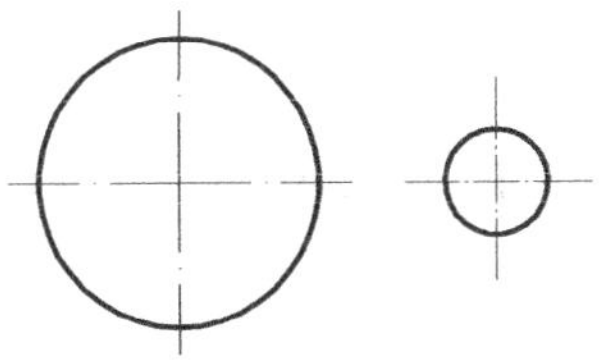	①点画线或双点画线的两端不应是点，点画线与点画线或其他图线相交时，应是线段相交 ②点画线或双点画线，当在较小图形中绘制有困难时，可用实线代替

1.1.4 字体

图样上除了绘制物体的图形外,还要用汉字填写标题栏、技术要求、说明事项;用数字标注尺寸;用字母注写各种代号或符号。图样中书写的汉字、数字、字母均应字体端正,笔画清楚,排列整齐,间隔均匀。在同一图样上,只允许选用一种型式的字体。

字体的号数(简称字号)系指字体的高度。图样中字号分为:20、14、10、7、5、3.5、2.5等七种。对于长方形字体,本号字高为上一号字的字宽,如表1-5所示。

表1-5 字号

字高	20	14	10	7	5	3.5	2.5
字宽	14	10	7	5	3.5	2.5	1.8

注:汉字的字高,不应小于3.5 mm。

1. 汉字

工程图中汉字应尽可能书写成长仿宋体,并应采用国家正式公布实施的简化字。字体的高宽比为$\sqrt{2}$。长仿宋体字的基本书写方法及示例如表1-6所示。长仿宋体字的书写要领是:横平竖直、起落有锋、结构匀称、填满方格。

表1-6 长仿宋体字的基本书写方法举例

基本笔画	点	横	竖	撇	捺	挑	勾	折
形状	ヽ丶	一	丨	丿	乀	ノ	亅乚	𠃌乚
写法	ヽ丶	一	丨	丿	乀	ノ	亅乚	𠃌乚
字例	点溢	王	中	厂千	分建	均	才戈	国出

2. 数字和字母

数字和字母可以写成直体,也可以写成与水平线成75°的斜体字,如图1-11所示。工程图样中常用斜体,但与汉字混合书写时,则宜采用直体字。

1.1.5 建筑材料图例

水利工程图中用建筑材料图例(称剖面材料符号)说明建筑物所用的材料,方便施工。常见建筑材料图例如表1-7所示。

1.1.6 尺寸标注

图样中的图形只能表示物体的形状,物体的大小是通过标注尺寸来确定的。标注尺寸应严格遵守国家标准中有关尺寸注法的规定,以保证尺寸标注的正确、清晰。下面介绍尺寸标注的一般规则,至于各种物体及工程图样的尺寸注法,将在以后有关章节中分别介绍。

斜体大写字线

ABCDEFGHIJKLMNOPQRSTUVWXYZϕ

直体大写字母

ABCDEFGHIJKLMNOPQRSTUVWXYZϕ

斜体小写字母

abcdefghijklmnopqrstuvwxyzαβγ

斜体阿拉伯数字

0123456789

直体阿拉伯数字

0123456789

斜体罗马数字

I II III IV V VI VII VIII IX X

直体罗马数字

I II III IV V VI VII VIII IX X

图1-11 字母、数字的书写示例

1. 标注尺寸的基本要求

（1）构件的真实大小应以图样上所注的尺寸数值为依据，与图形的大小及绘图的准确度无关。

表1-7 常用材料符号图例

名 称	图 例	名 称	图 例
夯实土壤		天然土壤	
混凝土	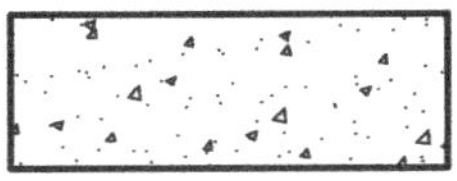	干砌条石	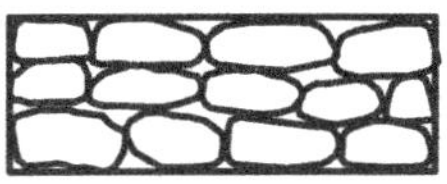
钢筋混凝土	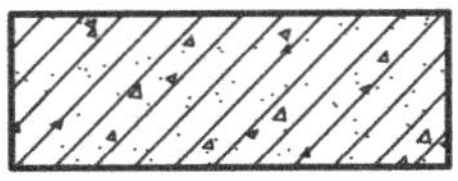	浆砌条石	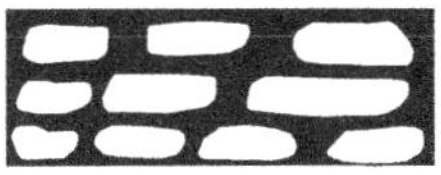

续表1-7

名　　称	图　例	名　　称	图　例
干砌块石		金属	
浆砌块石		砂、灰土、水泥砂浆	
木材 纵剖面		二期混凝土	
木材 横剖面		砖	
回填土			

（2）图样中标注的尺寸单位，除标高、桩号及规划图、总布置图的尺寸以米为单位外，其余尺寸以毫米为单位，图中不必说明。若采用其他尺寸单位时，则必须在图纸中加以说明。

2. 尺寸组成

在图样上标注一个完整的尺寸一般包括尺寸界线、尺寸线、尺寸起止符和尺寸数字四部分，如图1-12所示。

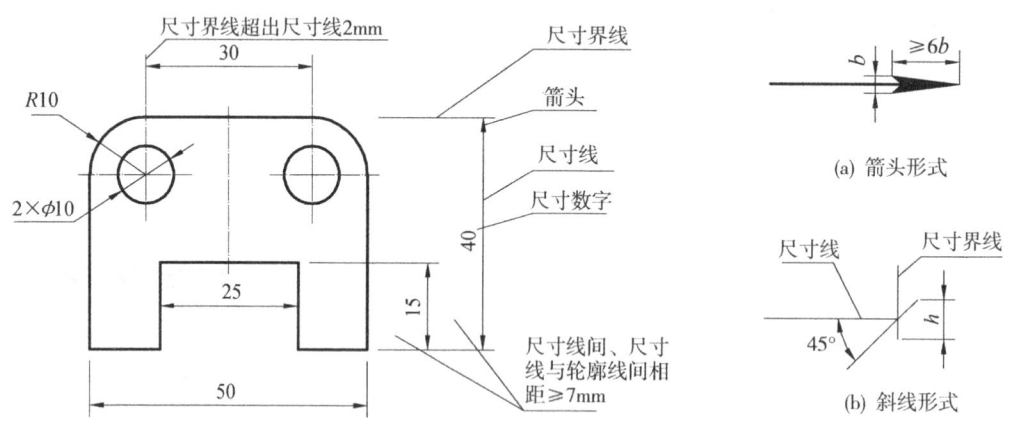

图1-12　尺寸的组成及标注示例　　　　图1-13　尺寸起止符号的画法

（1）尺寸界线：用来限定所注尺寸的范围。用细实线绘制，一般自图形的轮廓线、轴线或中心线处引出，轮廓线、轴线或中心线也可作为尺寸界线。绘制尺寸界线时，引出线与轮廓线之间一般留有2～3 mm的间隙。

（2）尺寸线：用来表示尺寸的方向。用细实线绘制，其两端箭头应指到尺寸界线。尺寸线必须单独画出，图样中的轮廓线、轴线或中心线等均不能作为尺寸线。

（3）尺寸起止符号：采用箭头，其形式如图1-13a；必要时可以用45°的细短画线，其方向为尺寸界线顺时针转45°，长度为2～3 mm，如图1-13b。当尺寸线的两端采用45°的细短画线时，尺寸线与尺寸界线必须垂直。

（4）尺寸数字：用阿拉伯数字注写在尺寸线上方的中部（线性尺寸也允许注写在尺寸线的中断处）。水平方向尺寸数字的字头在上，铅直方向尺寸数字的字头在左，倾斜方向尺寸数字的字头要偏左上方或右上方，如图1-14。尽可能避免如图1-14所示30°范围内标注尺寸，当无法避免时可按图1-15的形式标注。

尺寸数字不可被任何图线或符号所通过，当无法避免时，必须将其他图线或符号断开，如图1-16。

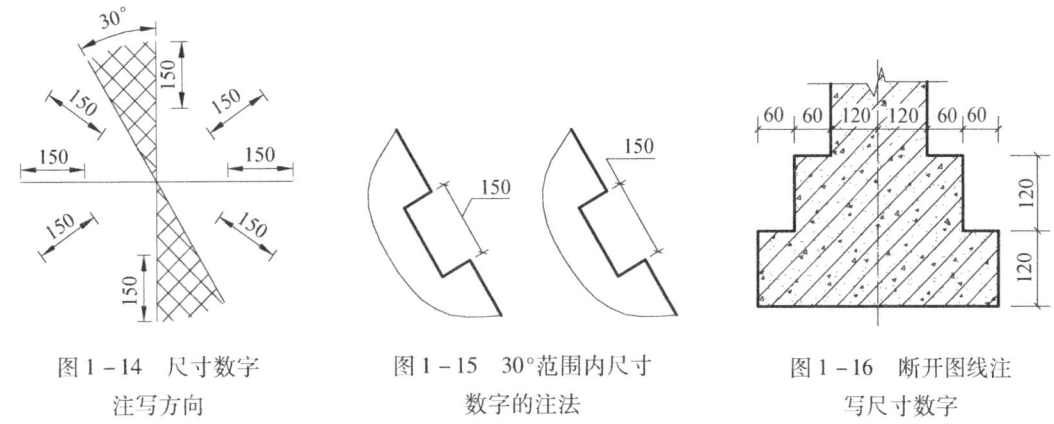

图1-14 尺寸数字注写方向　　图1-15 30°范围内尺寸数字的注法　　图1-16 断开图线注写尺寸数字

3. 常见尺寸的标注方法

常见尺寸的标注方法见表1-8。

表1-8 常见尺寸的标注方法

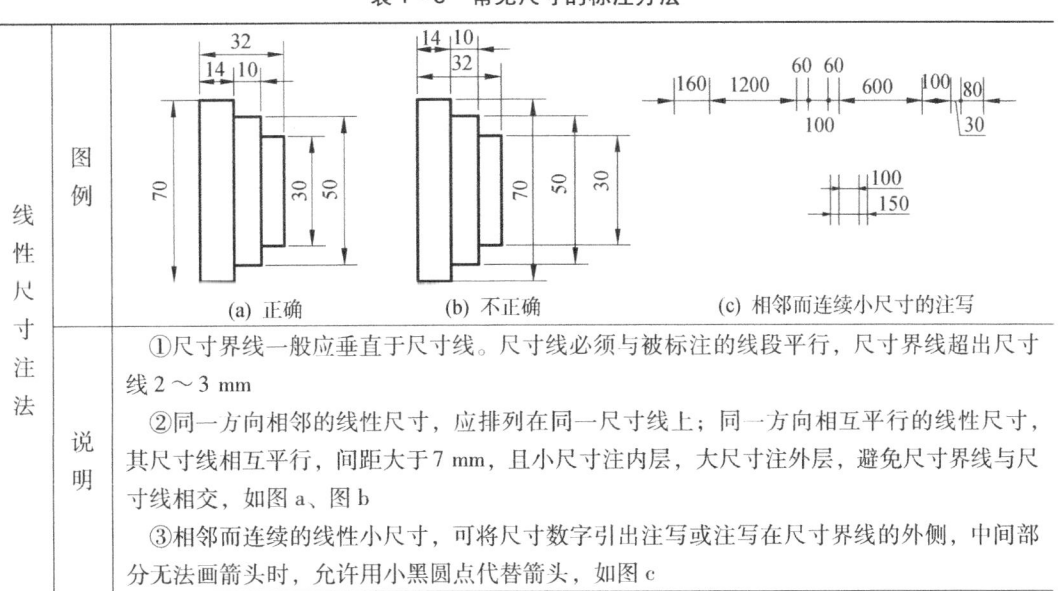

线性尺寸注法	图例	(a) 正确	(b) 不正确	(c) 相邻而连续小尺寸的注写
	说明	①尺寸界线一般应垂直于尺寸线。尺寸线必须与被标注的线段平行，尺寸界线超出尺寸线2～3 mm ②同一方向相邻的线性尺寸，应排列在同一尺寸线上；同一方向相互平行的线性尺寸，其尺寸线相互平行，间距大于7 mm，且小尺寸注内层，大尺寸注外层，避免尺寸线与尺寸界线相交，如图a、图b ③相邻而连续的线性小尺寸，可将尺寸数字引出注写或注写在尺寸界线的外侧，中间部分无法画箭头时，允许用小黑圆点代替箭头，如图c		

续表1-8

圆和圆弧尺寸注法	图例	(a) (b) (c) (d) (e)
	说明	①标注圆的直径和圆弧半径时，其尺寸必须通过圆心，箭头指到圆弧；完整的圆及大于半圆的圆弧标注直径，并在尺寸数字前加注符号"ϕ"或"D"（一般金属材料用"ϕ"，其他材料用"D"）；小于或等于半圆的圆弧标注半径，并在尺寸数字前加注符号"R"，如图a。标注球面直径时，应在符号"ϕ"或"R"前加注符号"S"，如图b ②小圆及圆弧的直径、半径尺寸注法可按图c的形式标注 ③当圆弧的半径过大或在图纸范围内无法标注其圆心位置时，可按图d的形式标注。若不需要标出其圆心的位置，可按图e的形式标注
角度尺寸注法	图例	(a) (b)
	说明	①标注角度的尺寸界线应沿径向引出，尺寸线是以角顶点为圆心的圆弧；角度数字一律水平书写，一般写在尺寸线的中断处，必要时也可写在尺寸的上方或外面，也可引出标注，如图a所示 ②当圆弧半径过大图纸内无法标出其圆心角时，可按图b的形式标注
坡度注法	图例	(a) (b) (c)
	说明	①坡度是直线上任意两点的高度差与其水平距离之比，即：坡度=两点间的高度差/两点间水平距离。坡度的大小，是指比值的大小，如图a所示 ②坡度一般采用1:1的标注形式，如1:3，如图b所示 ③当坡度较缓时，坡度可用百分数表示，在相应的图中应画箭头，以示下坡方向，如$i=1\%$，如图c所示

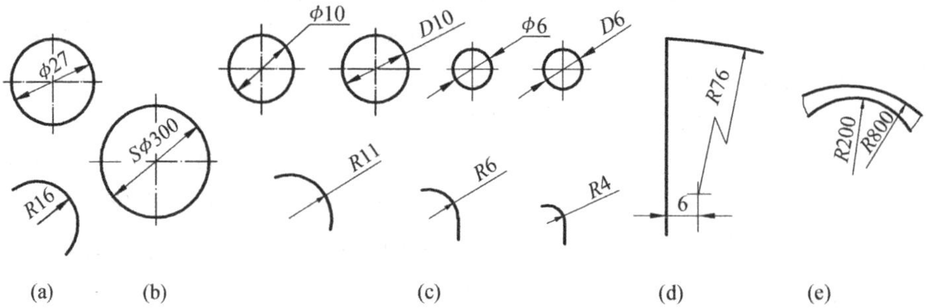

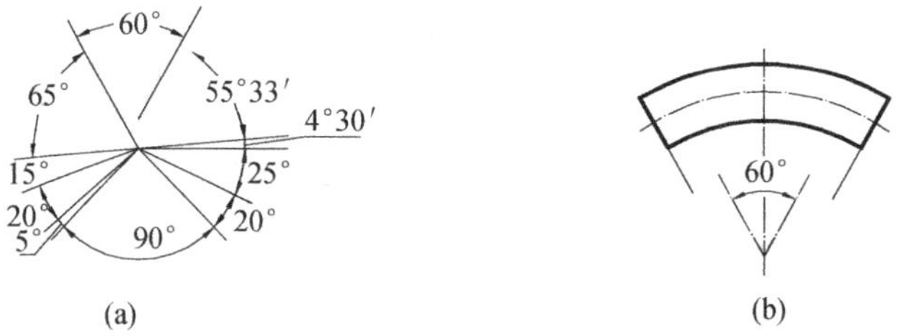

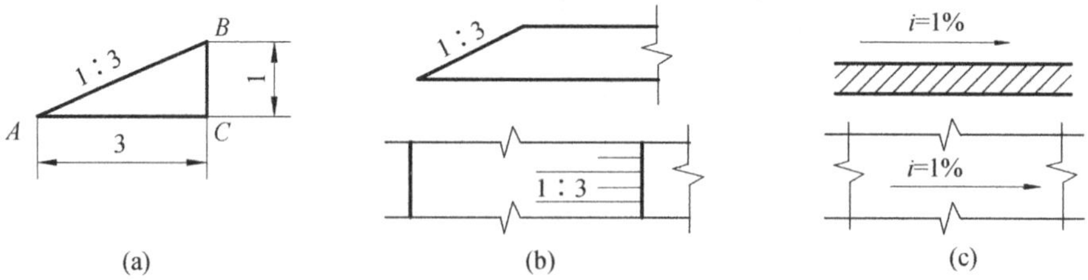

续表1-8

标高注法	图例	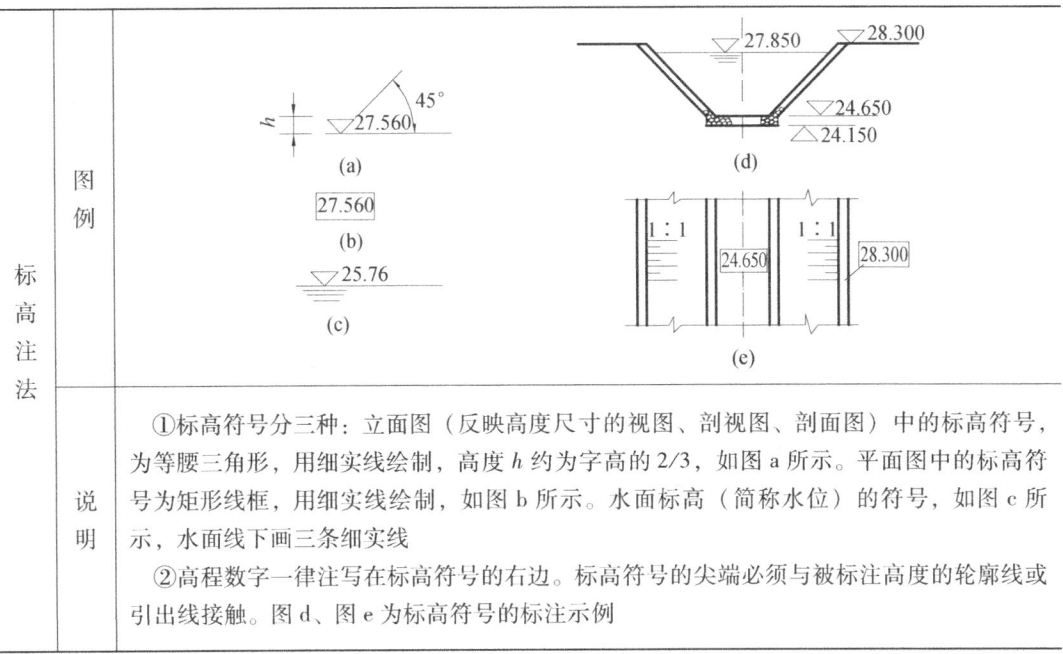
	说明	①标高符号分三种：立面图（反映高度尺寸的视图、剖视图、剖面图）中的标高符号，为等腰三角形，用细实线绘制，高度 h 约为字高的2/3，如图a所示。平面图中的标高符号为矩形线框，用细实线绘制，如图b所示。水面标高（简称水位）的符号，如图c所示，水面线下画三条细实线 ②高程数字一律注写在标高符号的右边。标高符号的尖端必须与被标注高度的轮廓线或引出线接触。图d、图e为标高符号的标注示例

1.2 制图基本技能

1.2.1 绘图工具及其使用

常用的绘图工具和仪器有：图板、丁字尺、三角板、比例尺、建筑模板、曲线板、绘图机、圆规、分规、图纸、绘图铅笔等。

1. 图板与丁字尺

图板是画图时铺放图纸的垫板，图板的左侧边为导边，如图1-17所示。图板的规格尺寸有0号（900 mm×1200 mm）、1号（600 mm×900 mm）、2号（450 mm×600 mm）等几种，可根据需要选用。

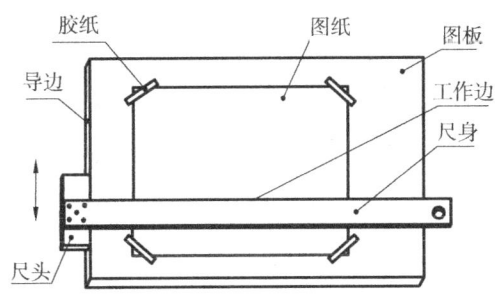

图1-17 图板与丁字尺

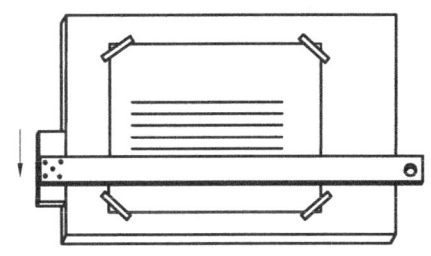

图1-18 丁字尺画水平线

丁字尺是与图板配合画水平线的长尺，由尺头和尺身构成，使用时尺头工作边（内侧面）与图板工作边靠紧，如图1-18所示。画互相平行的水平线时，应按先上后下的次序逐条画出，如图1-18所示。

2. 三角板

绘图用的三角板是两块直角三角板，一块45°—45°—90°，另一块30°—60°—90°。三角板与丁字尺配合，可以画垂直线，也可以画从0°开始间隔15°的倾斜线，如图1-19所示。

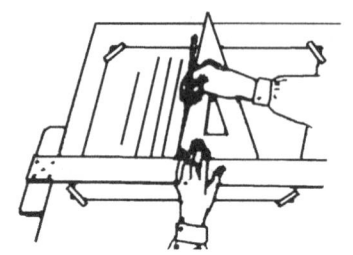
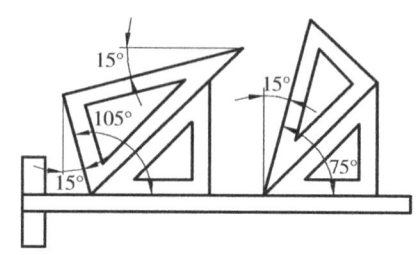

图1-19 三角板和丁字尺的配合使用

3. 圆规与分规

圆规是用来画圆及圆弧的工具。它有三种插腿：铅芯插腿、墨线笔插腿、钢针插腿，分别用于画铅笔线、画墨线及代替分规使用。使用圆规时，应先调整针尖和插腿的长度，使针尖略长于铅芯；取好半径，以右手握住圆规头部，左手食指协助将针尖对准圆心；然后匀速顺时针转动圆规画圆，如图1-20所示。

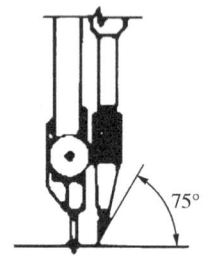

图1-20 圆规的用法

分规是量取线段和等分线段的工具，其使用如图1-21所示。

4. 绘图铅笔

绘图铅笔的铅芯有软硬之分，分别用字母B和H表示，B前的数字愈大表示铅芯越软；H前的数字愈大，表示铅芯越硬；HB表示软硬适中。

铅笔应从没有标志的一端开始使用，以便保留标记，供使用时辨认。铅笔应削成圆锥形，削去约30 mm，铅芯露出6～8 mm。HB铅笔

(a) 量取长度　　(b) 等分线段

图1-21 分规的用法

铅芯可在砂纸上磨成圆锥形，B 铅笔的铅芯磨成四棱锥形，如图 1-22 所示。前者用来画底稿、加深细线和写字，后者用来描粗线。

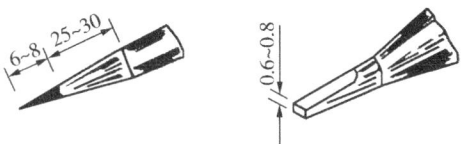

图 1-22　绘图铅笔及铅芯

5. 比例尺

比例尺又称三棱尺，如图 1-23 所示。尺上刻有几种不同比例的刻度，可直接用它在图纸上绘出物体按该比例的实际尺寸，不需计算。常用的比例尺一般刻有六种不同的比例刻度，可根据需要选用。绘图时千万不要把比例尺当作直尺用来画线。

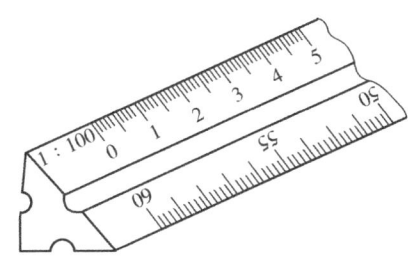

图 1-23　比例尺

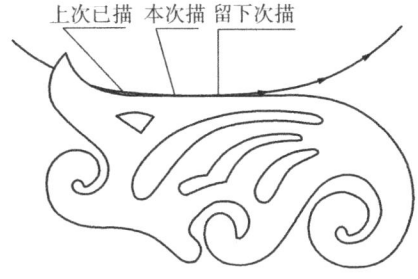

图 1-24　曲线板

6. 曲线板

曲线板用来画非圆曲线。描绘曲线时，先徒手将已求出的各点顺序轻轻地连成曲线，再根据曲线曲率大小和弯曲方向，从曲线板上选取与所绘曲线相吻合的一段与其贴合，每次至少对准四个点，并且只描中间一段，前面一段为上次所画，后面一段留待下次连接，以保证连接光滑流畅，如图 1-24 所示。

7. 建筑模板

建筑模板上刻有多种方形孔、圆形孔、建筑图例、轴线号、详图索引号等，如图 1-25 所示，可用来直接绘出模板上的各种图样和符号。

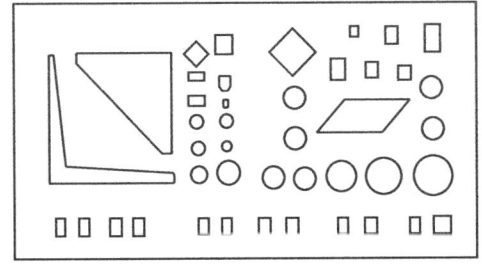

图 1-25　建筑模板

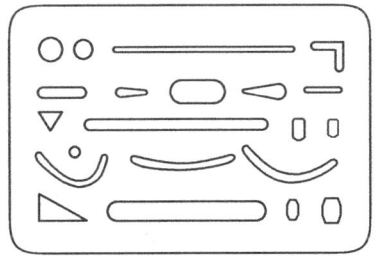

图 1-26　擦图片

8. 擦图片

擦图片是用来修改图线的，如图 1-26 所示。使用时只要将要擦去的图线对准擦图片上相应的孔洞，用橡皮轻轻擦拭即可。

9. 图纸

图纸分绘图纸和描图纸两种。绘图纸用来画铅笔图或墨线图，要求纸面洁白、质地坚实,橡皮擦拭不易起毛,画墨线时不洇透。绘图时应鉴别正反面,使用正面。描图纸用于描绘复制蓝图的墨线图,要求洁白、透明度好。

10. 其他用品

(1) 胶带纸,用于固定图纸;
(2) 橡皮,用于擦去不需要的图线等,应选用软橡皮擦铅笔图线,硬橡皮擦墨线;
(3) 小刀,削铅笔用;
(4) 刀片,用于修整图纸上的墨线;
(5) 软毛刷,用于清扫橡皮屑,保持图面清洁;
(6) 砂皮纸,用于修磨铅笔芯。

1.2.2 几何作图

工程图样中,无论物体的轮廓形状怎样复杂,基本上都是由直线、圆弧和其他一些曲线组成的几何图形。因此,掌握几何作图的基本技能和方法,可以加快绘图速度,提高绘图质量,为绘制工程图打好基础。

1. 等分直线段

在工程中经常将直线段等分为若干份,如图 1-27 为将线段五等分的做法。

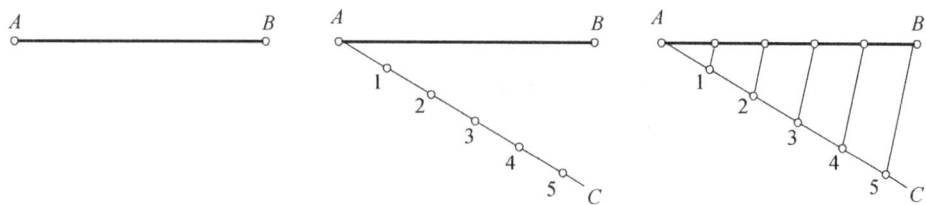

(a) 将已知线段任意等分,以五等分线段为例

(b) 过A点作任意直线AC,自A点起在直线AC上截取五等份,得1、2、3、4、5

(c) 连接B、5两点,过其余分点分别作平行于B5的直线,交AB线段得四个等分点

图 1-27 等分线段(以五等分为例)

2. 正多边形的画法

现用等分圆周的方法做正多边形。

(1) 将圆周三等分及六等分做正三边形和正六边形,如图 1-28。
(2) 将圆周任意 N 等分做正 N 边形,如图 1-29,以 N=5 为例。

3. 斜度和锥度的画法

(1) 斜度

斜度是指一直线(或平面)相对另一直线(或平面)的倾斜程度。其大小用该两直线(或平面)间夹角的正切表示,如图 1-30a 所示,并把比值简化为 1:n 的形式。

在图样上用斜度符号和 1:n 标注,斜度符号的规定画法如图 1-30b。斜度符号"∠"应配置在基准线上方,基准线应通过引出线与斜线的轮廓素线相连,图形符号的方向应与斜线方向一致,如图 1-30c。

图 1-31a 所示斜度(1:5)的画法和标注过程如图 1-31b、c、d 所示。

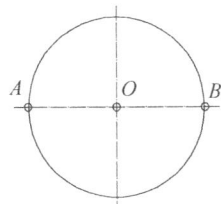 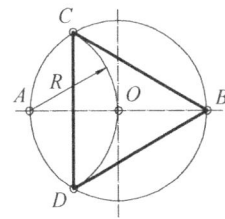 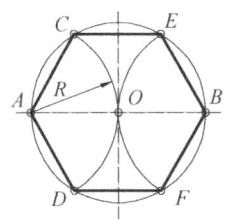

(a) 以AB为直径作圆　　(b) 以A为圆心，以AB/2为半径，作圆弧与圆周相交于C、D两点，C、D、B即为圆周的三个等分点，连接各点即为正三边形　　(c) 以B为圆心，以AB/2为半径，作圆弧与圆周相交于E、F两点，A、D、F、B、E、C即为圆周的六个等分点，连接各点即为正六边形

图1–28　正三边形及正六边形作法

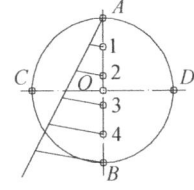 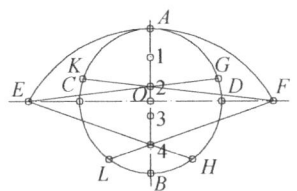 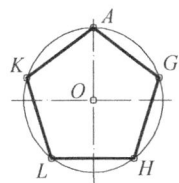

(a) 作已知线段任意等分，以五等分线段为例　　(b) 以B(或A)为圆心，AB为半径作圆弧与CD的延长线交于E、F两点，由E、F两点分别与直径AB上的偶数（或奇数）等分点2、4连接，并延长与圆周交于G、H、K、L四点　　(c) 连接AK、KL、LH、HG、GA即得正五边形

图1–29　正N边形作法（N=5）

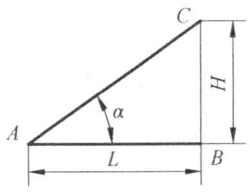 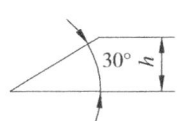 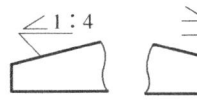

(a) 斜度=tan α =H/L=1∶n　　(b) 斜度符号h=字高　符号线宽=h/10　　(c) 标注

图1–30　斜度的定义、符号和标注

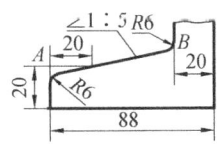 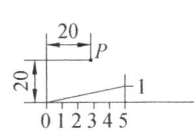 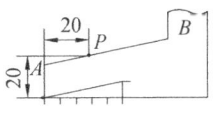 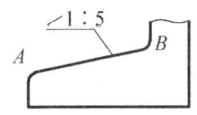

(a) 斜度图　　(b) 作出长5个单位长度，高1个单位长度的斜线，确定斜度线上一点P　　(c) 过点P作该斜线的平行线AB　　(d) 画圆角，擦去多余线条，按国标要求加粗线型并标注

图1–31　斜度的画法与标注过程

（2）锥度

锥度是指正圆锥底圆直径与圆锥高度之比。圆台的锥度为其上、下两底圆直径之差与圆台高度之比，并简化为 $1:n$ 的形式，如图 1-32a 所示。

在图样上应标注锥度符号和 $1:n$，锥度符号的规定画法如图 1-32b 所示。锥度符号"▷"应配置在基准线上，表示圆锥的图形符号和锥度应靠近圆轮廓线标注，基准线应通过引出线与圆锥的轮廓素线相连，基准线应与圆锥的轴线平行，图形符号的方向应与圆锥方向一致，如图 1-32c 所示。

图 1-33a 所示锥度（1:6）的画法和标注过程如图 1-33b、c、d 所示。

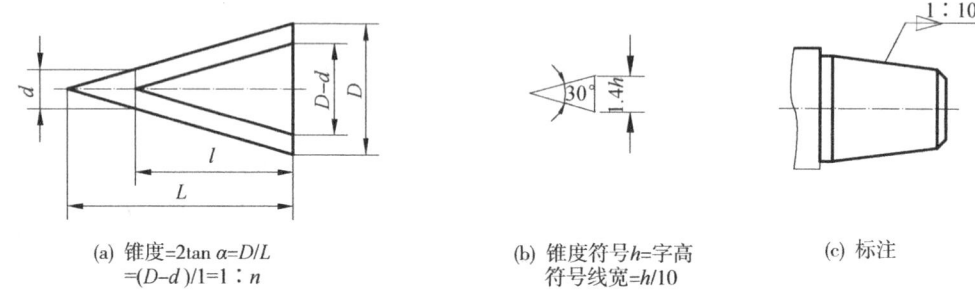

(a) 锥度 $=2\tan\alpha=D/L$
　　　$=(D-d)/l=1:n$
(b) 锥度符号 $h=$ 字高
　　　符号线宽 $=h/10$
(c) 标注

图 1-32　锥度符号的规定画法和标注

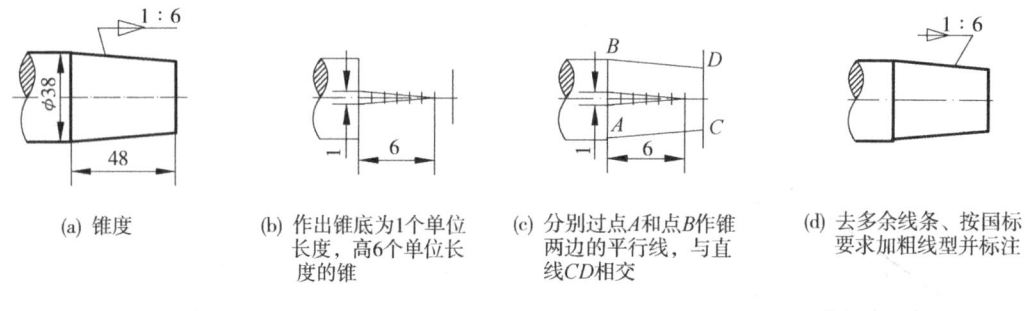

(a) 锥度
(b) 作出锥底为1个单位长度，高6个单位长度的锥
(c) 分别过点 A 和点 B 作锥两边的平行线，与直线 CD 相交
(d) 去多余线条、按国标要求加粗线型并标注

图 1-33　锥度的画法及标注过程

4. 圆弧连接

绘制图样时，经常需要用一段圆弧光滑地连接相邻两已知线段。这种用一圆弧光滑地连接两线段的作图问题称为圆弧连接。

圆弧连接的实质，就是使连接圆弧与相邻线段相切，以达到光滑连接的目的。因此，圆弧连接的作图步骤可归结为：

（1）求连接圆弧的圆心；
（2）找出连接点即切点的位置；
（3）在两切点之间画出连接弧。

圆弧连接的基本形式有三种，其作图方法如表 1-9。

5. 椭圆的画法

椭圆是图样中常见的一种非圆曲线。绘图中常采用四心圆法或同心圆法来近似绘制椭圆，作图方法和步骤见表 1-10。

表 1-9 圆弧连接

连接形式		已知条件	作图方法和步骤	
			求连接圆弧的圆心 O 点	求切点 K_1、K_2；画连接圆弧
用圆弧连接两已知直线				
用圆弧连接一直线和外接一圆弧				
用圆弧连接两已知圆弧	外连接			
	内连接			
	内外连接			

表 1-10 椭圆的画法

四心圆法画椭圆	（a）已知椭圆的长轴 AB 和短轴 CD。以 O 为圆心，OA 为半径画弧交短轴延长线于点 E。再以 C 为圆心，CE 为半径画弧交 AC 于点 F	（b）作线段 AF 的垂直平分线，与长、短轴分别交于点 1、2，再取 1、2 的对称点 3、4，得到所绘椭圆的四个圆心。作连心线 21、23、41、43，并如图延长	（c）分别以点 1、3 为圆心，1A（或 3B）为半径画圆弧至连心线的延长线，再分别以点 2、4 为圆心，2C（或 4D）为半径画弧至连心线的延长线，即得所求近似椭圆。图中点 M、M'、N、N' 为切点
同心圆法画椭圆	（a）已知椭圆的长轴 AB 和短轴 CD。以 O 为圆心，分别以 OA、OC 为半径画两个同心圆	（b）将两同心圆等分（图例为 12 等分），得各等分点 Ⅰ、Ⅱ、Ⅲ、Ⅳ……和 1、2、3、4……过大圆的等分点作短轴的平行线，过小圆上的等分点作长轴的平行线，分别交于 E、F、G……各点，即为椭圆上的各点	（c）用曲线板依次将所求椭圆上各点对称而光滑地连接，即得到椭圆

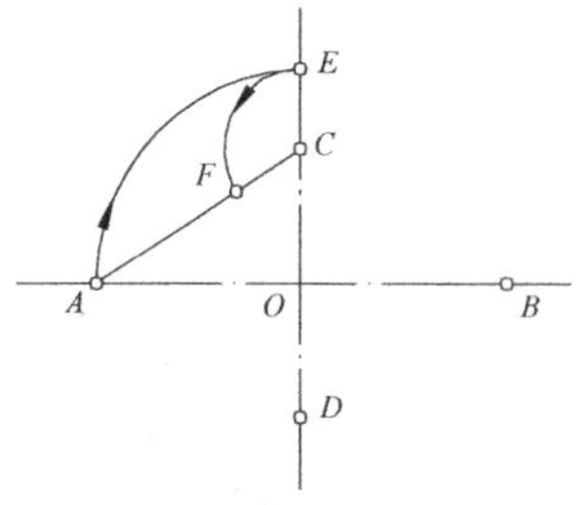

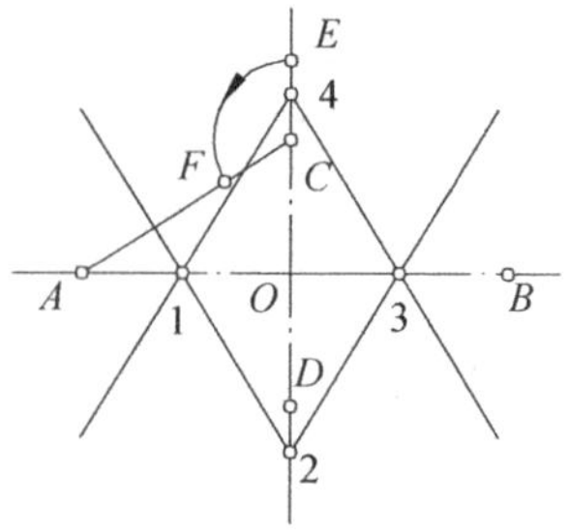

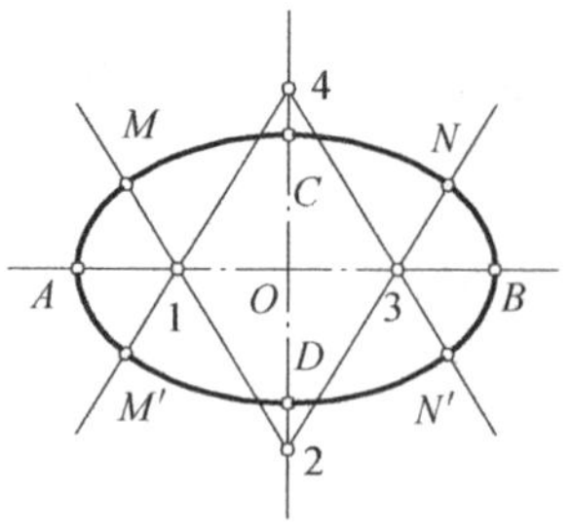

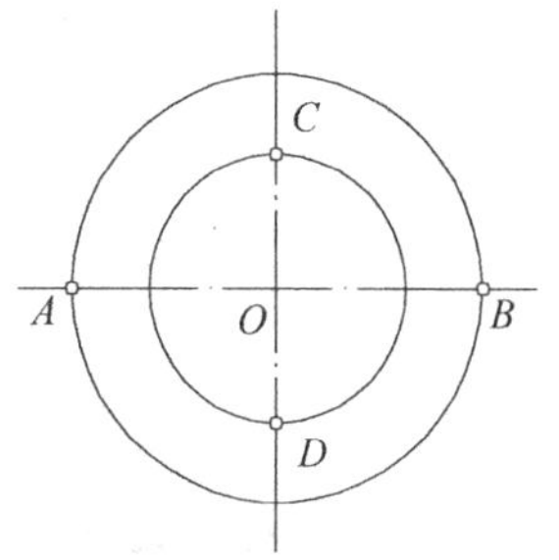

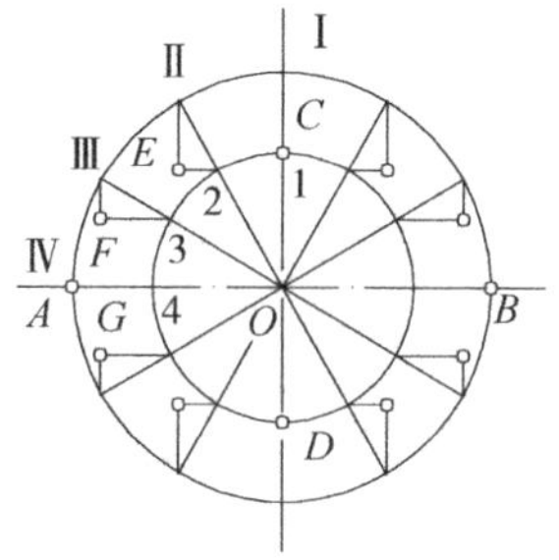

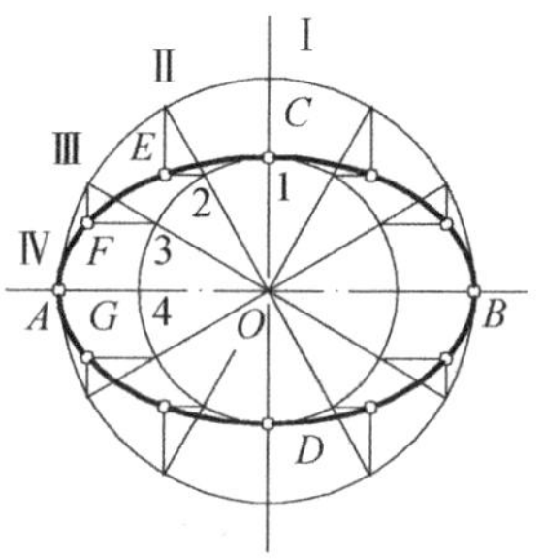

1.2.3 平面图形的分析

平面图形是由许多线段连接而成的。有的线段可以根据所给定的尺寸直接画出；而有些线段则需要利用已知条件和线段连接关系才能间接作出。所以，在画图时必须首先对图形进行尺寸和线段分析，才能正确地画出图形和标注尺寸。

1. 平面图形的尺寸分析

平面图形中的尺寸，按其作用可分为两类：

（1）定形尺寸

用于确定线段的长度、圆弧的直径（或半径）和角度大小等的尺寸，称为定形尺寸。如图 1-34 中的 50、20、$\phi 10$、$R10$、$60°$ 等。

（2）定位尺寸

用于确定线段在平面图形中所处位置的尺寸，称为定位尺寸，如图 1-34 中的 30、21 等。

定位尺寸通常以图形的对称线、中心线或某一轮廓线作为标注尺寸的起点，这些起点被称为尺寸基准。如图 1-34 中两圆的水平方向定位尺寸 30 是以对称线作为基准的，高度方向的定位尺寸 21 则是以底边作为基准。

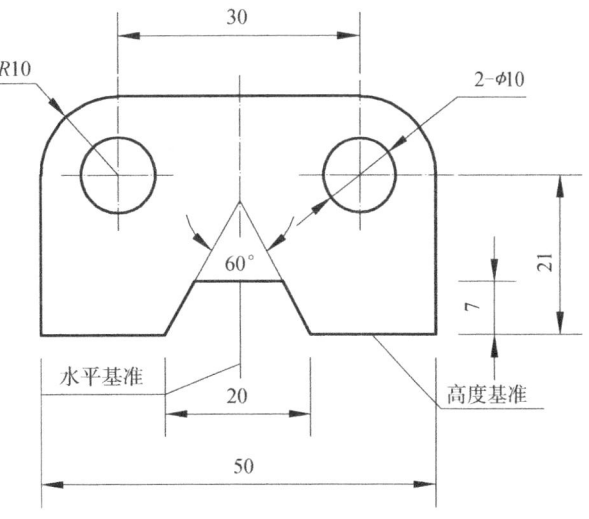

图 1-34 平面图形的尺寸分析

2. 平面图形的线段分析

平面图形中的线段（直线或圆弧），根据其定位尺寸的完整与否，可分为三类：

（1）已知线段

定形和定位尺寸均直接给出的线段称为已知线段，如图 1-35a 中除 1:1.5 以外的所有直线和 $R30$、$R5$ 的圆弧均为已知线段。已知线段能根据基准线位置和已知尺寸直接画出，如图 1-35c。

（2）中间线段

只给出定形尺寸和一个定位尺寸的线段为中间线段。作图时，需根据它与其他线段的几何关系，才能确定其位置，如图 1-35a 中的 1:1.5 直线。它只有一个方向的定位尺寸 1:1.5，另一定位尺寸要借助与 $R30$ 已知圆弧的连接来确定，如图 1-35d。

（3）连接线段

只有定形尺寸，没有定位尺寸的线段为连接线段。作图时，需根据已作出的与其相接的线段的几何关系后，才能用作图方法确定它的位置，如图 1-35a 中的 $R22$ 圆弧。它由过线段 1:1.5 直线和与右端直线相连接的两个条件来确定，如图 1-35e。

由此可以确定作图步骤：先画已知线段，再画中间线段，最后画连接线段，如图 1-35b、c、d、e、f 所示。

应当指出，平面图形上有时有已知线段和连接线段，有时只有已知线段。

1.2.4 绘图的方法和步骤

1. 准备工作

（1）阅读有关资料，了解所画图样的内容和要求，做到心中有数。

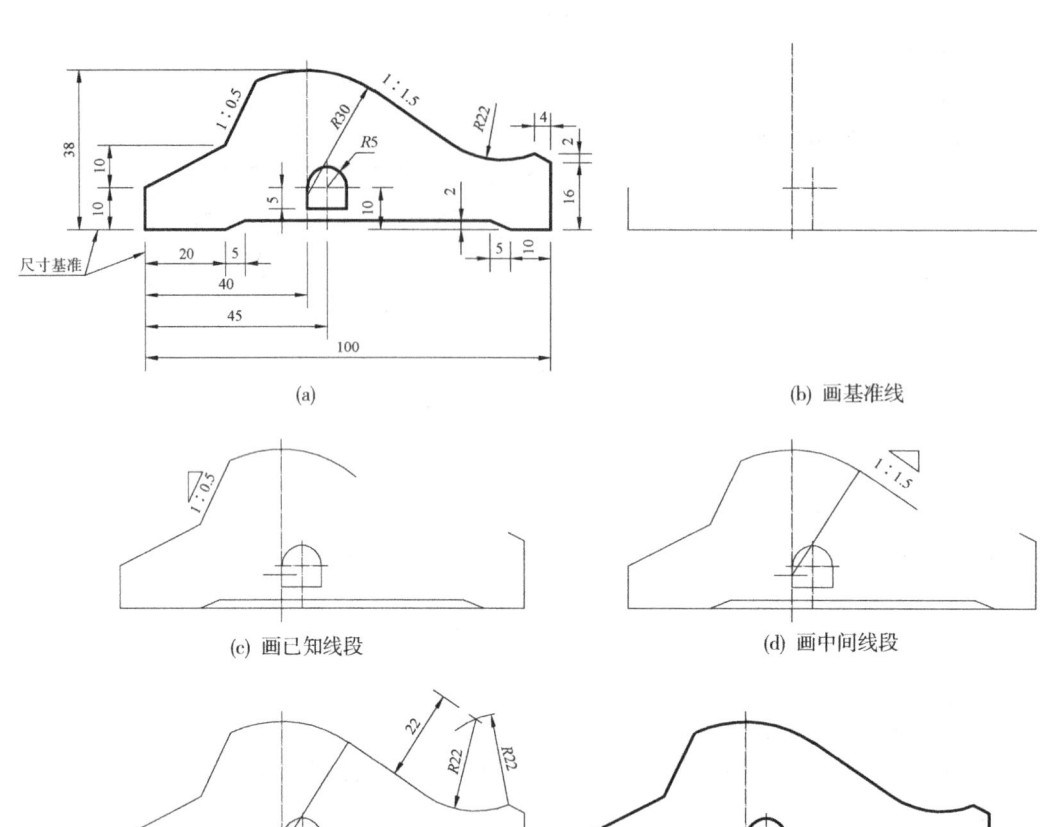

图 1-35 平面图形的线段分析与作图

（2）擦净制图仪器和工具并摆放在绘图桌的搁物板上，便于取用。削好各种硬度的铅笔和圆规用铅芯备用。

（3）按要求选择图纸幅面，然后用胶带纸将图纸固定在图板的适当位置。图纸要摆正放平，并使图纸下边缘距离图板下缘宽于一个丁字尺的尺身。

2. 画底稿

（1）先用 H 或 2H 铅笔按标准规定，轻而细地画出图框及标题栏。

（2）确定比例，布置图形，使各图形在图框内布置均匀，然后画出各图形的基准线。

（3）按"先已知线段，再中间线段，最后连接线段"的步骤，依次画出各平面图形。

（4）画尺寸界线和尺寸线。

3. 检查加深

（1）检查图形。仔细检查图形底稿及尺寸有无错误、遗漏、擦去多余的作图线，将底稿清理干净。

（2）加深。加深粗实线用 HB 铅笔，用 H 铅笔加深细线和文字部分。同类图线要一起加深，使图线粗细、浓淡保持一致，并提高绘图速度。加深图线的顺序是：先粗线后细线；先曲线后直线；先小圆（或圆弧）再大圆（或圆弧）；画尺寸起止符号和注写数字

(一次完成);填写说明文字和标题栏;加深图框和标题栏框;完成全图。

一幅高质量的图样,应作图准确,图形布置匀称,图线粗细分明,尺寸排列美观易读,数字、字母和文字书写清晰规范,同字号字体大小一致,图面干净整洁。

引例分析

通过上述制图基本知识和技能内容的学习,要完成好图1-1滚水坝剖面设计图的绘制,必须正确地分析图形中的各类图线和尺寸,确定图形基准,选择合理的图幅、比例,合理布图,正确使用绘图工具,遵守制图标准对图线、尺寸标注、文字等的规定要求及正确的绘制方法和步骤。具体作图步骤和方法如下:

1. 分析图形,做好准备工作

(1)该滚水坝剖面图,除溢流面$R100$、$R700$圆弧为中间线段、非圆曲线段为连接线段外,其余为已知线段。

(2)采用A3图幅,比例为1:150。

2. 画底稿

(1)先用H或2H铅笔按标准规定,参照教学用标题栏轻而细地画出图框及标题栏。

(2)按布图要求画出图形的基准线(可以滚水坝的上游左端为水平基准、滚水坝的底部为高度基准)。

(3)按先已知线段(坝底部、上游面、下游水平段),再中间线段($R100$、$R700$圆弧),最后连接线段(非圆曲线段)的步骤,依次画出滚水坝剖面图轮廓线。

(4)画尺寸界线和尺寸线。

(5)画上材料符号。

3. 检查加深

(1)检查图形。仔细检查图形底稿及尺寸有无错误、遗漏,擦去多余的作图线,将底稿清理干净。

(2)加深。用HB铅笔加深粗实线,用H铅笔加深细线和文字部分。填写说明文字和标题栏;加深图框和标题栏框;完成全图。

技能训练

用适当比例,在A3图纸上抄绘图1-1所示滚水坝剖面图。作图要求:作图准确,图形布置合理,图线粗细分明、连接光滑,尺寸标注、数字、字母和文字书写清晰规范,同字号字体大小一致,图面干净整洁。

项目二 工程形体的表达方法

教学目标

掌握投影基本知识及三视图的投影规律；掌握工程形体视图、剖视图和剖面图的表达方法和画法；掌握水工建筑物标高投影和常见曲面的表达方法和求作方法。

教学要求

知识要点	能力目标	权重
投影的概念、分类；正投影的基本特征；三视图的形成及投影规律；点、直线和平面的投影	了解投影的概念和分类，熟悉正投影的基本特征。熟悉三投影面体系的设置和三视图的投影规律。掌握点、直线和平面的投影的画法	15%
基本体三视图和表面交线的画法；组合体的投影；轴测投影	掌握基本体三视图和表面交线的画法。掌握组合体的形体分析、画法、尺寸标注。掌握立体轴测投影的画法	30%
剖视图和剖面图	掌握工程形体剖视图、剖面图的画法	30%
标高投影；水工建筑物常见曲面	掌握水工建筑物标高投影和常见曲面的表达方法和求作方法	25%

引例

引例一 分析如图 2-1 所示某 U 形渡槽的视图表达方案，想象其形状。

提示：各种水工结构图都是按一定的图示原理和图示方法绘制而成的。掌握工程形体的图示原理和表达方法是识读和绘制水工结构图和水利工程图的基础。工程形体的图示原理是什么？工程形体的内外结构表达方法有哪些？如何识读水工结构图？将是本学习项目要学习的主要内容。

引例二 如图 2-2a 所示为坝址处的地形图和土坝的坝轴线位置，图 2-2b 所示为土坝的最大横剖面，试完成该土坝的标高投影图（平面图）。

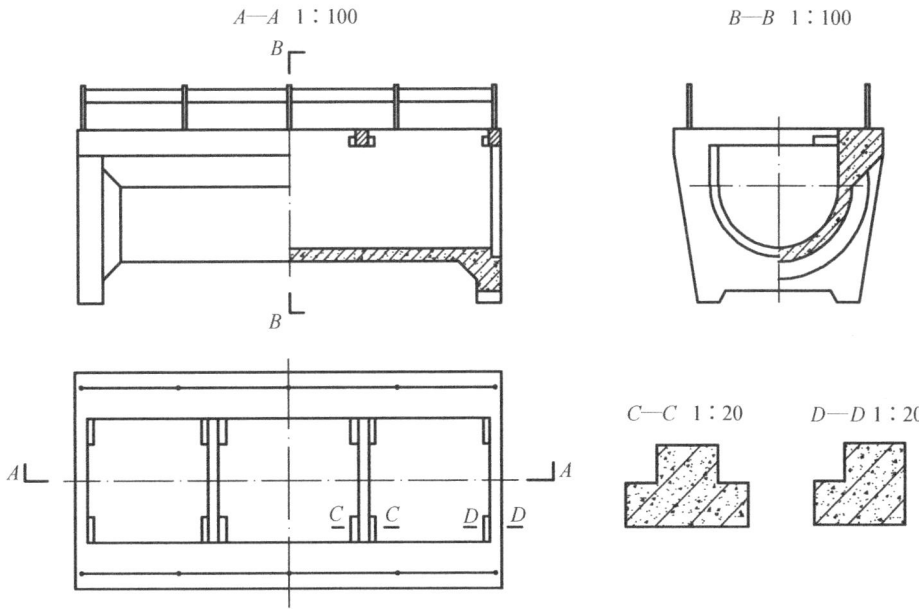

图 2-1 某 U 形渡槽的表达方案

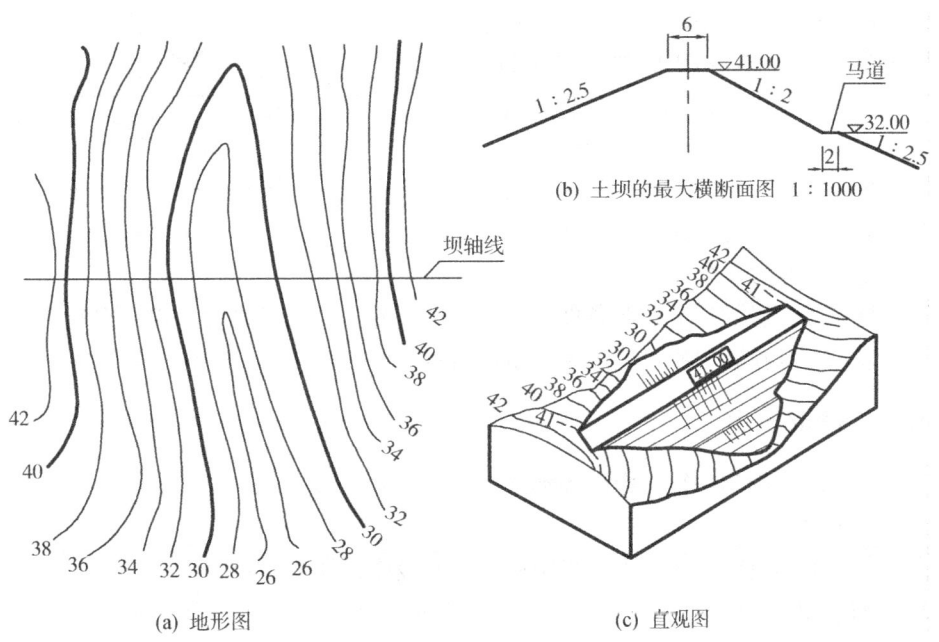

图 2-2 求作坝的标高投影（平面图）

提示：各种拦河坝、水库、溢洪道等水工建筑物大都是在不规则地形面上修建，通常用标高投影法来表达这些建筑物的平面布置、空间形状和位置。绘制和识读建筑物标高投影图是绘制和识读水利枢纽布置图的基础。什么叫地形图？什么叫标高投影？如何分析和绘制建筑物标高投影图？也将是本学习项目要学习的主要内容。

基本知识学习

2.1 投影的基本知识

工程图样是用投影的方法绘制的,投影法是绘制和阅读工程图样的基础。

2.1.1 投影及其分类

2.1.1.1 投影概念

在日常生活中,可知光线(阳光或灯光)照射物体,在墙面或地面上就会产生影子。但影子只能反映物体的外形轮廓,而不能表达物体的各部分形状。假设光源发出的光线能够透过物体而将物体的各个顶点和各条棱线在平面上投射出它们的影子,这些影子就构成反映物体各部分形状的图形,如图2-3所示。这个图形称为物体的投影。作出物体投影的方法称为投影法。

图中光源 S 称为投影中心,从光源发出的光线称为投射线,落影的平面 H 称为投影面,平面 H 上产生的图形称为投影。投射线、被投射物体和投影面是形成投影的三个必要条件,缺一不可,称为投影三要素。规定空间几何元素用大写字母表示,其投影用相对应的小写字母表示。

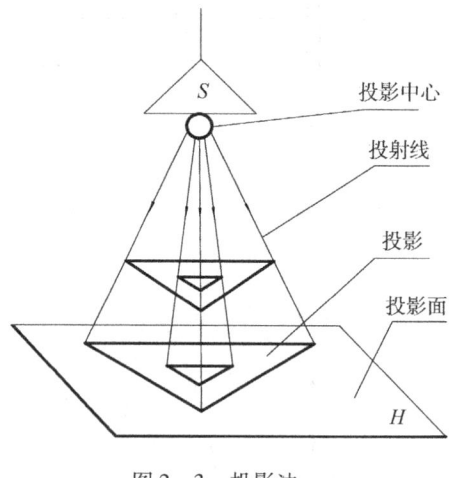

图2-3 投影法

2.1.1.2 投影的分类

投影分中心投影和平行投影两大类。

1. 中心投影

由一点放射的投射线所产生的投影称为中心投影,如图2-4a所示。

2. 平行投射

由相互平行的投射线所产生的投影称为平行投影,平行投影又可分为斜投影和正投影。平行投射线倾斜于投影面的称为斜投影,如图2-4b所示;平行投射线垂直于投影面的称为正投影,如图2-4c所示。

2.1.1.3 投影法在工程制图中的应用

1. 透视投影图

用中心投影法绘制的物体投影图,如图2-5a所示。它只需一个投影面,其特点是图

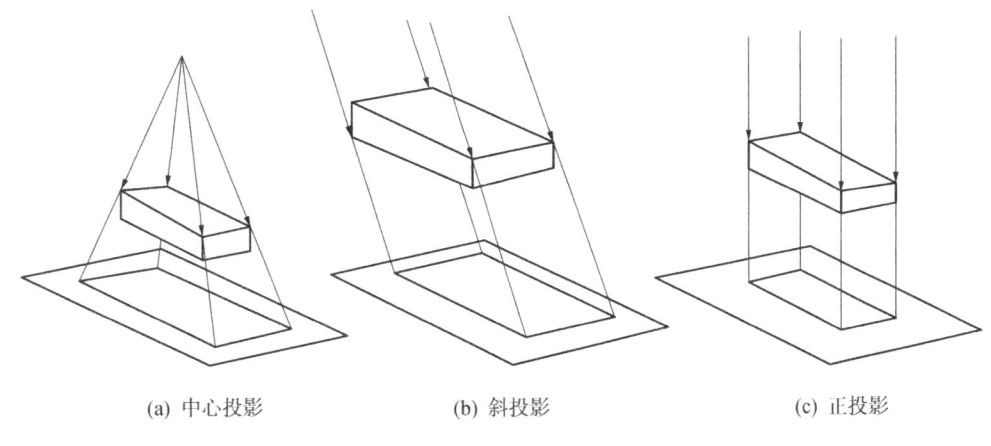

(a) 中心投影　　　　(b) 斜投影　　　　(c) 正投影

图 2-4　投影的分类

形逼真，直观性强，但作图复杂，形体的尺寸不能直接在图中度量出来，故不能作为施工依据，仅用于建筑设计方案的比较及工艺美术和宣传广告画等。

2. 轴测投影图（也称立体图）

它是平行投影的一种，如图 2-5b 所示。画图时只需一个投影面，其特点是立体感强，非常直观，但作图较繁，表面形状在图中往往失真，度量性差，只能作为工程上的辅助图样。

3. 正投影图

采用相互垂直的两个或两个以上的投影面，按正投影方法在每个投影面上分别获得同一物体的正投影，然后按规则展开在一个平面上，便得到物体的多面正投影图，如图 2-5c 所示。其特点是作图较其他图示法简便，便于度量，工程上应用最广，但缺乏立体感。本书在以后各章节中所讨论的投影如无特殊说明时均指正投影，简称投影。

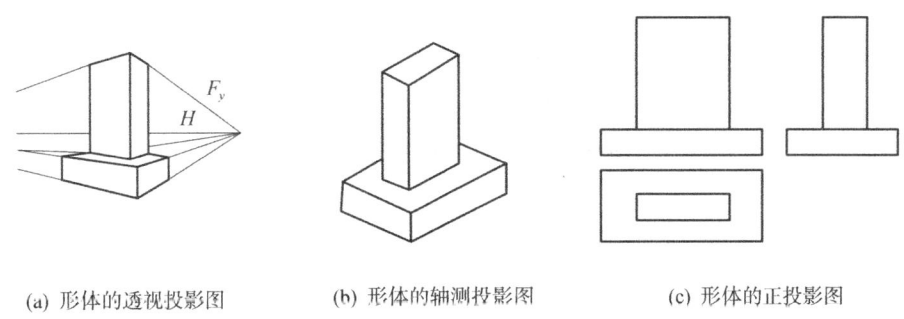

(a) 形体的透视投影图　　(b) 形体的轴测投影图　　(c) 形体的正投影图

图 2-5　形体的投影

正投影具备以下几个基本特性：

①真实性（全等性）：直线与投影面平行时，投影反映直线的实长 $ab = AB$，又称实长性，如图 2-6a 所示。平面与投影面平行时，投影反映平面的实形（形状、大小均不变），又称实形性，如图 2-6b 所示。

②积聚性：直线垂直于投影面时，投影积聚为一点，如图 2-7a 所示。平面垂直于投

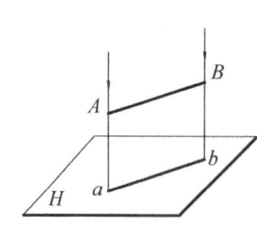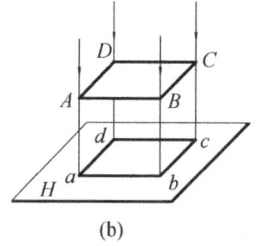

图2-6 直线和平面的真实性

影面时，投影积聚为一条直线，如图2-7b所示。

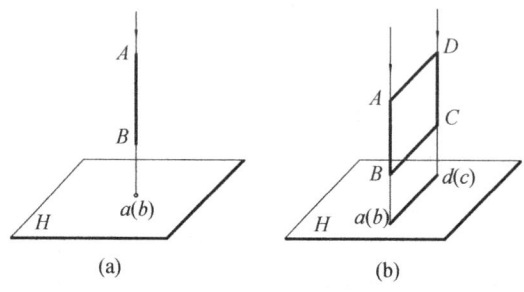

图2-7 直线和平面的积聚性

③类似性：直线倾斜于投影面时，投影为长度缩短的直线，如图2-8a所示。平面倾斜于投影面时，投影为平面的类似形（形状类似，面积缩小），且投影形状与原图形保持四个不变（边数不变、平行性不变、凸凹性不变、直曲性不变），如图2-8b所示。

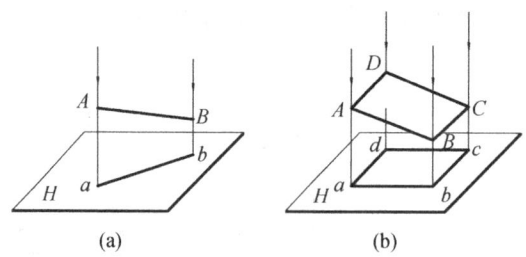

图2-8 直线和平面的类似性

4. 标高投影图

标高投影是一种带有数字标记的单面正投影。

在建筑工程上，常用它来表示地面的形状与起伏，作图时，用一组等距离的水平面切割地面，其交线为等高线。

将不同高程的等高线投影在水平的投影面上，并注出各等高线的高程，即为等高线图，也称标高投影图，如图2-9所示。水利枢纽中水工建筑物布置图常用其标高投影图来表达，如图2-10所示土坝的标高投影图。

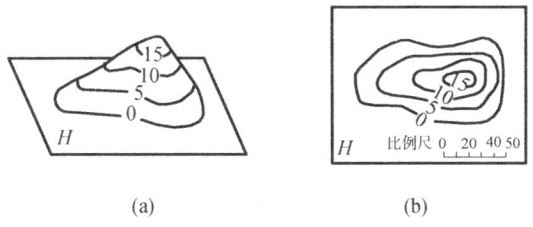

图 2-9 标高投影图

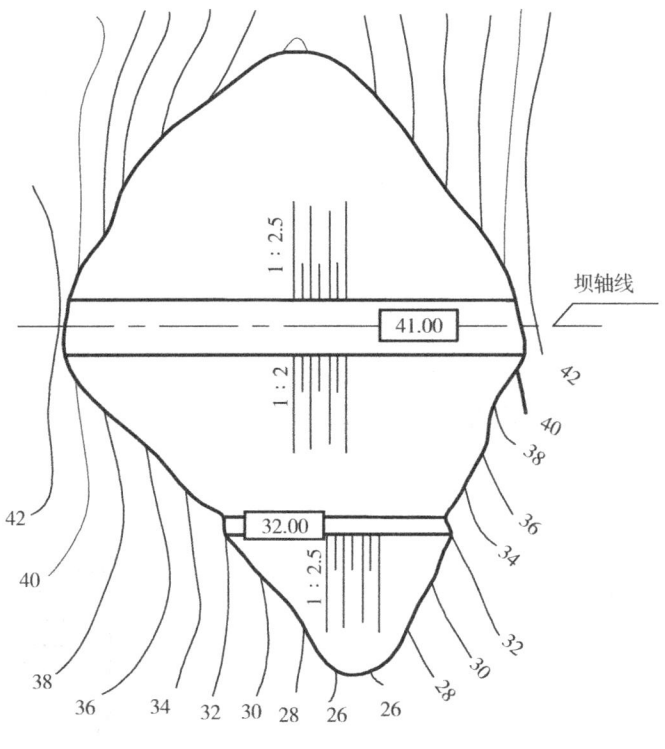

图 2-10 土坝的标高投影图

2.1.2 三视图的形成及投影规律

作图时，通常将人们的视线看作一组相互平行且与投影面垂直的投射线，这样把物体向投影面投影所得的正投影图，又称视图。

物体在一个投影面上的投影称为单面视图，物体在两个互相垂直的投影面上的投影称为两面视图。上述两种视图都不能确定出空间物体的唯一准确形状，如图 2-11a 中空间四个不同形状的物体，它们在同一个投影面上的正投影却是相同的；图 2-11b 中增加一个投影面仍不能从投影图中区别出四棱柱、三棱柱和半圆柱。因此要完整准确地表达物体的形状，通常需要用三面正投影，又称三视图。

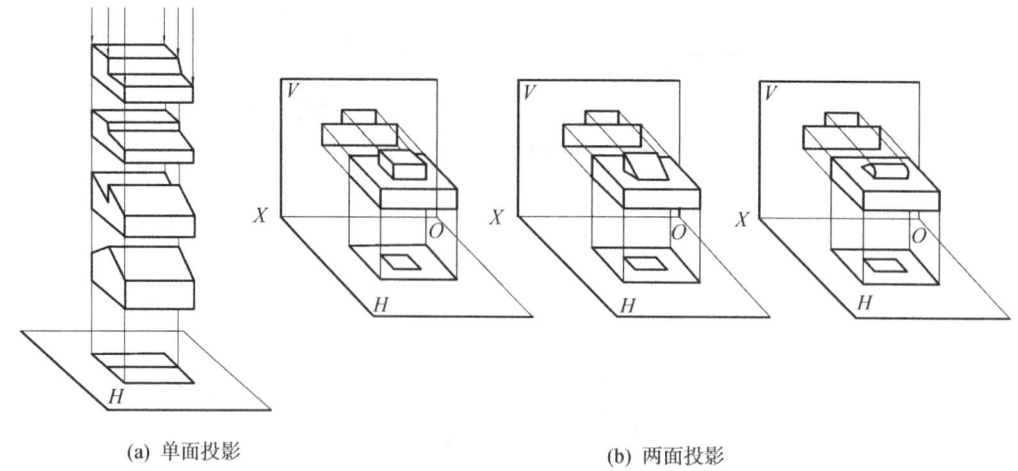

(a) 单面投影　　　　　　　　　　(b) 两面投影

图 2-11　单面、两面投影的不确定性

2.1.2.1　三视图的形成

1. 三投影面体系的建立

通常采用三个相互垂直的平面 H、V、W 作为投影面，构成三投影面体系，如图 2-12 所示。H 称为水平投影面，V 称为正立投影面，W 称为侧立投影面。三投影面相互垂直相交，交线称为投影轴，分别用 OX 轴、OY 轴、OZ 轴表示。

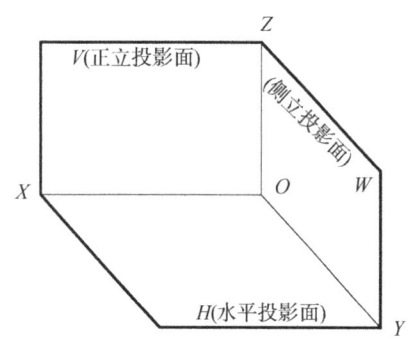

图 2-12　三投影面体系

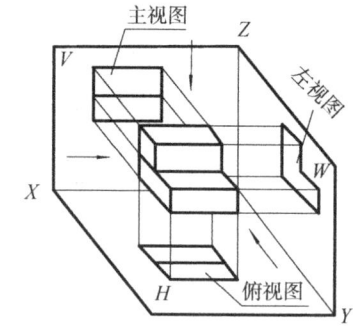

图 2-13　三视图的形成

2. 三视图的形成

如图 2-13 所示，将物体置于三面投影体系中，分别向三个投影面作正投影，就会得到物体在 H、V、W 面上的三面投影图。

从前往后向正立投影面 V 进行投影，得到的视图称主视图或正视图；

从上往下向水平投影面 H 进行投影，得到的视图称俯视图；

从左往右向侧立投影面 W 进行投影，得到的视图称为左视图。

3. 三投影面体系的展开

移去被投射物体，将投影面展开，如图 2-14 所示。保持 V 面不动，H 面绕 OX 轴向

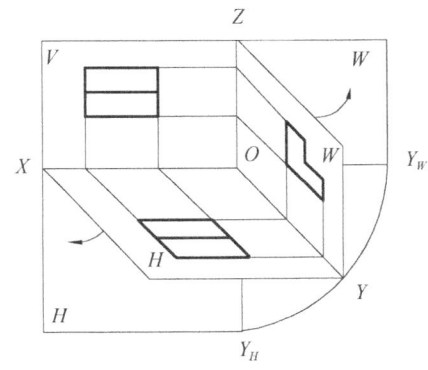

图 2－14　三投影面的展开方法

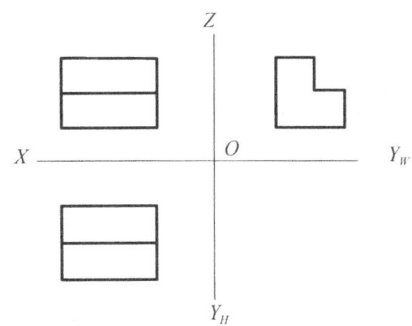

图 2－15　展开后的三视图

下旋转 90°，W 面绕 OZ 轴向右旋转 90°，空间的三投影面体系展开后成为一个平面，这样就可以在一张图纸上画出物体的三视图。展开后，OY 轴分为两部分，其中随 H 面向下旋转的部分标为 Y_H，随 W 面向右旋转的部分标为 Y_W。

投影面展开后三视图的配置位置为：主视图在 OX 轴的上方、OZ 轴的左方，俯视图在主视图的正下方，左视图在主视图的正右方。画三视图时，必须遵守上述位置关系。由于投影面无边界范围，所以投影面边框线一般不画，只需画出投影轴，如图 2－15 所示。

2.1.2.2　三视图的投影规律

1. 三视图的投影规律

对于同一个物体，其三面投影图之间既有区别，又有联系，从图 2－15 中可以看出，三面正投影图具有下述投影规律：

主、俯视图都反映物体的长度，且相互对正，即长对正（等长）；

主、左视图都反映物体的高度，且相互平齐，即高平齐（等高）；

俯、左视图都反映物体的宽度，即宽相等（等宽）。

三视图的投影规律简称为"长对正、宽相等、高平齐"，如图 2－16 所示。作图时，无论是物体的整体、局部，还是组成物体的几何元素点、线、面，其三视图之间必须符合这个投影规律。视图间的投影轴可省略不画。

每一个视图反映物体两个方向的尺寸：主视图反映长度和高度，俯视图反映长度和宽度，左视图反映宽度和高度。

2. 三视图与物体位置的对应关系

每一个视图反映物体的四个方位，如图 2－17 所示。

主视图反映物体的左、右和上、下方位；

俯视图反映物体的左、右和前、后方位；

左视图反映物体的前、后和上、下方位。

在六个方位中，俯、左视图反映的前、后位置最易出错，应特别注意。对于俯视图和左视图，以主视图为参照物，远离主视图的一边是物体的前面，靠近主视图的一边是物体的后面，即"远前近后"。

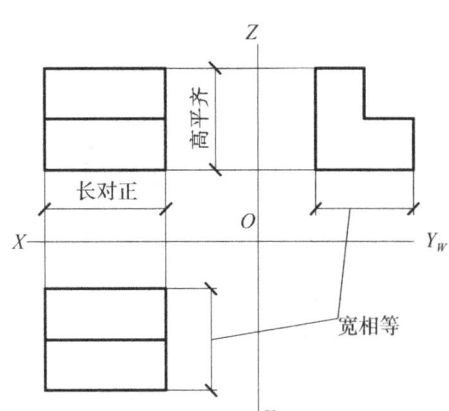
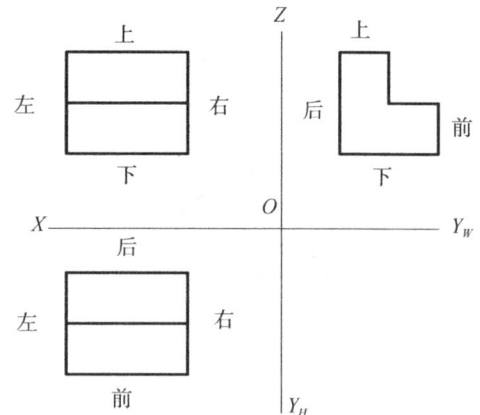

图 2-16 三视图的投影规律　　　　图 2-17 三视图与物体位置的对应关系

2.1.2.3 三视图的画法

在视图中，规定物体的可见轮廓线用粗实线绘制，不可见轮廓线用虚线绘制。

熟练掌握物体三视图的画法是绘制和识读工程图样的重要基础。三视图的作图方法与步骤是：

①先画出水平和垂直十字相交线，即投影轴，如图 2-18a 所示；

②根据物体在三面投影体系中的放置位置，先画出反映物体特征的投影图，如图 2-18b 所示；

③根据"三等"关系和利用 45°辅助线（从点 O 作一条向右下斜的 45°线），作出其他两个投影图，如图 2-18c。

初学时，可保留投影轴、作图细实线。在绘制实际工程图时，只要求各投影图之间保证"长、宽、高"关系正确，可不画投影轴，各投影图的位置也可以灵活安排，甚至各投影图还可以不画在同一张图纸上。

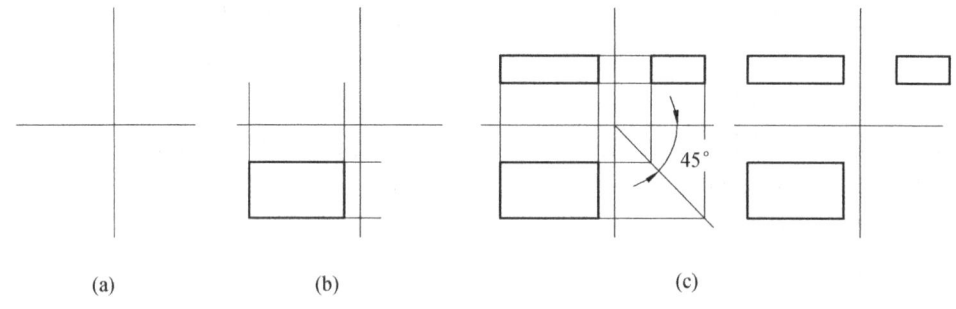

(a)　　　　　(b)　　　　　(c)

图 2-18 三面正投影图画图步骤

2.1.3 点、直线和平面的投影

点、直线和平面是构成物体的最基本的几何元素，学习和掌握它们的投影知识，可提

高对物体视图的分析和表达能力。

2.1.3.1 点的投影

点是形体的最基本的几何元素。点的投影规律是线、面、体的投影的基础。

1. 点的三面投影及其规律

将空间点 A 置于三投影面体系中，自点 A 分别向三个投影面作投影线，三个垂足就是点 A 在三个投影面上的投影，分别用空间点的相应小写字母 a、a'、a'' 表示。a 表示点 A 的 H 面投影，a' 表示点 A 的 V 面投影，a'' 表示点 A 的 W 面投影。将投影体系展开后即得点 A 的三面投影图，如图 2-19 所示。

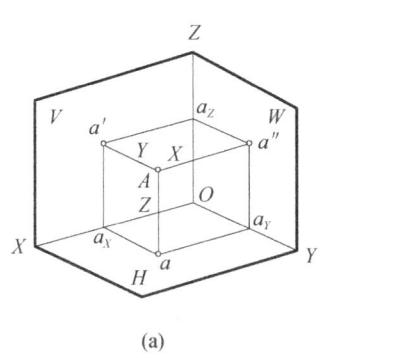
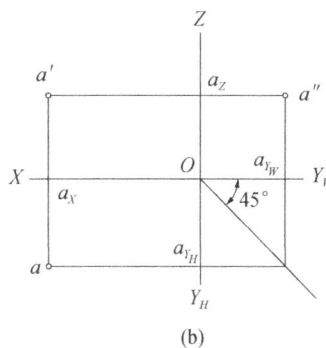

图 2-19 点的投影形成

由图 2-19 可知点在三面投影体系中的投影规律为：

（1）点在任何投影面上的投影仍然是点；

（2）点的正面投影 a' 和水平投影 a 的连线必垂直于 OX 轴，即 $aa' \perp OX$；

（3）点的正面投影 a' 与侧面投影 a'' 的连线必垂直于 OZ 轴，即 $a'a'' \perp OZ$；

（4）点的水平投影 a 到 OX 轴的距离等于其侧面投影 a'' 到 OZ 轴的距离，即 $aa_X = a''a_Z$。

由上可知，只要给出点的任何两个投影，就可求出其第三个投影。

【例 2-1】 如图 2-20a 所示，已知点 A 的两面投影 a'、a，求作点 A 的侧面投影 a''。

作图：根据点的投影规律，a'' 的求作方法如图 2-20b、c 所示。

2. 重影点及可见性

如果两点位于同一投射线上，则此两点在该投射线所垂直的投影面上的投影必重合，重合的投影称为重影，重影的空间两点称为对该投影面的重影点。两点投影重合时，可见点注写在前，不可见点注写在后，并加括号。如图 2-21 所示，A、B 两点为对 H 面的重影点，点 A 在点 B 的正上方，所以点 A 对 H 面为可见，点 B 为不可见，A、B 两点的水平投影用 $a(b)$ 表示。A、C 两点为对 W 面的重影点，点 A 在点 C 的正左方，所以点 A 对 W 面为可见，点 C 为不可见，A、C 两点的侧面投影用 $a''(c'')$ 表示。同样 C、D 两点为对 V 面的重影点，点 C 在点 D 的正前方，所以点 C 对 V 面为可见，点 D 为不可见，C、D 两点的正面投影用 $c'(d')$ 表示。

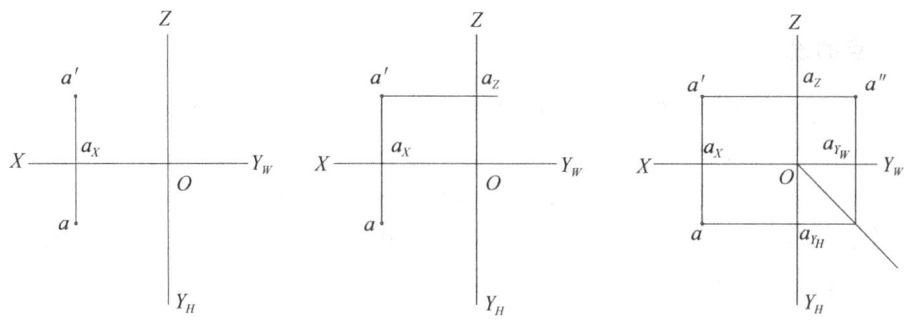

(a) 已知点A的两投影a、a′　　(b) 过a′作OZ轴的垂直线a′、a_Z　　(c) 在$a'a_Z$的延长线上截取$a''a_Z=aa_X$，a″即为所求

图2-20　已知点的两面投影作第三投影

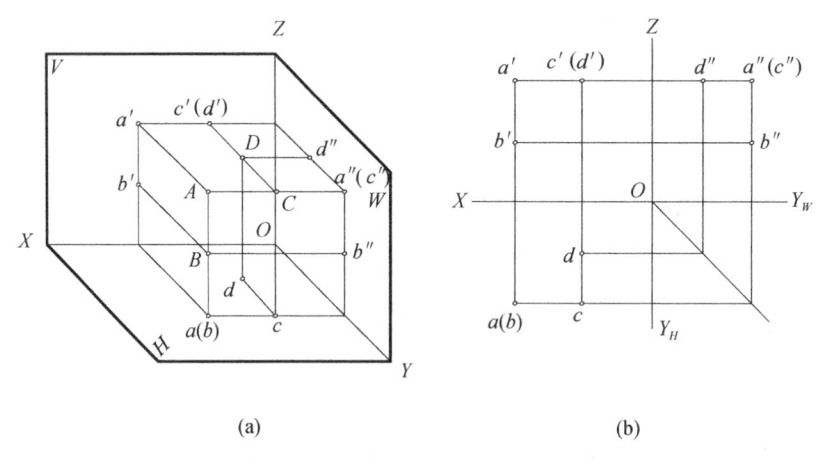

(a)　　　　　　　　　　　　(b)

图2-21　重影点的投影

2.1.3.2　直线的投影

1. 直线的三面投影

由几何学知道，直线由直线上任意两个点的位置确定，因此，直线的投影也可以由直线上两点的投影确定。求直线的投影，只要作出直线上两个点的投影，再将同一投影面上的两点的投影连起来，即是直线的投影，如图2-22所示。

2. 各种位置直线及投影特性

空间直线按其相对于三个投影面的不同位置关系可分为三种：

一般位置直线：直线倾斜于三个投影面；

投影面平行线：直线平行于一个投影面，倾斜于另外两个投影面；

投影面垂直线：直线垂直于一个投影面，平行于另外两个投影面。

后两种直线又称为特殊位置直线。

（1）一般位置直线

与三个投影面均倾斜的直线，称为一般位置直线。一般位置直线在H、V、W三个投

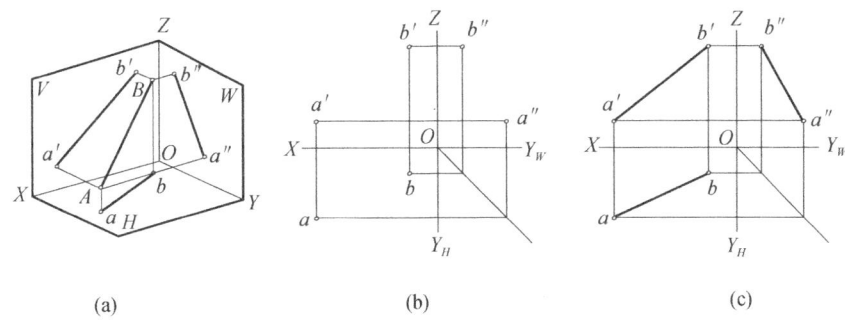

(a)　　　　　　　　　　(b)　　　　　　　　　　(c)

图 2-22　直线的三面投影作法

影面上的投影如图 2-22 所示。一般位置直线投影特性：

① 直线的三个投影仍为直线，但不反映实长；

② 直线的各个投影都倾斜于投影轴。

一般位置直线的判别：三个投影都是倾斜直线，一定是一般位置直线。

（2）投影面平行线

平行于一个投影面，而倾斜于另外两个投影面的直线称为投影面平行线。

投影面平行线可分为：

① 水平线，平行于 H 面而倾斜于 V、W 面的直线；

② 正平线，平行于 V 面而倾斜于 H、W 面的直线；

③ 侧平线，平行于 W 面而倾斜于 H、V 面的直线。

直线与 H 面的倾角用 α 表示，与 V 面的倾角用 β 表示，与 W 面的倾角用 γ 表示。三种平行线的投影及特性见表 2-1。

表 2-1　投影面平行线

名称	水平线	正平线	侧平线
直观图			
投影图			
投影特性	① $ab = AB$ ② $a'b' // OX$ 　$a''b'' // OY_W$ ③ 反映 β、γ 角	① $c'd' = CD$ ② $cd // OX$ 　$c''d'' // OZ$ ③ 反映 α、γ 角	① $e''f'' = EF$ ② $e'f' // OZ$ 　$ef // OY_H$ ③ 反映 α、β 角

从表 2-1 可以知道投影面平行线的投影特性：

①直线在它所平行的投影面上的投影反映实长，该投影与投影轴的夹角等于直线对其他两个投影面的倾角。

②直线在另外两个投影面上的投影分别平行于相应的投影轴，但不反映实长。

投影面平行线空间位置的判别：一斜两直线，定是平行线；斜线在哪面，平行那个面。

（3）投影面垂直线

垂直于一个投影面，而平行于另外两个投影面的直线称为投影面垂直线。

投影面垂直线可分为：

①铅垂线，垂直于 H 面而平行于 V、W 面的直线；

②正垂线，垂直于 V 面而平行于 H、W 面的直线；

③侧垂线，垂直于 W 面而平行于 H、V 面的直线。

这三种垂直线的投影及投影特性见表 2-2。

从表 2-2 中可以知道投影面垂直线的投影特性：

①直线在所垂直的投影面上的投影积聚成一点；

②直线在另外两个投影面上的投影同时平行于一条相应的投影轴且均反映实长。

投影面垂直线空间位置的判别：一点两直线，定是垂直线；点在哪个面，垂直那个面。

表 2-2 投影面垂直线

名称	铅垂线	正垂线	侧垂线
直观图	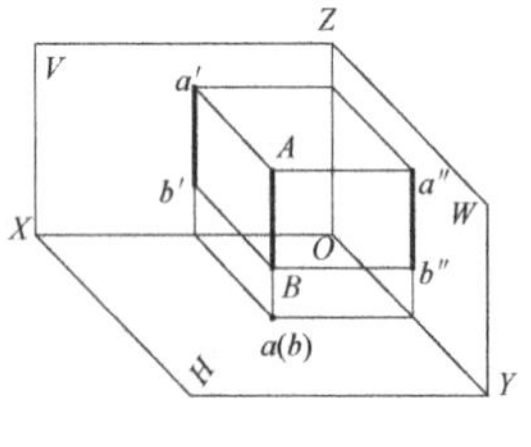	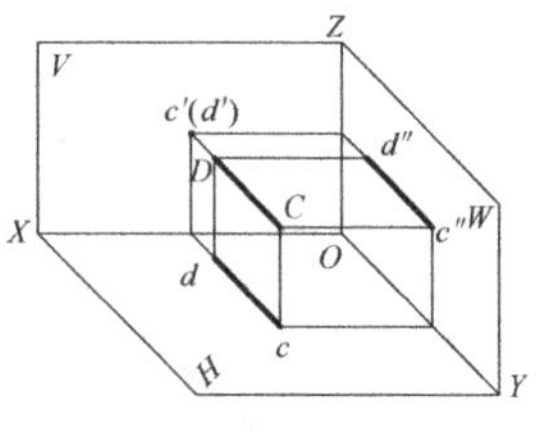	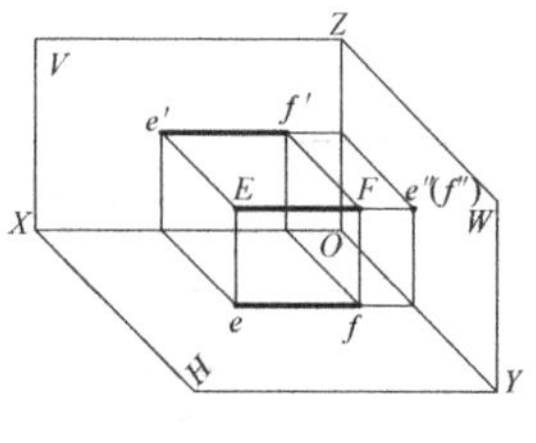
投影图	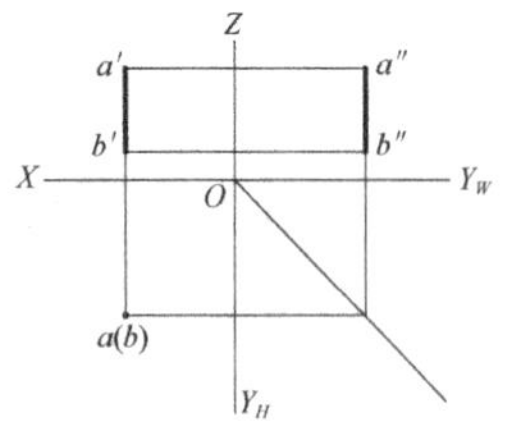	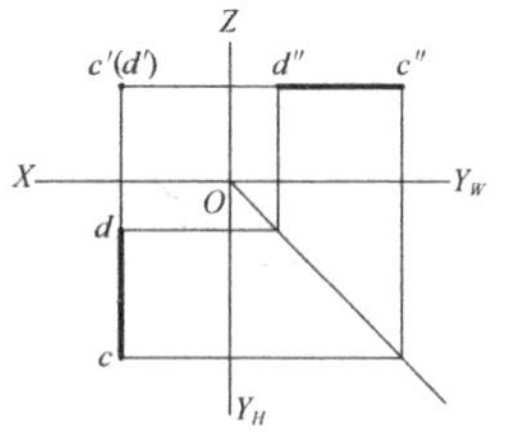	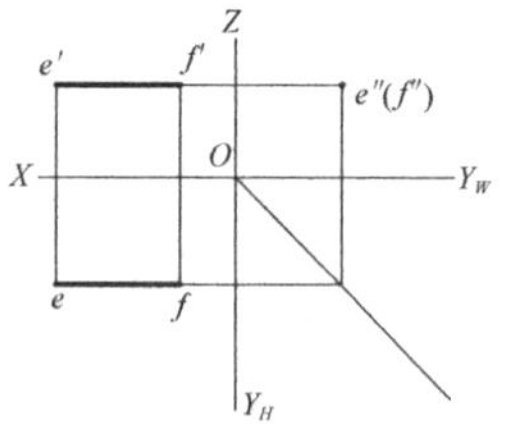
投影特性	①ab 积聚为一点 ②$a'b' \perp OX$ 　$a''b'' \perp OY_W$ ③$AB = a'b' = a''b''$	①$c'd'$ 积聚为一点 ②$cd \perp OX$ 　$c''d'' \perp OZ$ ③$CD = cd = c''d''$	①$e''f''$ 积聚为一点 ②$e'f' \perp OZ$ 　$ef \perp OY_H$ ③$EF = ef = e'f'$

3. 直线上的点

（1）从属性：点在直线上，则点的投影必在该直线的同面投影上，且符合点的投影规律。如图 2-23 所示，点 C 为直线 AB 上的点，则点 C 的三面投影 c'、c、c'' 必定分别落在 $a'b'$、ab、$a''b''$ 上。

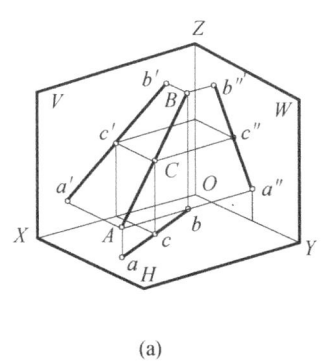
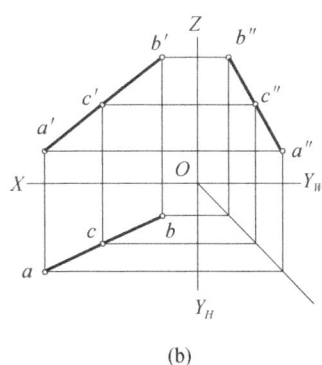

图 2-23 直线上点的投影

（2）定比性：直线上的点分割线段之比等于该点的投影分割线段的同面投影之比。点 C 在直线 AB 上，它把 AB 分为 AC、CB 两段，则 $AC:CB = a'c':c'b' = ac:cb = a''c'':c''b''$。

【例 2-2】 如图 2-24a 所示。试在直线 AB 上取一点 C，使 $AC:CB = 2:3$，求点 C 的投影。

分析：根据从属性，点 C 的投影必在直线 AB 的同面投影上，根据定比性，$AC:CB = a'c':c'b' = ac:cb = 2:3$，可用比例作图法求解。

作图：如图 2-24b 所示。

① 从 H 面投影入手，过点 a 作一辅助线（细实线），以任意长度为单位长度截取五等份。

② 连 $5b$，作 $2c // 5b$，与 ab 相交于 c。

③ 过 c 向上作 OX 的垂直线，与 $a'b'$ 相交于 c'。则 c'、c 为所求的点 C 的投影。

【例 2-3】 如图 2-25a 所示。已知直线 AB 及点 M，直线 CD 及点 N 的两面投影，试判别点 M 是否在直线 AB 上，点 N 是否在直线 CD 上。

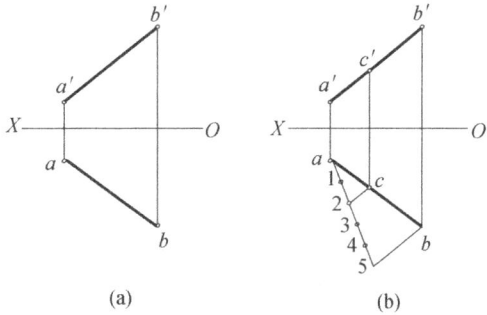

图 2-24 求分割点的投影

分析：根据两面投影可知直线 AB 为一般位置直线，m' 在 $a'b'$ 上，m 在 ab 上，且 $m'm \perp OX$，可知点 M 在直线 AB 上。而 CD 为特殊位置直线，$c'd' // OZ$，$cd // OY_H$，则直线 CD 为侧平线，尽管 n' 在 $c'd'$ 上，n 在 cd 上，且 $n'n \perp OX$，也不能直接得到结论，需要通过作图才能进行判断。

作图：方法有两种。

方法 1：可直接求得直线 CD 及点 N 的侧面投影进行判断，若 n'' 在 $c''d''$ 上，则点 N 在直线 CD 上，否则就不在直线 CD 上。由图 2-25b 可知，点 N 不在直线 CD 上。

方法 2：利用定比性作图，如图 2-25c 所示。

① 从 H 面投影入手（也可从 V 面投影入手）。过 c（或 d）作一辅助线（用细实线），并使 $cD_1 = c'd'$，在 cD_1 上自点 c 截取 $cN_1 = c'n'$。

② 连 dD_1，过 N_1 作 $N_1n_1 // D_1d$，与 cd 相交于 n_1，由图可知 n_1 与已知的 n 不重合，则可判别点 N 不在直线 CD 上。

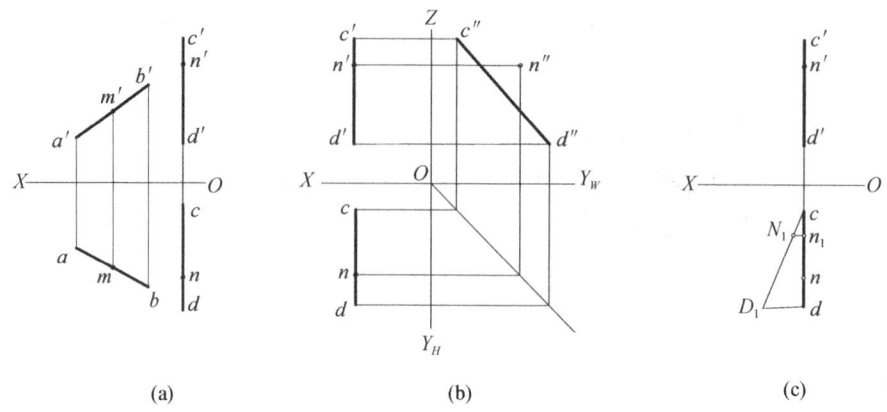

图 2-25 判断点是否在直线上

结论：点 M 在直线 AB 上，点 N 不在直线 CD 上。

4. 两直线的相对位置

两直线在空间的相对位置有三种，平行、相交和交叉。平行和相交两直线都在同一平面上，称为共面直线，而交叉两直线不在同一平面上，称为异面直线。下面分别讨论它们的投影特性。

（1）平行两直线

平行两直线的投影特性：空间相互平行的两直线，其同面投影必分别相互平行，如图 2-26 所示。反之，若两直线的各同面投影相互平行，则此两直线在空间必相互平行。

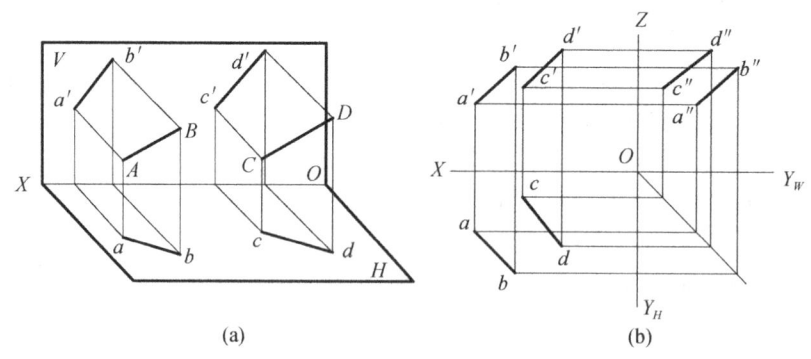

图 2-26 两直线平行

（2）相交两直线

相交两直线的投影特性：空间相交的两直线，其同面投影必分别相交，且交点的三面投影之间符合点的投影规律，如图 2-27 所示。反之，若直线的各同面投影相交，且交点的投影符合点的投影规律，则此两直线在空间必相交。

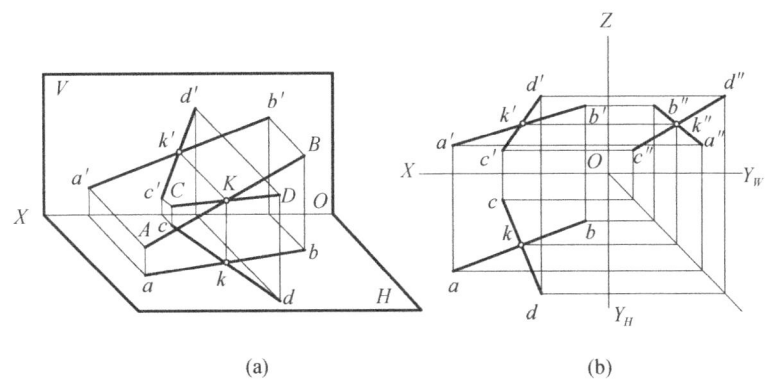

图 2-27 两直线相交

（3）交叉两直线

空间两直线既不平行也不相交，称交叉两直线。交叉两直线的投影特性：既不符合平行两直线的投影特性，也不符合相交两直线的投影特性，如图 2-28 所示。交叉两直线可表现为一个或两个同面投影相互平行，但第三个同面投影绝不可能相互平行，还可表现为一个、两个或三个同面投影相交，但交点的三面投影必不符合点的投影规律，这些交点是两直线上的不同点在某个投影面上的重影。

如图 2-28 所示，水平投影的交点是 Ⅰ、Ⅱ 两点的重影，正面投影的交点是 Ⅲ、Ⅳ 两点的重影。对交叉两直线上的重影点，要注意根据重影点可见性的判别方法判别其可见性。

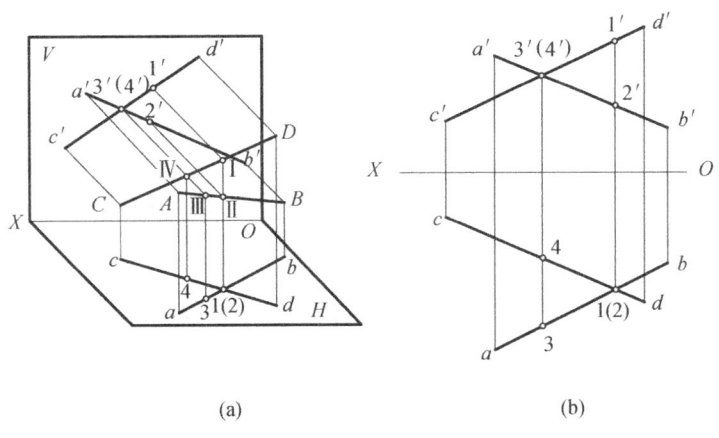

图 2-28 两直线交叉

在 H 面投影上，ab 与 cd 的交点是直线 CD 上的点 Ⅰ 与直线 AB 上的点 Ⅱ 相对于 H 面的一对重影点，由于 $z_1 > z_2$，则 1 可见，2 不可见。同理，V 面投影中 $a'b'$ 与 $c'd'$ 的交点是直线 AB 上的点 Ⅲ 与直线 CD 上的点 Ⅳ 相对于 V 面的一对重影点，由于 $y_3 > y_4$，则 $3'$ 可见，$4'$ 不可见。

（4）垂直两直线

相交两直线和交叉两直线都有一种特殊情况，即相互垂直，分别称为垂直相交和垂直交叉（不作介绍）。当相互垂直的两直线同时平行于某个投影面时，在该投影面上的投影必反映垂直关系，为直角；当其均倾斜于某个投影面时，在该投影面上的投影则不反映直角。

如图 2-29a 所示，两直线 AB 和 BC 垂直相交，其中 $BC /\!/ H$ 面，由于 $BC \perp AB$，则 $BC \perp$ 平面 $ABba$，又因 $BC /\!/ bc$，则 $bc \perp$ 平面 $ABba$，所以 $bc \perp ab$。

由此可得，两直线垂直相交，当其中一条直线平行于某个投影面时，则两直线在该投影面上的投影反映直角，称为直角投影定理。反之，若两直线在某个投影面上的投影相互垂直，且其中有一条直线平行于该投影面，则两直线在空间必相互垂直。

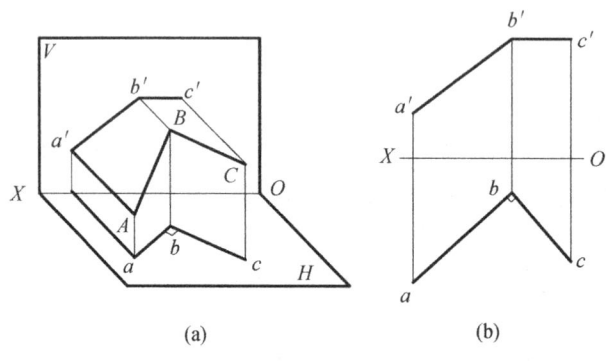

图 2-29　两直线垂直相交

如图 2-29b 所示，$bc \perp ab$，而 $b'c' /\!/ OX$，可知 BC 为水平线，所以 AB 与 CD 在空间相互垂直。

根据两直线相对位置的投影特性，可以判别两直线在空间的相对位置关系。对于两条一般位置直线，如果 V、H 两面投影符合平行或相交两直线的投影特性，则两直线有平行或相交的位置关系。如果两直线中其一为侧平线，则需加 W 面投影或用其他投影特性进行分析和判断。

【例 2-4】　如图 2-30a 所示，已知直线 AB 和 CD 的两面投影，判别其相对位置。

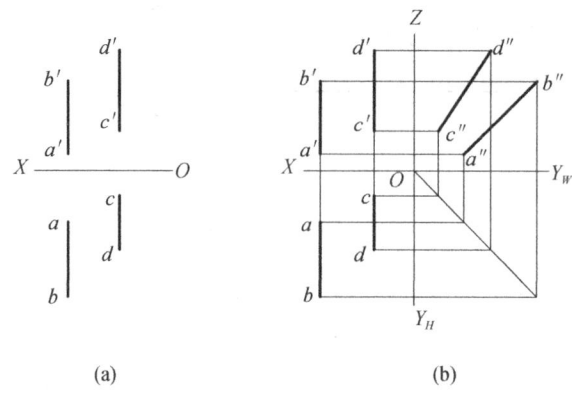

图 2-30　判断两直线的相对位置

分析：由于直线 AB 和 CD 均为侧平线，虽然 ab∥cd，a'b'∥c'd'，也不能直接进行判断。其判断方法如下：

作图：可作出两直线的 W 面投影，如图 2-30b 所示。由于 a″b″ 不平行于 c″d″，所以 AB 不平行于 CD，此二直线为交叉直线。

2.1.3.3 平面的投影

1. 平面的表示法

平面可以看成是点和直线不同形式的组合，可用下列的任意一组几何元素的投影来表示平面，如图 2-31 所示。一般常用平面图形来表示。

（1）不在同一直线上的三个点，如图 2-31a 中的 A、B、C；
（2）直线和直线外一点，如图 2-31b 中的点 C 和直线 AB；
（3）相交两直线，如图 2-31c 中的 AB 和 BC；
（4）平行两直线，如图 2-31d 中的 AB 和 CD；
（5）平面图形，如图 2-31e 中的 △ABC。

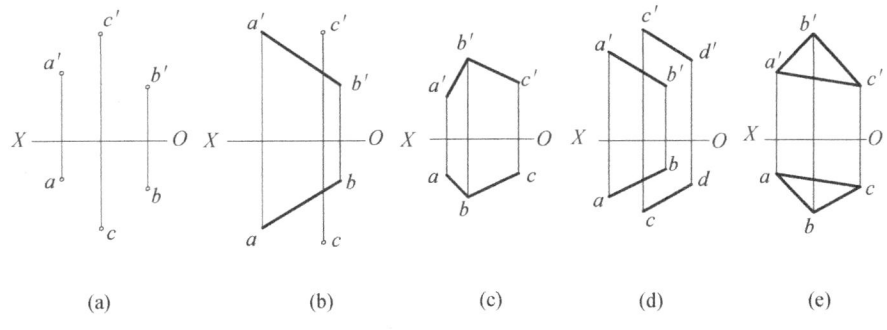

图 2-31　平面的表示法

2. 平面投影的作法

平面由点、线所围成。因此，求作平面的投影，实质上是求作点和线的投影。

图 2-32 所示空间平面 ABC，若将其三个顶点 A、B、C 的三面投影作出，再将各点的同面投影连接起来，即为平面 ABC 的投影。

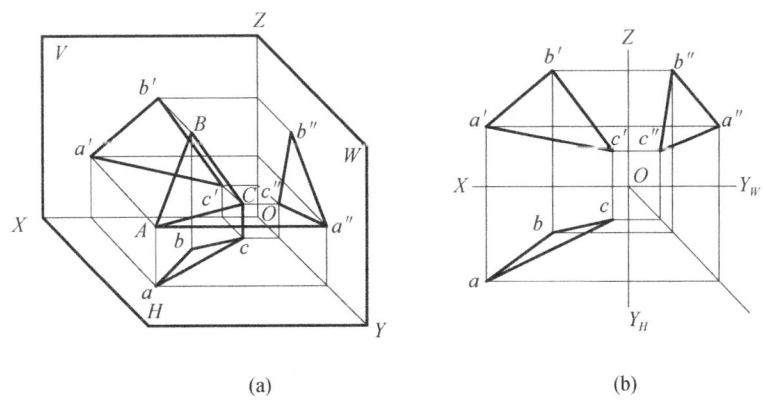

图 2-32　平面投影的作法

3. 各种位置平面及其投影特性

空间平面按其相对三个投影面的不同位置关系可分为三种：

一般位置平面：平面倾斜于三个投影面；

投影面垂直面：平面垂直于一个投影面，倾斜于另外两个投影面；

投影面平行面：平面平行于一个投影面，垂直于另外两个投影面。

后两类平面统称为特殊位置平面。

（1）一般位置平面

与三个投影面均倾斜的平面，称为一般位置平面。一般位置平面的投影特性：三个投影既没有积聚性，也不反映实形，而是原平面图形的类似形。

一般位置平面的判别：三个投影三个线框，一定是一般位置平面。

（2）投影面平行面

平行于一个投影面，同时垂直于另外两个投影面的平面称为投影面平行面。

投影面平行面可分为：

①水平面，平行于 H 面而垂直于 V、W 面的平面；

②正平面，平行于 V 面而垂直于 H、W 面的平面；

③侧平面，平行于 W 面而垂直于 H、V 面的平面。

这三种平行面的投影图如表 2-3 所示，从表中可以知道投影面平行面的投影特性：

表 2-3 投影面平行面

名称	水平面	正平面	侧平面
直观图			
投影图			
投影特性	①水平投影反映实形 ②正面投影及侧面投影积聚成一直线，且分别平行于 OX 轴及 OY_W 轴	①正面投影反映实形 ②水平投影及侧面投影积聚成一直线，且分别平行于 OX 轴及 OZ 轴	①侧面投影反映实形 ②水平投影及正面投影积聚成一直线，且分别平行于 OY_H 轴及 OZ 轴

①平面在所平行的投影面上的投影反映实形；
②平面在另外两个投影面上的投影积聚成直线，且分别平行于相应的投影轴。

投影面平行面空间位置的判别：一框两直线，定是平行面；框在哪个面，平行那个面。

（3）投影面垂直面

垂直于一个投影面，同时倾斜于另外两个投影面的平面称为投影面垂直面。

投影面垂直面可分为：

①铅垂面，垂直于 H 面而倾斜于 V、W 面的平面；
②正垂面，垂直于 V 面而倾斜于 H、W 面的平面；
③侧垂面，垂直于 W 面而倾斜于 H、V 面的平面。

这三种垂直面的投影图如表2-4所示，从表中可以知道投影面垂直面的投影特性：

①平面在所垂直的投影面上的投影，积聚成一条倾斜于投影轴的直线，且此直线与投影轴之间的夹角等于空间平面对另外两个投影面的倾角；
②平面在与它倾斜的两个投影面上的投影为缩小了的类似线框。

投影面垂直面空间位置的判别：两框一斜线，定是垂直面；斜线在哪面，垂直那个面。

表2-4 投影面垂直面

名称	铅垂面	正垂面	侧垂面
直观图	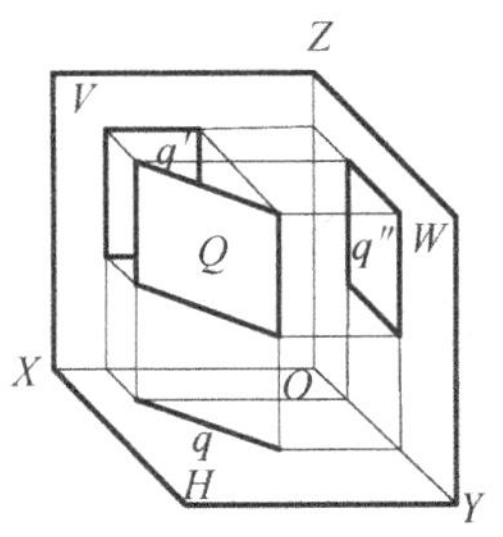	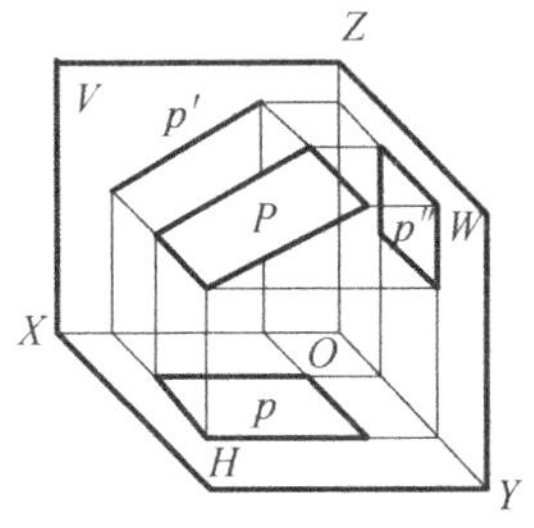	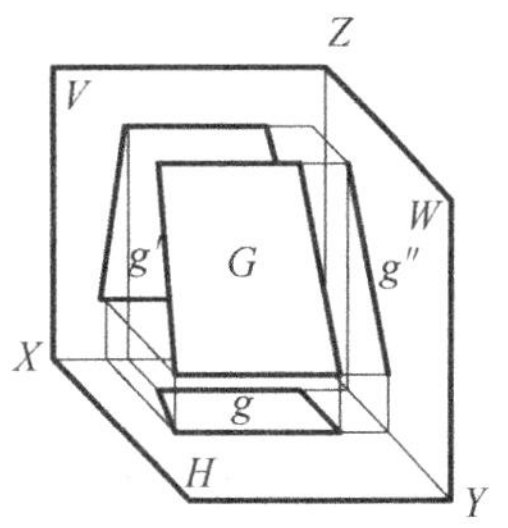
投影图	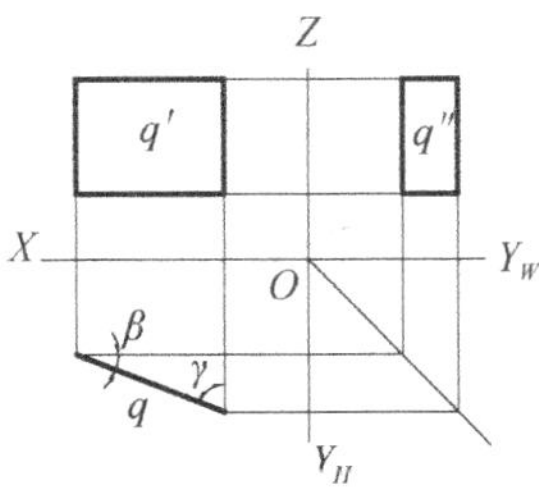	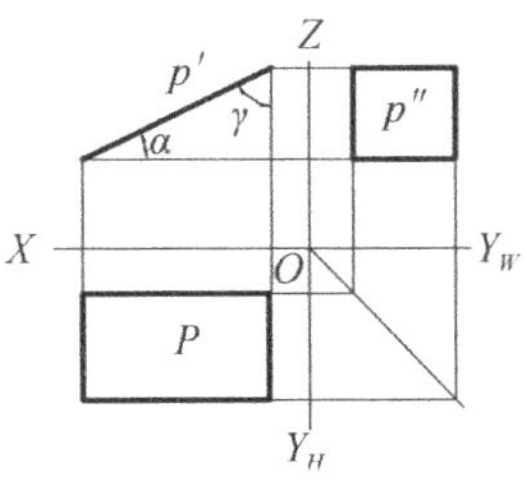	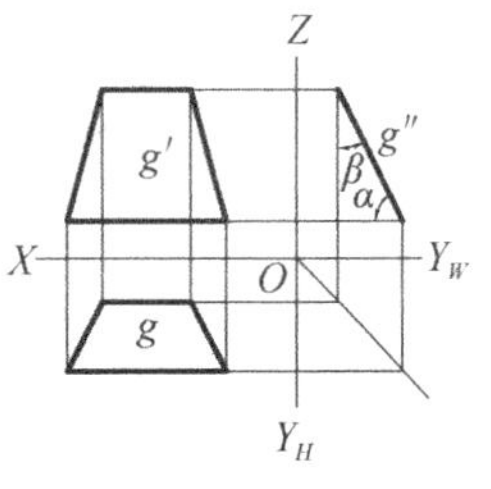
投影特性	①水平面投影积聚为一条斜线，其与 OX 轴及 OY_W 轴的夹角反映 β、γ 角 ②正面投影和侧面投影为类似形	①正面投影积聚为一条斜线，其与 OX 轴及 OY_W 轴的夹角反映 α、γ 角 ②水平投影和侧面投影为类似形	①侧面投影积聚为一条斜线，其与 OY_W 轴及 OZ 轴的夹角反映 α、β 角 ②正面投影和侧面投影为类似形

4. 平面上的点和直线

（1）直线在平面上的几何条件

①通过平面上两点，如图2-33a所示。

②通过平面上一点且平行于平面上任意一条直线，如图2-33b所示。

（2）点在平面上的几何条件

如果点位于平面上的任意一条直线上，则此点必在该平面上，如图2-33c所示。

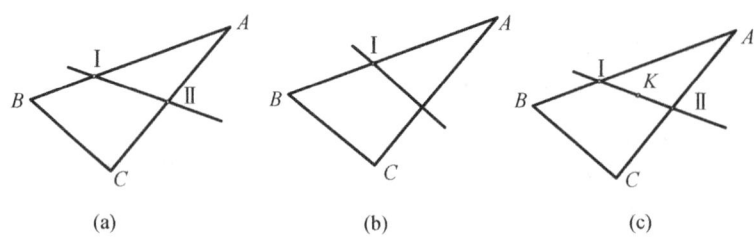

图2-33 直线和点在平面上的几何条件

（3）平面上直线的投影

如图2-34a所示，在两投影面体系中，△ABC平面上有直线ⅠⅡ，Ⅰ、Ⅱ两点分别位于平面的两条边AB、BC上，则Ⅰ、Ⅱ两点的投影必分别落在AB、BC的同面投影上。如图2-34b所示，1、1′和2、2′分别落在 a b、a′b′和 b c、b′c′上，连12和1′2′，即为△ABC平面上ⅠⅡ直线的投影。

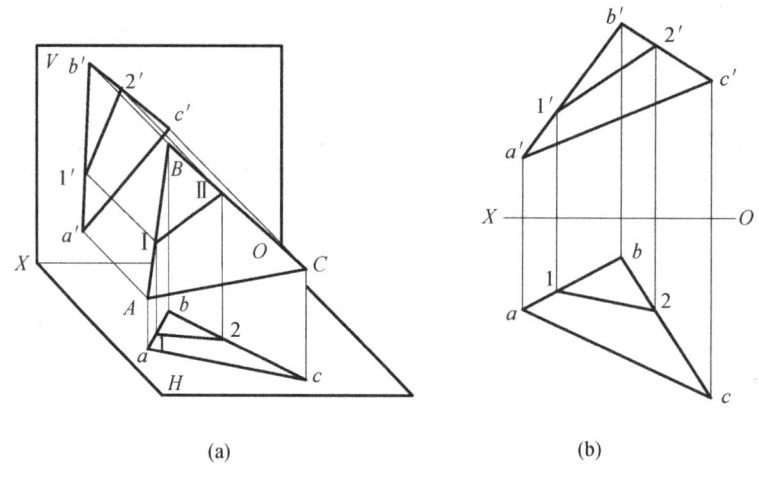

图2-34 平面上直线的投影

（4）平面上点的投影

①特殊位置平面上点的投影

投影面平行面和垂直面，它们的一面或两面投影具有积聚性。可以利用其积聚投影直接作图。

如图2-35所示，△ABC平面为一正垂面，其V面投影积聚为一斜线，H面和W面投影为平面的类似形。已知该平面上点E的H面投影e，求其e′和e″。根据平面的V面投影

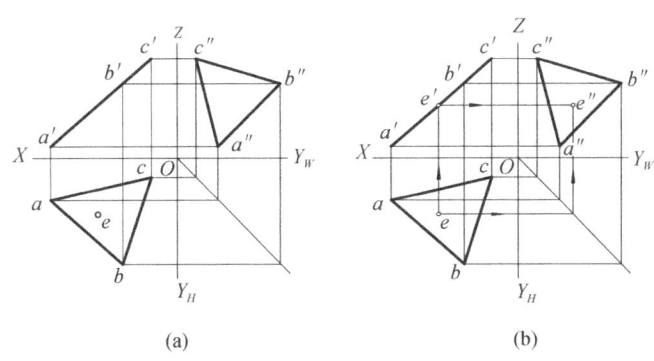

图2-35 正垂面上点的投影

具有积聚性这一特性,可直接求其V面投影e',过e向上作OX轴的垂线与平面的V面的积聚投影a'b'c'相交即得e',e″可根据点的投影规律直接求得。

②一般位置平面上点的投影

一般位置平面倾斜于三个投影面,三面投影均为小于实形的类似形。作图时可通过该点在平面上作一辅助线,先求辅助直线的投影,再求辅助直线上点的投影。

如图2-36所示,点K位于SAB平面上,已知点K的V面投影k',求另两面投影k和k″。可通过点K在平面上作一辅助直线SM,其V面投影为s'm',先求SM的其他两面投影sm和s″m″,再过k'向下作OX轴的垂线与sm相交于k,向右作OZ轴的垂线与s″m″相交于k″,则k和k″即为所求。(也可先作出sm和k,然后利用点的投影规律求作k″。)

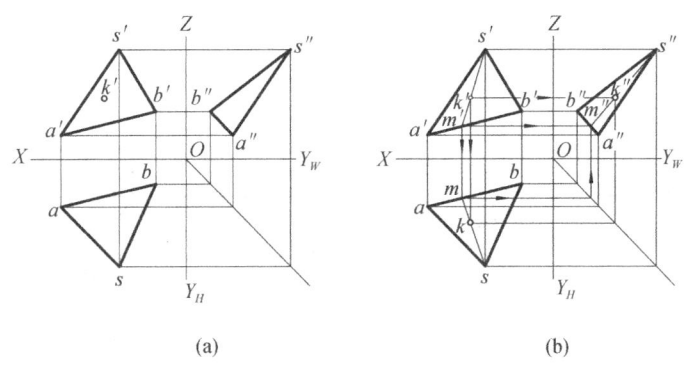

图2-36 一般位置平面上点的投影

(5)平面上的投影面平行线

平面上平行于V、H面和W面的直线分别称为平面上的正平线、水平线和侧平线。它们既有投影面平行线的投影特性,又要满足直线在平面上的几何条件。

如图2-37所示,在平面上作投影面平行线时,应根据投影面平行线的投影特性,先作平行投影轴的投影,再按照平面上直线的作图要求,求作其他投影。直线AD是△ABC平面上的一条正平线,则ad∥OX,a'd'反映实长,d和d'分别落在bc和b'c'上。直线CE是△ABC平面上的一条水平线,则c'e'∥OX,ce反映实长,e和e'分别落在ab和a'b'上。

一般位置平面上可作无数条正平线、水平线和侧平线,同一平面上同一种投影面平行

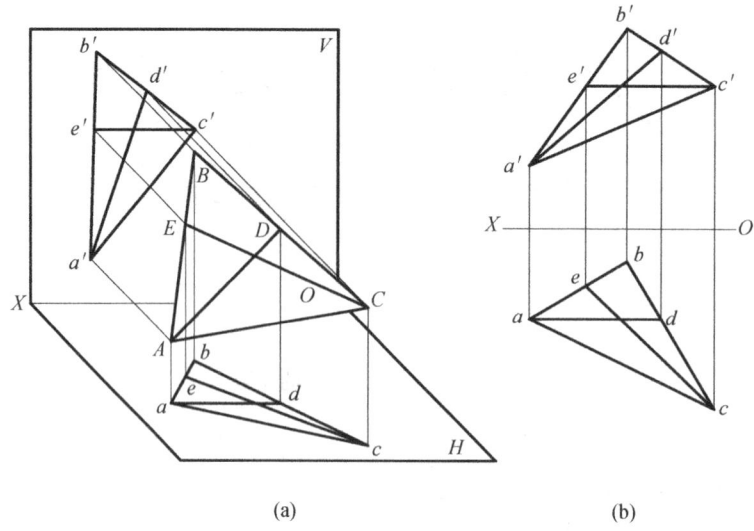

图 2-37 平面上的投影面平行线

线的投影必相互平行。

【例 2-5】 根据立体图，在投影图中相应位置注出平面 P、Q 和 R 的投影，并判别它们对投影面的相对位置，如图 2-38a 所示。

分析：根据立体图，可判断出各平面对投影面的相对位置，根据各种位置平面的投影特性可得各面的三面投影，并可根据投影检验判断的结果是否正确。

作图：如图 2-38b 所示。

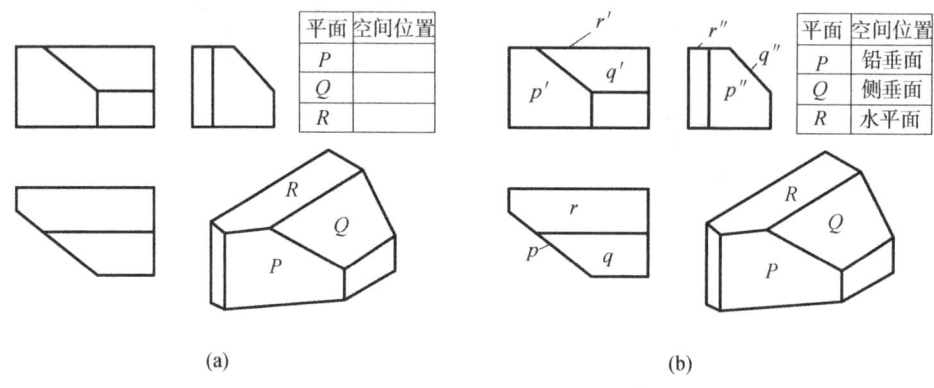

图 2-38 判断各平面对投影面的相对位置

【例 2-6】 如图 2-39a 所示。已知五边形平面 ABCDE 的 V 面投影和部分 H 面投影 abc，试完成该平面的 H 面投影。

分析：A、B、C 三点可确定一个平面，它们的 V、H 面投影均已知，因此，完成五边形平面的 H 面投影问题，实际上就是已知 ABC 平面上 D、E 两点的 V 面投影 d′、e′，求其 H 面投影 d、e 的问题。

作图：

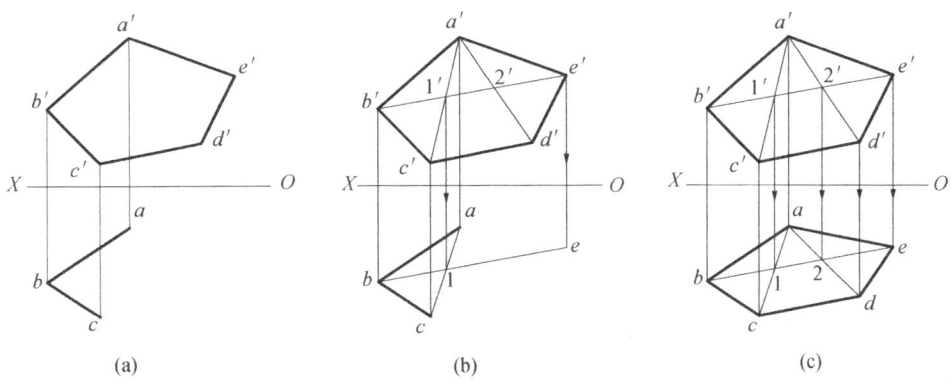

图 2-39 完成平面的 H 面投影

（1）连 ac 和 a'c'。
（2）连 b'e'，交 a'c' 于 1'，连 a'd'，交 b'e' 于 2'。
（3）过 1' 向下作 OX 轴的垂直线，交 ac 于 1，连 b1 并延长，交过 e' 向下所作的 OX 轴的垂直线于 e，如图 2-39b 所示。
（4）过 2' 向下作 OX 轴的垂直线，交 be 于 2，连 a2 并延长，交过 d' 向下所作的 OX 轴的垂直线于 d。
（5）分别连接 cd、de、ea（用粗实线），即为所求，如图 2-39c 所示。

2.2 立体的三视图

2.2.1 基本体三视图

任何物体都是由一些形状规则的简单几何形体所组成。通常把组成物体的这些最简单的几何体称为基本体。

基本体按其表面的几何性质，可分为平面体和曲面体两类。表面由平面组成的几何体称为平面体。平面体有棱柱、棱锥、棱台等，如图 2-40 所示。表面由曲面或由平面和曲面围成的形体称为曲面体。曲面体的曲表面均可看作是由一条动线绕某固定轴线旋转而形

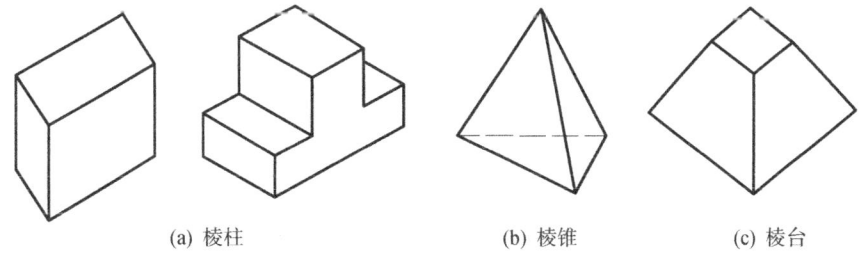

(a) 棱柱　　　　　　　(b) 棱锥　　　　　　　(c) 棱台

图 2-40 常见平面体

成的，这类曲面体又称为回转体，其曲表面称为回转面。动线称为母线，母线在旋转过程中的任一具体位置称为曲面的素线。曲线上有无数条素线。曲面体有圆柱、圆锥、圆台、球等，如图2-41所示。

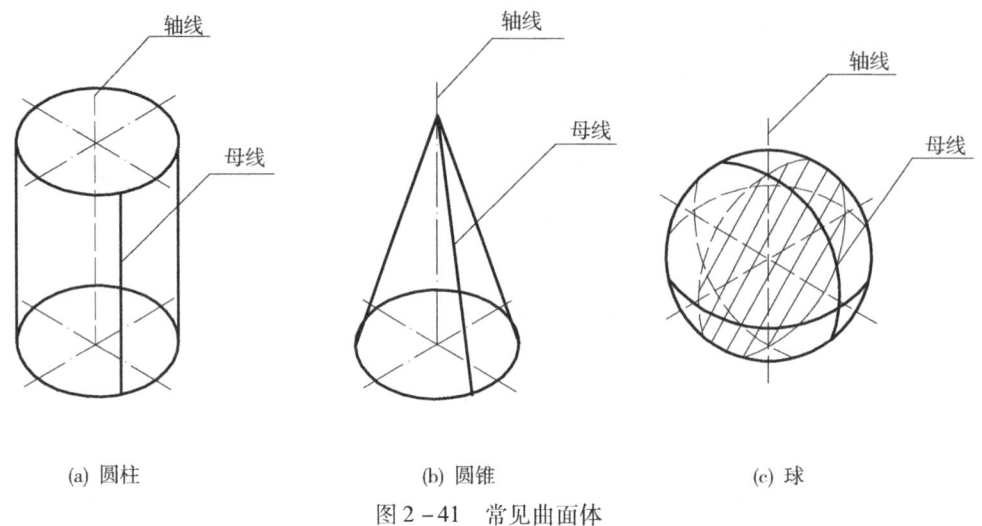

(a) 圆柱　　　　　　　　(b) 圆锥　　　　　　　　(c) 球

图 2-41　常见曲面体

2.2.1.1　平面体的三视图

1. 直棱柱的三视图

（1）形体特征

直棱柱的两个底面是全等且相互平行的多边形，为特征面，各棱面均为矩形，各棱线均相互平行，棱线垂直于底面。底面是几边形即为几棱柱。

（2）投影分析（以图2-42a所示的正六棱柱为例）

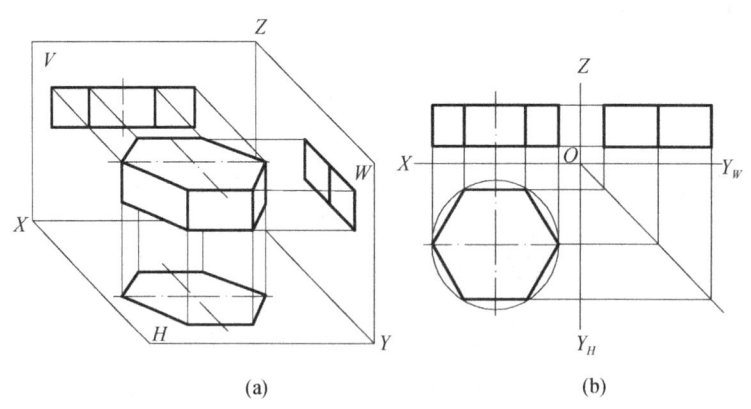

图 2-42　正六棱柱的三面投影

①水平投影（俯视图）：为反映上下底面的实形的一正六边形，同时表示六个棱面的积聚投影，六条棱线的积聚投影与正六边形的六个顶点重影。

②正面投影（主视图）：是由一个大矩形线框中包含三个并列的小矩形线框组成。大矩形线框的上下两条边线表示棱柱体的上下底面的积聚投影，其间距为棱柱体的高度；中

间的小矩形线框表示前后两个棱面的实形；左右两个小矩形线框是左右四个棱面的类似形投影。

③侧面投影（左视图）：是由一个大矩形线框中包含两个并列的小矩形线框组成。大矩形线框的上下两条边线表示棱柱体的上下底面的积聚投影，其间距为棱柱体的高度，前后两条边线表示前后两个棱面的积聚投影；两矩形线框表示其余四个棱面的类似形投影。

（3）作图方法

①画投影轴。

②画反映底面实形的水平投影，即特征面。

③根据投影关系和柱高画出其他视图，为矩形线框。

④检查后加深，如图 2-42b 所示。

同理分析，可作出如图 2-43 所示各直棱柱体的三视图，图中虚线表示棱柱体的不可见轮廓线。

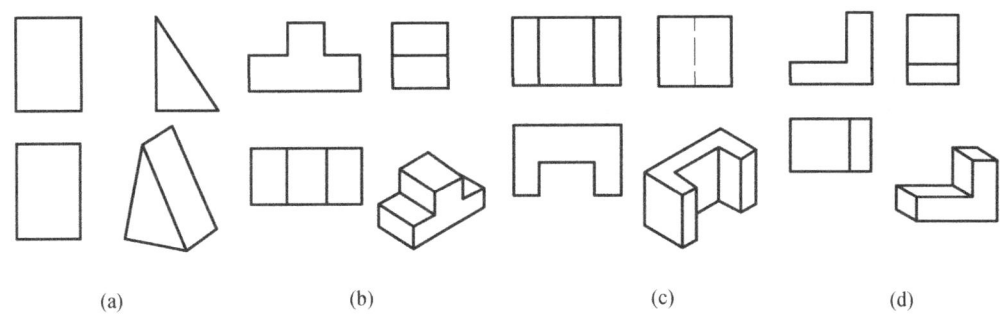

图 2-43 直棱柱的三视图

（4）投影特征

直棱柱的投影，一个视图为多边形，其余两个视图为一个或若干个矩形。

2. 直棱锥的三视图

（1）形体特征

直棱锥的底面为多边形，是直棱锥的特征面，各棱线相交于一点即锥顶点，各棱面均为三角形，锥顶点与底面重心的连线为棱锥体的轴线，轴线垂直于底面。底面为几边形时为几棱锥。

（2）投影分析（以图 2-44a 所示的正三棱锥为例）

①水平投影：水平投影 $\triangle abc$ 反映底面的实形。正三棱锥的顶点 S 的水平投影 s 在 $\triangle abc$ 的重心上，水平投影 $\triangle sab$、$\triangle sbc$、$\triangle sca$ 为三个棱面的类似形。

②正面投影：由大三角形线框中包含两个小三角形线框组成。底面垂直于正面，其正面投影积聚为一条直线 $a'b'c'$，锥顶点 S 的正面投影位于 $a'b'c'$ 的垂直平分线上，s' 到 $a'b'c'$ 的距离等于正三棱锥的高度。左右两个棱面倾斜于正面，其正面投影为左右两个小三角形线框，为棱面的类似形，后棱面也倾斜于正面，其正面投影为类似形，为外轮廓大三角形线框，其正面投影 $\triangle s'a'c'$ 为不可见。

③侧面投影：为一斜三角形线框，底面垂直于侧面，其侧面投影积聚为一条直线

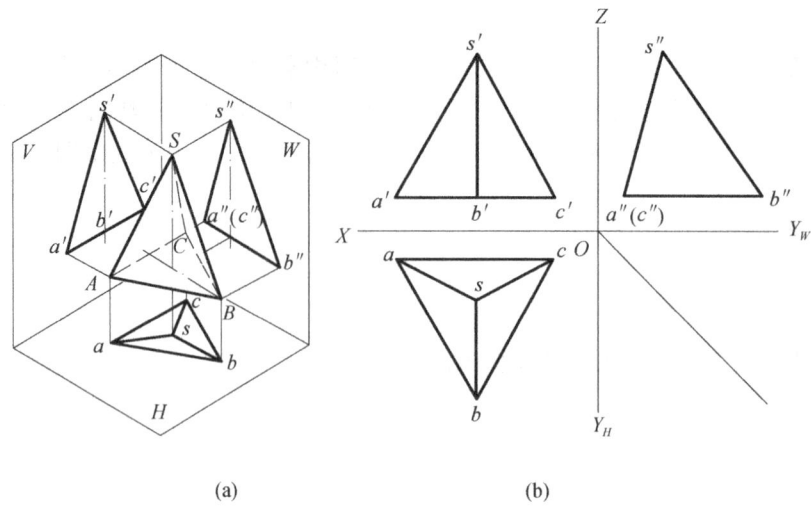

(a)　　　　　　　　　(b)

图 2-44　正三棱锥的三面投影

$b''a''(c'')$，为三角形的底边，后棱面垂直于侧面，其侧面投影积聚为一条直线 $s''a''(c'')$，左右两个棱面倾斜于侧面，其侧面投影为两两重影的三角形线框，为棱面的类似形。

(3) 作图方法

①画投影轴。

②画反映底面实形的水平投影，即特征图。

③根据投影关系和锥高画出其他视图，为三角形线框。

④检查后加深，如图 2-44b 所示。

(4) 投影特征

直棱锥的一个视图为多边形，内有与多边形边数相同个数的三角形；另两个视图都是有公共顶点的若干个三角形。

3. 棱台体的投影

棱台可看作是用平行于棱锥底面的平面截切锥顶后形成的形体，两个底面为相互平行的相似多边形，各棱面均为梯形，底面是棱台的特征面，底面是几边形即为几棱台。

棱台体三面投影的作图方法和步骤同棱锥。图 2-45 所示为四棱台的三面投影，作图时需注意，要正确表达棱台的上下底面。

棱台体三面投影特征为，一个投影中有两个相似的多边形，内有与多边形边数相同个数的梯形；另两个投影都为梯形。

作平面体的投影，其关键在于作出平面体上的点（棱角）、

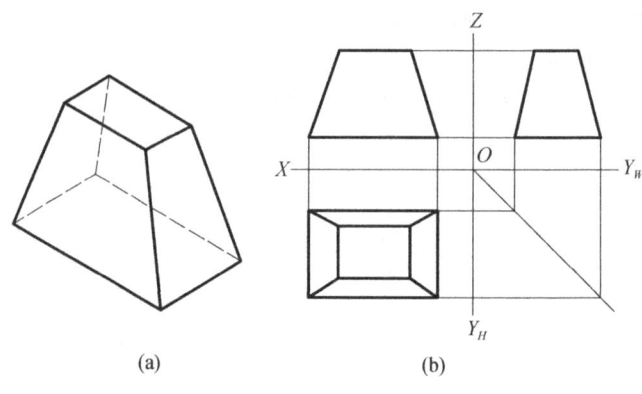

(a)　　　　　　(b)

图 2-45　四棱台的三视图

线（棱线）和平面的投影。

2.2.1.2 曲面体的三视图

1. 圆柱体的投影

（1）形体特征

圆柱的上下两个底面为直径相同而且相互平行的两个圆，轴线与底面垂直。

（2）投影分析（如图 2-46 所示）

①水平投影：水平投影为反映底面的实形的圆，圆柱面垂直于水平面，其水平投影积聚在圆周上。

②正面投影：圆柱正面投影为一矩形，其上下边线为垂直于正面的圆柱两底面的积聚投影，左右两条边线是圆柱面上最左、最右两条素线 AA_1、CC_1 的正面投影，且反映实长。

③侧面投影：圆柱侧面投影是与正面投影全等的一个矩形。此矩形的前后两条边线是圆柱面上最前、最后两条素线 BB_1、DD_1 的侧面投影。

圆柱的正面投影与侧面投影是两个全等的矩形，但其表达的空间意义是不相同的。正面投影矩形线框表示前后半个圆柱面的投影，侧面投影矩形线框表示左右半个圆柱面的投影。

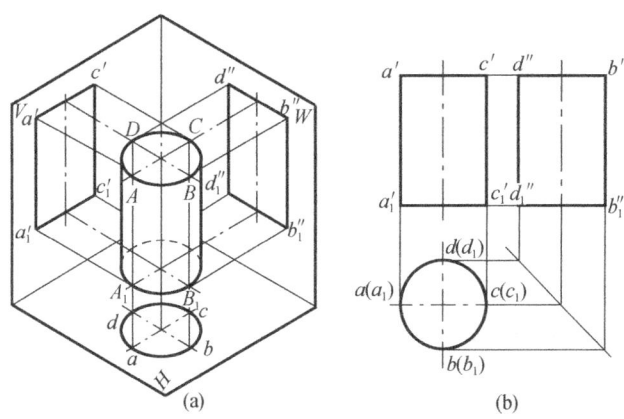

图 2-46 圆柱的三面投影

（3）作图方法

①画中心线、轴线。

②画出反映底面实形的圆，即特征图。

③根据投影关系和柱高画出其他视图，为矩形线框。

④检查后加深，如图 2-46b 所示。

（4）投影特征

圆柱体的两个投影为矩形线框，第三个投影为圆。

2. 圆锥体的投影

（1）形体特征

圆锥由圆锥面和底面圆组成，轴线通过底面圆心并与底面垂直。

（2）投影分析（如图 2-47 所示）

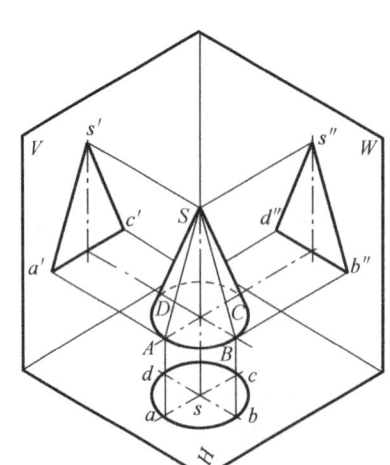
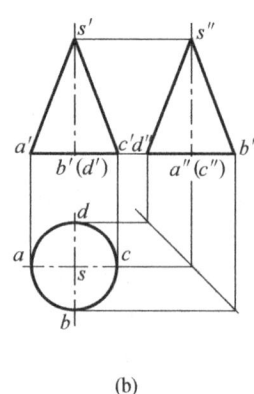

图 2-47 圆锥的三面投影

①水平投影：圆锥的水平投影为一个圆，此圆反映底面圆的实形，也反映圆锥面的水平投影。圆锥顶点的水平投影落在圆心上，圆锥面水平投影可见，底面不可见。

②正面投影和侧面投影：为全等的两个等腰三角形线框，其两腰则表示圆锥面上不同位置素线的投影。正面投影中 $s'a'$ 和 $s'c'$ 是圆锥面上最左、最右两条素线 SA 和 SC 的正面投影，侧面投影中 $s''b''$ 和 $s''d''$ 是圆锥面上最前、最后两条素线 SB 和 SD 的侧面投影。

(3) 作图方法

①画中心线、轴线。

②画反映底面实形的图，即特征图。

③根据投影关系和锥高画出其他视图，为三角形线框。

④检查后加深，如图 2-47b 所示。

(4) 投影特征

圆锥体的两个投影为三角形线框，第三投影为圆。

3. 圆台的投影

圆台可看作是用平行于圆锥底面的平面截切锥顶后得到的形体，两个底面为相互平行的圆。圆台的三面投影作图方法和步骤同圆锥。图 2-48 所示为圆台的三面投影。

圆台的投影特征为：两个投影为梯形线框，第三个投影为两个同心圆。

4. 圆球的投影

圆球由球面组成。圆球的三面投影是三个全等的圆，其直径为球的直径。这三个圆是球面上不同位置素线的投影，如图 2-49 所示。水平投影表示球面上平行于水平面的最大素线圆①的投影，正面投影表示球面上平行于正面的最大素线圆②的投影，侧面投影表示球面上平行于侧面的最大素线圆③的投影。这些素线圆的其他投影均与相应的中心线重合，不必画出。

圆球的投影特征为：三个投影均为直径相等的圆。

为方便记忆和使用，可将上述柱、锥、台、球的三面投影的特征简单地总结为：矩矩为柱；三三为锥；梯梯为台；圆圆为球。

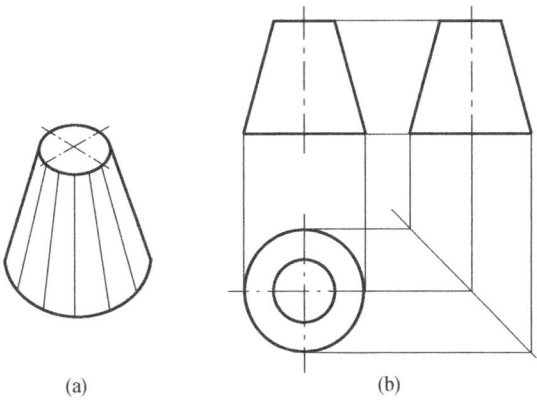

图 2-48 圆台的三面投影

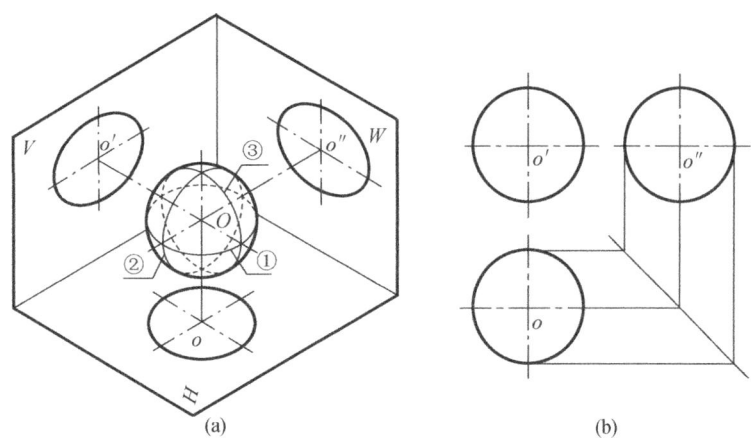

图 2-49 圆球的投影

2.2.1.3 基本体的尺寸标注

1. 平面体的尺寸标注

在标注平面体时,应标注平面体的长度、宽度和高度,如图 2-50 所示。

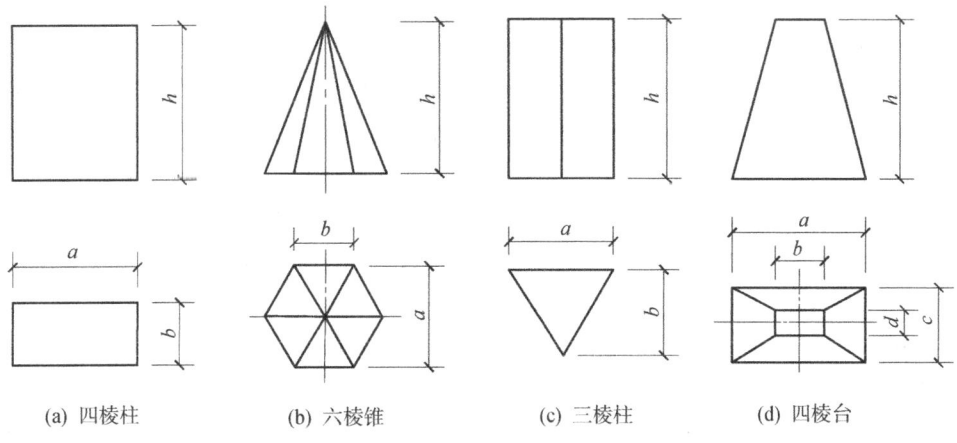

(a) 四棱柱　　(b) 六棱锥　　(c) 三棱柱　　(d) 四棱台

图 2-50 平面体的尺寸标注

2. 曲面体的尺寸标注

在标注曲面体时，应标注曲面体上圆的半径以及曲面体的高度，在标注球体的半径和直径时，应在半径和直径前加注字母"S"，如"SR"、"$S\phi$"等，如图2－51所示。

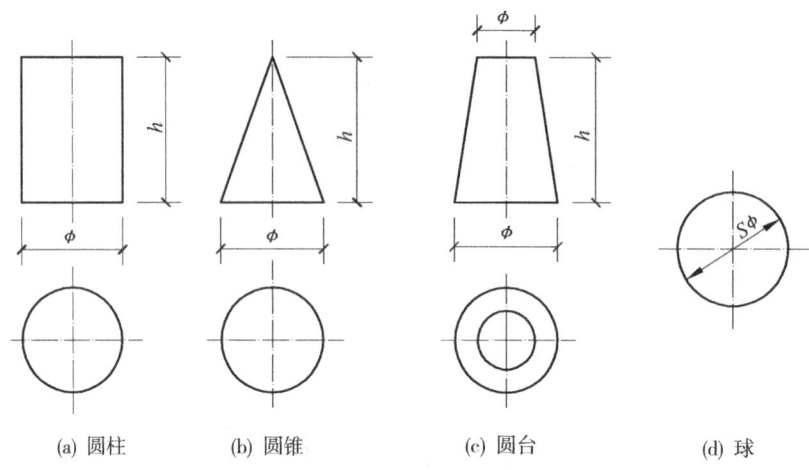

(a) 圆柱　　　(b) 圆锥　　　(c) 圆台　　　(d) 球

图2－51　曲面体的尺寸标注

2.2.2　立体表面交线的画法

2.2.2.1　立体表面取点

立体表面取点是求作立体表面交线的基础。其原理就是前面关于平面上直线和点的投影的求作方法。点在立体的哪个表面上，其投影也必在该面的同面投影上；点所在的表面某面投影可见，则点的该面投影也可见，反之为不可见。

根据点的位置不同，具体的求作方法有四种。

1. 线上取点法

当点位于平面立体的棱线或曲面立体的轮廓素线上时，根据点的投影规律和直线上点的从属性，可直接求得点的其他两面投影，这种作图方法称为线上取点法。

【例2－7】　如图2－52a所示，已知立体表面上点E的水平投影e，点F的正面投影f'；如图2－52b所示，点G的正面投影g'，点H的侧面投影h''；如图2－52c所示，点M的正面投影m'，点N的侧面投影n''，求各点的其余两面投影。

分析：根据已知的三组视图，可知图2－52a所示为正三棱锥，点E位于前方的棱线上，点F位于左方的棱线上；图2－52b所示为圆柱，点G位于前方侧向轮廓素线上，点H位于左方正向轮廓素线上；图2－52c所示为圆球，点M位于水平轮廓素线上，点N位于侧向轮廓素线上。上述各点所在的棱线或轮廓素线的其余两投影均可在投影图中直接找到，也可直接求得各点的其余两面投影。

作图：求解过程如2－52各图中箭头所示，且各点投影中除m''不可见外，其他投影均可见。

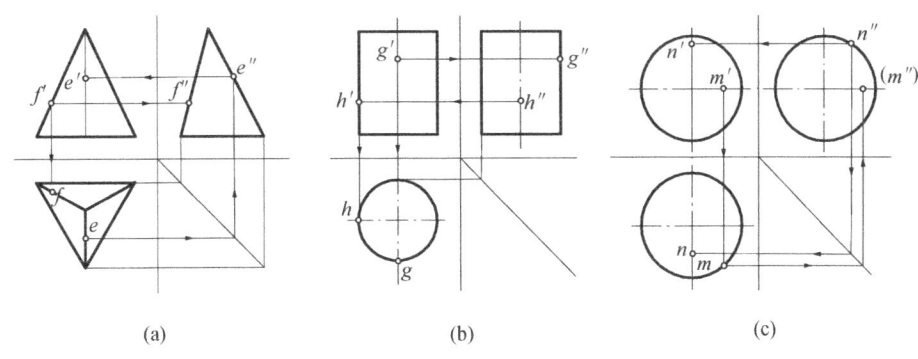

图 2-52 线上取点法

2. 积聚性法

当点所在的表面具有积聚性投影时,可直接用面上取点的方法求出积聚性投影,然后再求得第三投影,这种方法称为积聚性法。

【例 2-8】 如图 2-53a 所示,已知圆柱面上点 K 的正面投影 k',试求其水平投影 k 和侧面投影 k''。

分析:由图 2-53a 可知,此圆柱轴线为一侧垂线,圆柱面的侧面投影具有积聚性,为一圆。则点 K 的侧面投影 k'' 必在该圆周上。由于 k' 不可见,故点 K 位于圆柱的后上方四分之一圆柱面上。

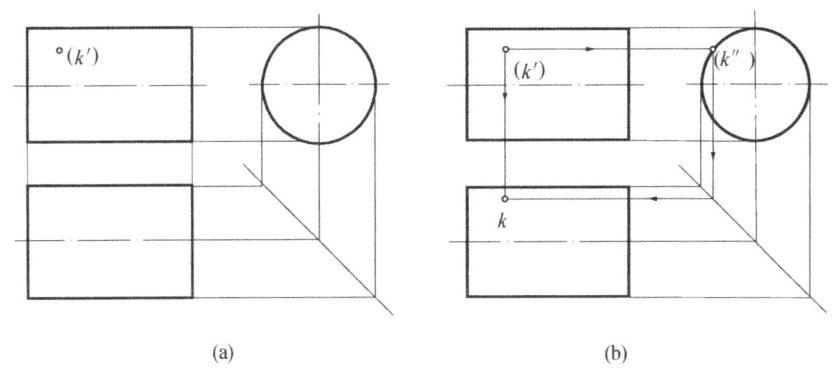

图 2-53 积聚性法(一)

作图:如图 2-53b 所示。

① 过 k' 向右作 OZ 轴垂线,与侧面投影后半圆周的交点为 k'',k'' 不可见。

② 根据点的投影规律,求得 k。k 可见。

【例 2-9】 如图 2-54a 所示,已知四棱台表面上点 M 的正面投影 m' 和点 N 的水平投影 n,求各点的其余两面投影。

分析:由图可知,m' 可见,则点 M 在四棱台的前棱面上,此棱面的侧面投影具有积聚性。n 可见,则点 N 在四棱台的右棱面上,此棱面的正面投影具有积聚性。

作图:如图 2-54b 所示。

① 过 m' 向右作 OZ 轴的垂线,与侧面投影中前棱面的积聚投影交于 m'',再根据投影

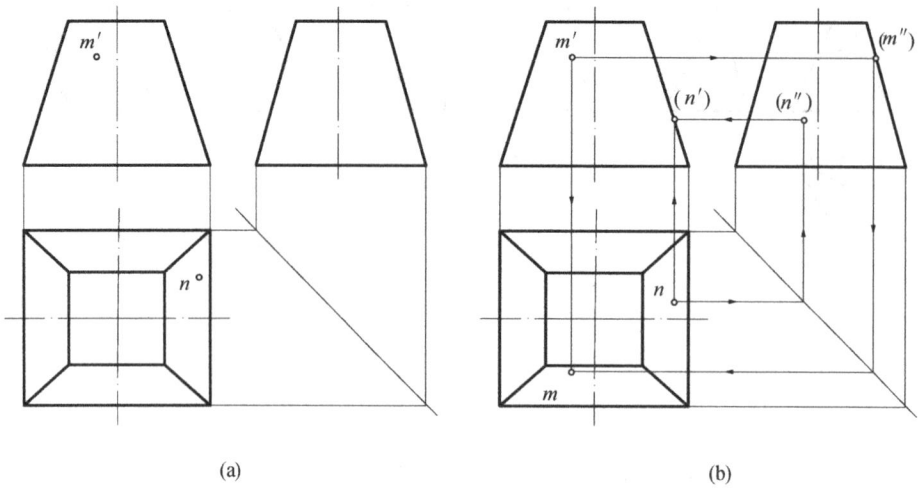

图 2-54 积聚性法（二）

规律，求得 m。m 可见，m'' 不可见。

②过 n 向上作 OX 轴的垂线，与正面投影中右棱面的积聚投影交于 n'，再根据投影规律，求得 n''。其中 n'、n'' 不可见。

3. 辅助线法

当点所在的表面为一般位置时，它的三面投影都不具有积聚性。此时，可在立体表面上过已知点作辅助线，先作出辅助线的第二面投影，再求辅助线上点的第二面投影，最后求得点的第三面投影，这种方法称为辅助线法。

【例 2-10】 如图 2-55a 所示，已知立体表面上点 K 的正面投影 k'，求点的水平投影和侧面投影。

分析：由图可知立体为四棱锥，由于 k' 可见，则点 K 位于左前方棱面 SAB 上，该棱面为一般位置平面，三面投影均为类似形，需用辅助线法求解。

作图：

方法 1：如图 2-55b 所示。连锥顶点 S 与已知点 K 得辅助线 $SⅠ$。

①连 $s'k'$ 并延长交该面底边线 $a'b'$ 于 $1'$。$s'1'$ 为辅助线 $SⅠ$ 的正面投影。

②求 1，连 $s1$，得辅助线 $SⅠ$ 的水平投影。

③由 k' 向下作 OX 轴的垂线交 $s1$ 于 k，得点 k 的水平投影，可见。

④根据点的投影规律求得 k''，为可见。

方法 2：如图 2-55c 所示。过已知点 K 作辅助线 ⅡⅢ 平行于该棱面底边线 AB。

①过 k' 作 $2'3'$ 平行于 $a'b'$，$2'$ 在 $s'a'$ 上，$3'$ 在 $s'b'$ 上。$2'3'$ 为辅助线 ⅡⅢ 的正面投影。

②$2'$ 在 $s'a'$ 上，则 2 在 sa 上，过 2 作 $23 // ab$，则 23 为辅助线 ⅡⅢ 的水平投影。

③过 k' 向下作 OX 轴的垂线交 23 于 k，再求得 k''，k、k'' 均为可见。

【例 2-11】 如图 2-56a 所示，已知立体上点 M 的正面投影 m'，求其水平投影和侧面投影。

分析：由图可知，立体为圆锥，点 M 位于右前方四分之一圆锥面上，需用辅助线来求解。这里所作的辅助线只能是圆锥面上的素线，因此对于圆锥体，辅助线法又称辅助素

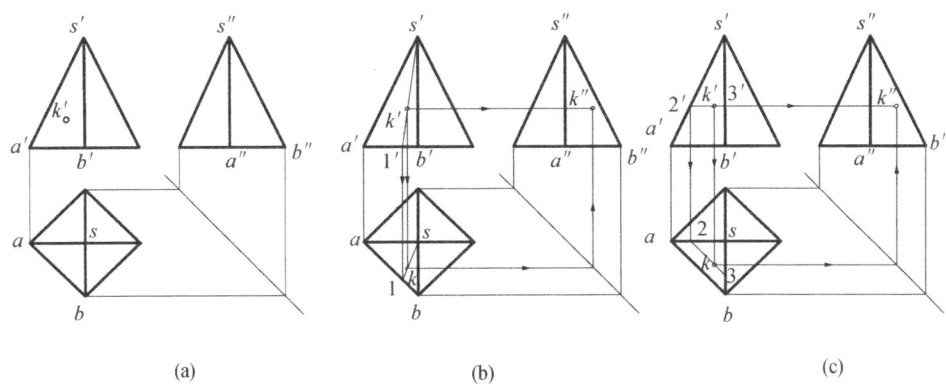

图 2-55 辅助直线法

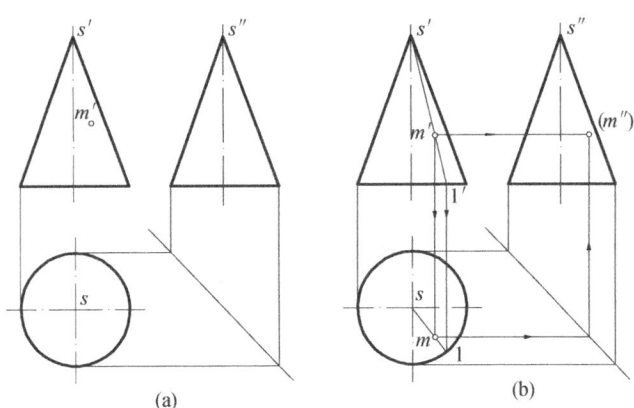

图 2-56 辅助素线法

线法。

作图：如图 2-56b 所示。

(1) 连 $s'm'$ 并延长交底圆于 $1'$，$s'1'$ 为辅助素线 $S\text{I}$ 的正面投影。

(2) 过 $1'$ 向下作 OX 轴的垂线交右前四分之一圆弧于 1，连 $s1$，$s1$ 为辅助素线 $S\text{I}$ 的水平投影。

(3) 过 m' 向下作 OX 轴的垂线交 $s1$ 于 m，再求 m''。m 可见，m'' 不可见。

4. 辅助圆法

过已知点在回转体表面上作平行于投影面的辅助圆，通过求辅助圆的投影再求辅助圆上点的投影，这种方法称为辅助圆法。

辅助圆法适用于圆锥面、圆球面上取点。

【例 2-12】 如图 2-57a 所示，已知立体表面上点 M 的正面投影 m'，点 N 的水平投影 n，求点的其他两面投影。

分析：由图可知立体为圆锥，轴线垂直于 H 面，点 M 位于左前方四分之一圆锥面上，点 N 位于右后方四分之一圆锥面上，用辅助素线法和辅助圆法均可求解，本例采用辅助圆

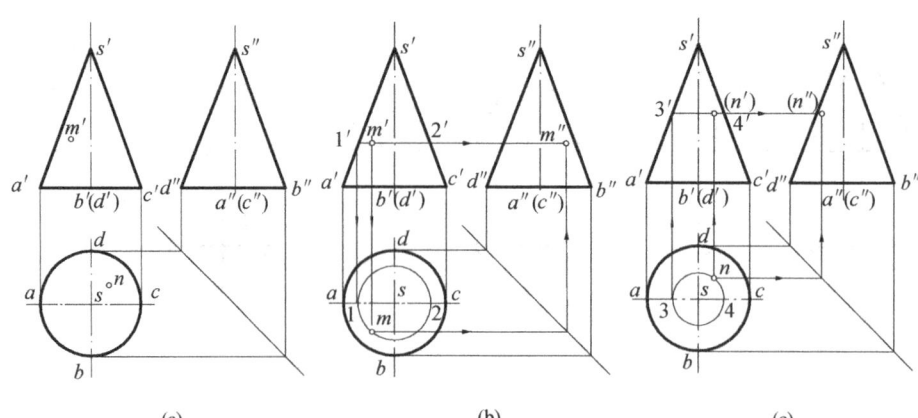

图 2-57 辅助圆法（一）

法作图。即过点 M、N 在圆锥面上作水平辅助圆。

作图：

（1）如图 2-57b 所示，过 m′作水平线 1′2′，分别交左、右轮廓素线于 1′、2′，1′2′为辅助圆的直径，且为水平辅助圆的正面投影。

（2）以 s 为圆心，s1 为半径作辅助圆的水平投影，此投影反映辅助圆的实形。

（3）过 m′向下作 OX 轴的垂线交辅助圆左前方四分之一圆弧于 m，根据点的投影规律可求得 m″，m、m″均可见。

（4）以 s 为圆心，sn 为半径作另一辅助圆，与底面圆水平方向的中心线分别交于 3、4，如图 2-57c 所示。

（5）过 3 向上作 OX 轴的垂线与轮廓素线相交于 3′，过 3′作水平线交右轮廓素线于 4′，3′4′为辅助圆的正面投影。

（6）过 n 向上作 OX 轴的垂线交 3′4′于 n′，根据点的投影规律可求得 n″，n′、n″均不可见。

【例 2-13】 如图 2-58a 所示，已知立体表面上点 K 的正面投影 k′，求其水平投影和侧面投影。

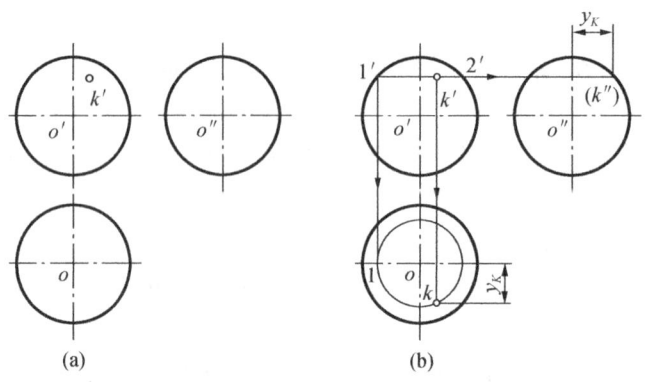

图 2-58 辅助圆法（二）

分析：由图知立体为圆球，点位于右前上方八分之一球面上。利用辅助圆法作图。作图时可作正平、水平、侧平三种位置的辅助圆，这里作常用的水平辅助圆。

作图：如图 2-58b 所示。

①过 k' 作水平线，交圆球正面投影于 $1'$、$2'$，$1'2'$ 即为辅助圆的直径，且为辅助圆的正面投影。

②过 $1'$ 向下作 OX 轴的垂线交圆的水平中心线于 1，以 o 为圆心，$o1$ 为半径作辅助圆的水平投影，反映其实形。

③过 k' 向下作 OX 轴的垂线交右前四分之一圆周于 k，再求得 k''。k 可见，k'' 不可见。

2.2.2.2 立体表面的交线

工程建筑物表面常会产生一些表面交线，如图 2-59 所示。这些交线按其形成常分为截交线和相贯线两种。截交线是立体被平面所截切产生的交线，相贯线是两立体表面相交所产生的交线。掌握截交线和相贯线的性质和画法，将有助于正确地分析和表达工程建筑物的结构形状。

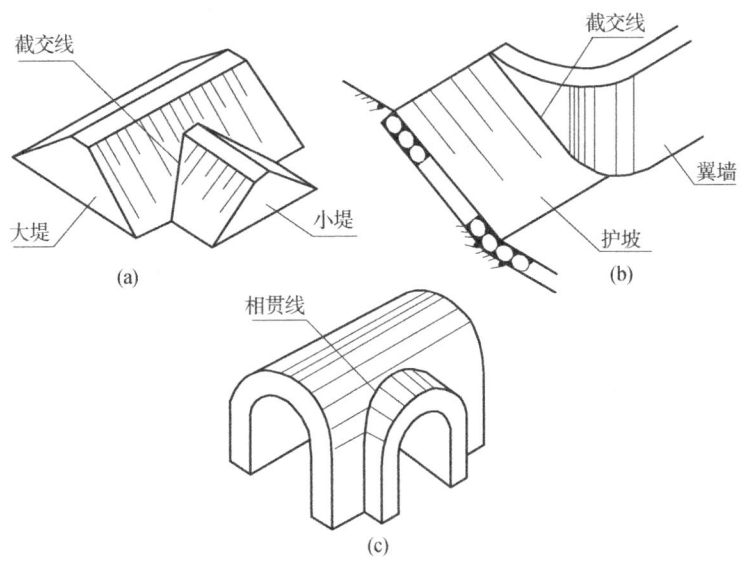

图 2-59 立体表面交线的概念

1. 截交线

如图 2-60 所示，立体被平面截切时，用来截断立体的平面称为截平面，截平面与立体表面的交线称为截交线，基本体被平面截断后的部分称为截断体。解决截交线的分析、作图问题，是正确画出被截切立体视图的关键。

截交线的性质：截交线是截平面与立体表面的共有线，截交线上的每一点都是截平面与立体表面的共有点，将这些共有点连成封闭的平面图形就是截交线。

（1）平面体的截交线

平面体截交线一般是平面多边形，多边形的边数可由立体上参与截交的棱面（或底面）的数量决定，或由被截交的棱线（或底面边线）的数量决定。每条边即是截平面与

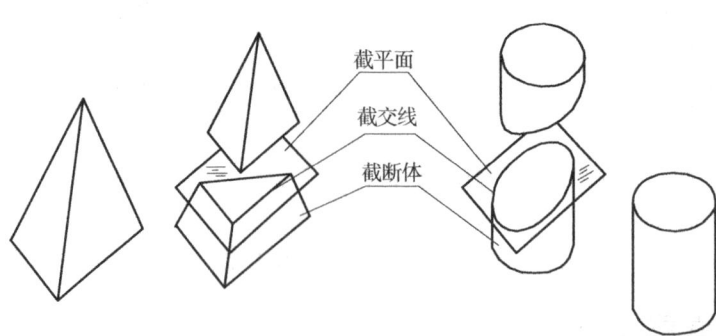

图 2-60 截交线的概念

棱面(或底面)的交线,每个角点即是截平面与棱线(或底面边线)的交点。因此,在求截交线时,要先求出被截立体上各棱线(或底面边线)与截平面的交点,然后依次连成多边形即可。

作图的基本思路是:首先根据立体特征及截切位置判断出截交线的空间形状,再分析截交线的投影情况,确定作图顺序与方法。

【例 2-14】 如图 2-61a 所示,三棱锥被正垂面截切,求作截交线的投影。

分析:三棱锥的三个棱面均被截切,其截交线为三角形。可求出三条棱线与截平面的交点 Ⅰ、Ⅱ、Ⅲ,连接三个交点,即得截交线。已知截平面为正垂面,截交线的正面投影积聚成一条斜线,因此,只需求出截交线的水平投影和侧面投影即可。

作图:

①利用积聚性在正面投影中确定 1′2′3′,并在棱线另两投影上求出 1、2、3 和 1″、2″、3″,如图 2-61b 所示。

②依次连接 123 和 1″2″3″,得截交线的水平投影和侧面投影。

③将各棱线保留部分补齐,擦去被截图线,描深图形轮廓线,完成作图,如图 2-61c 所示。

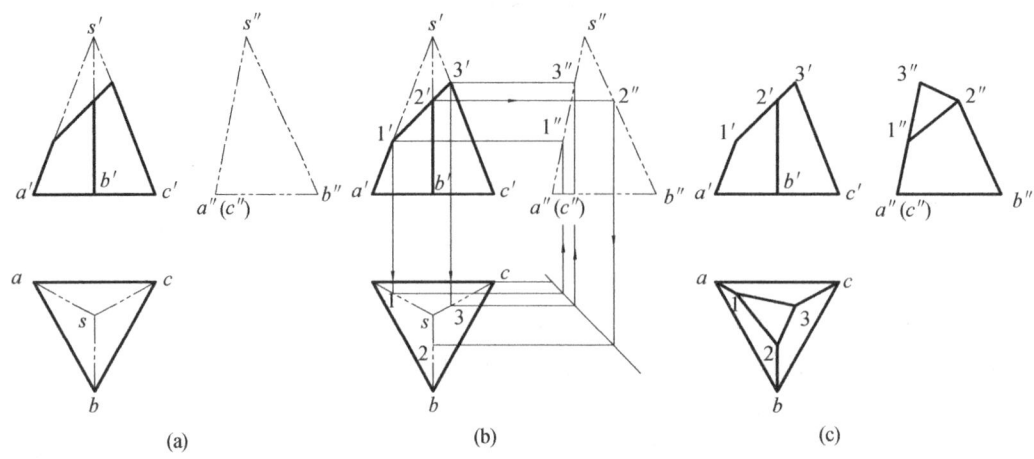

图 2-61 求作三棱锥截交线

【例 2-15】 如图 2-62a 所示，一四棱锥被两相交平面截切，试完成其俯视图和左视图。

分析：四棱锥被一个水平面和一个正垂面组合起来截切，四棱锥与水平面的截交线可看作是各边与底边平行的正四边形的一部分，其水平投影反映实形，正面投影和侧面投影均积聚为水平线。四棱锥与正垂面的截交线为五边形，其正面投影积聚为一斜直线，其水平投影和侧面投影均为类似形，如图 2-62b 所示。

作图：

① 先求作水平面与四棱锥的截交线，在主视图中标注水平截面所截的部分截交线五边形 Ⅰ Ⅱ Ⅲ Ⅳ Ⅴ 各顶点的投影，利用投影规律得其截交线五边形 Ⅰ Ⅱ Ⅲ Ⅳ Ⅴ 各顶点的水平投影和侧面投影。再求作正垂面与四棱锥的截交线五边形 Ⅲ Ⅳ Ⅷ Ⅵ Ⅶ 各顶点的水平投影和侧面投影，如图 2-62b 所示。

② 将截交线 Ⅰ Ⅱ Ⅲ Ⅳ Ⅴ 与截交线 Ⅲ Ⅳ Ⅷ Ⅵ Ⅶ 各顶点的水平投影和侧面投影顺序连接起来，如图 2-62c 所示。

③ 擦去多余的线条，判别可见性，将不可见棱线以虚线画出，加深轮廓线，完成作图，如图 2-62d 所示。

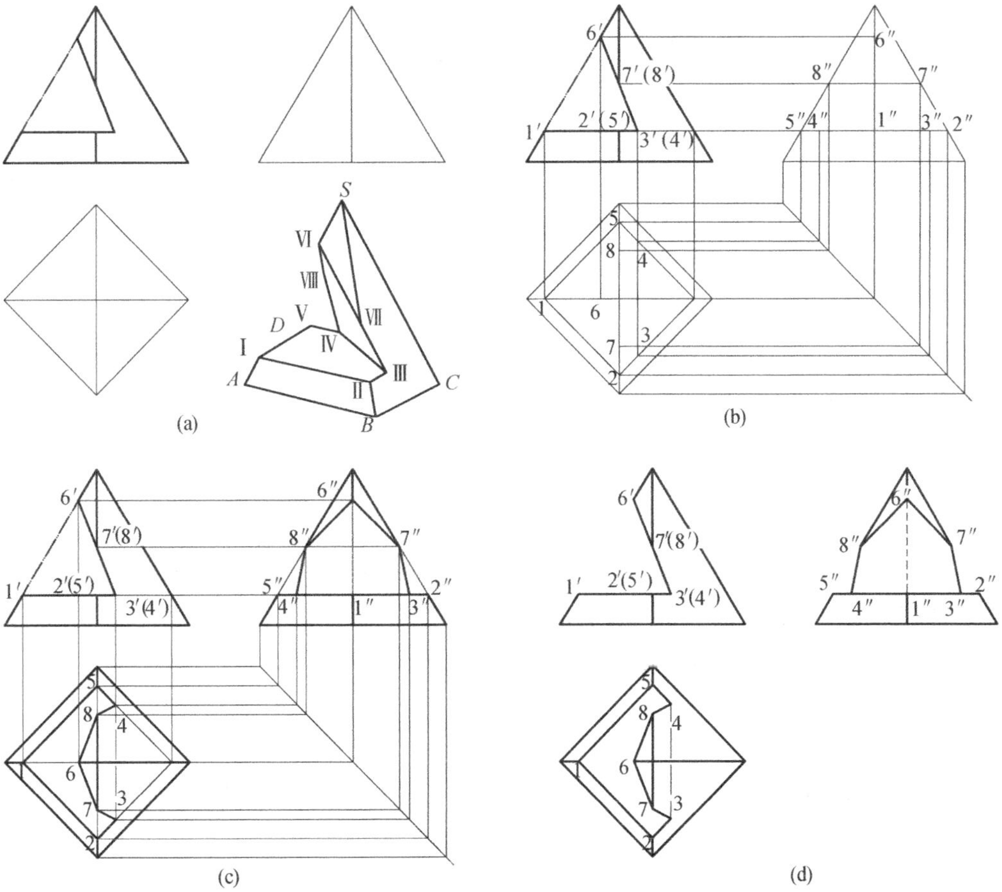

图 2-62 求作四棱锥的截交线

(2) 曲面体的截交线

曲面体截交线是截平面与曲面体表面的共有线，其形状是含直线或曲线的封闭的平面图形。

①圆柱体的截交线

截平面与圆柱轴线的相对位置不同时，其截交线有三种不同的形式，见表 2-5。

表 2-5 圆柱截切的三种情况

截平面位置	平行于轴线	垂直于轴线	倾斜于轴线
立体图	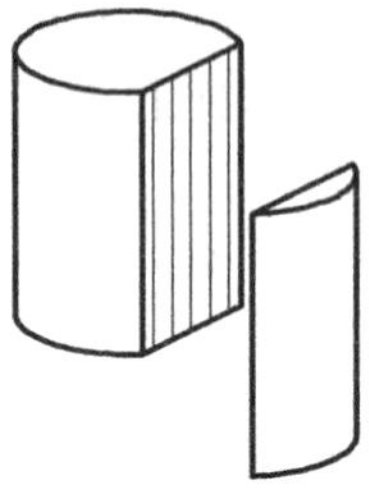	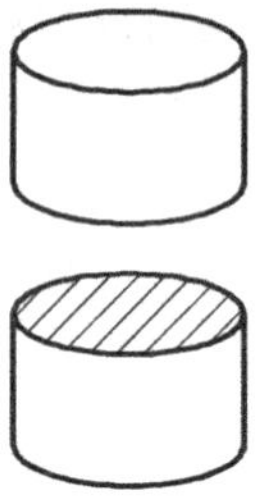	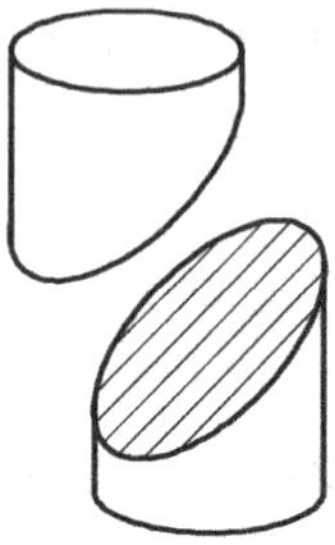
截交线形状	两条素线与底面两交线组成的矩形	圆	椭圆
投影图	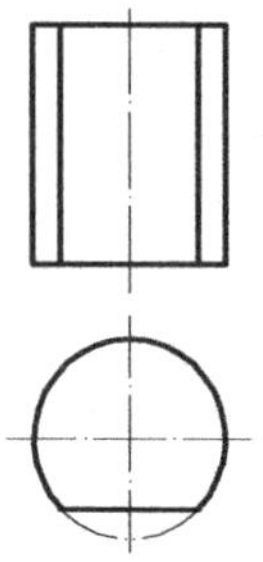	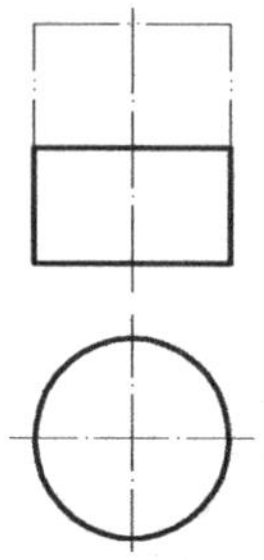	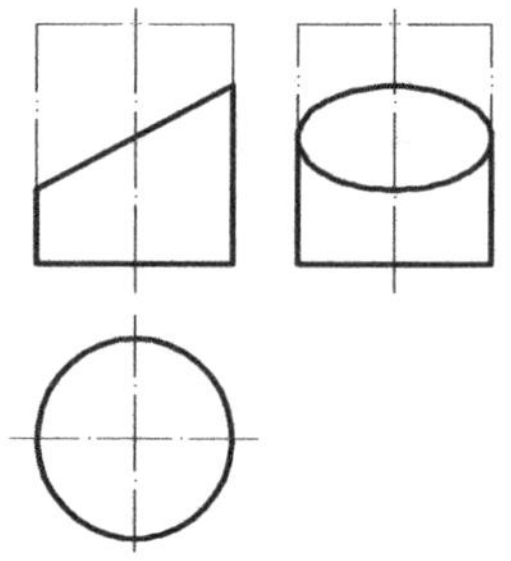

②圆锥体的截交线

截平面与圆锥轴线的相对位置不同时，截交线有五种不同的形式，见表 2-6。

③圆球的截交线

圆球被任意方向的平面截切，其截交线都是圆。当截平面与投影面平行时，截交线在所平行的投影面上的投影为一个圆，其余两面投影积聚为直线，该直线的长度等于圆的直径，其直径的大小与截平面至球心的距离有关，如图 2-63 所示。

④曲面体截交线的求法

求作曲面体截交线的投影，分为以下两种情况：

第一，截交线为直线或平行于投影面的圆时，投影可由已知条件根据投影规律直接求出。

第二，截交线含椭圆、抛物线、双曲线等非圆曲线或非投影面平行圆时，需求出曲面和截平面上的一系列共有点，然后连成光滑曲线。求共有点常用的方法是"体表面取点法"。

表 2-6　圆锥截切的五种情况

截平面位置	过锥顶	垂直于轴线	倾斜于轴线 $\theta > \alpha$	平行或倾斜于轴线 $\theta = 90°$ 或 $\theta < \alpha$	倾斜于轴线 $\theta = \alpha$（与一条素线平行）
立体图		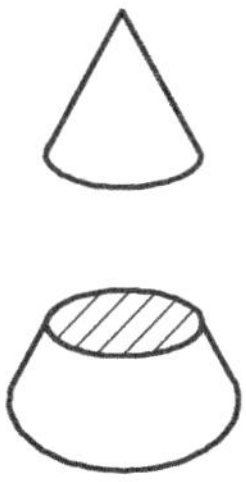	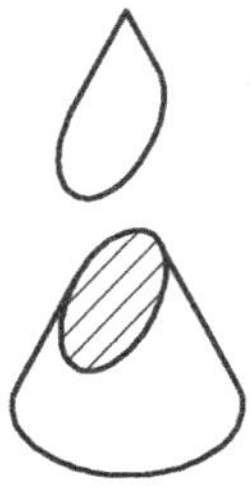	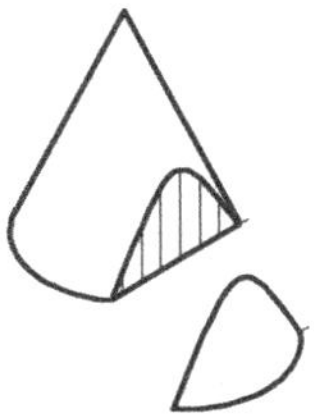	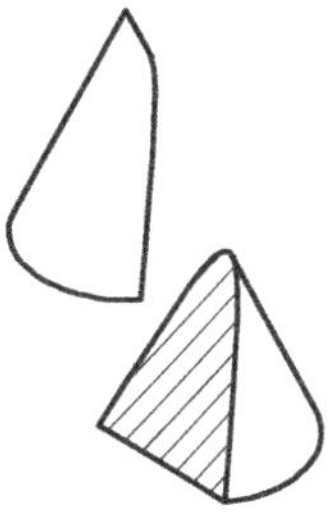
截交线形状	两直线	圆	椭圆	双曲线	抛物线
投影图	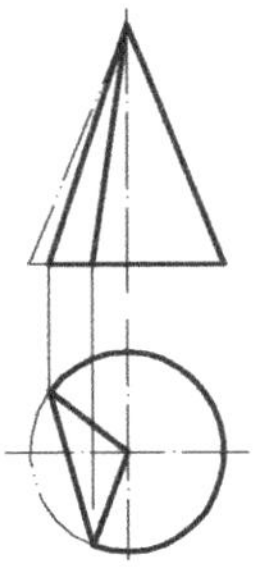	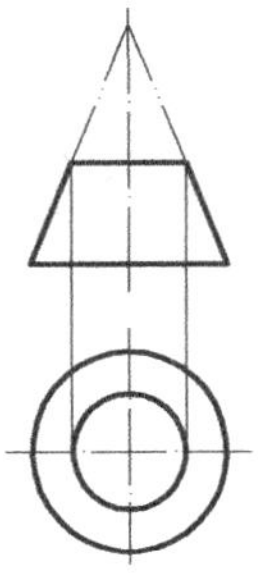	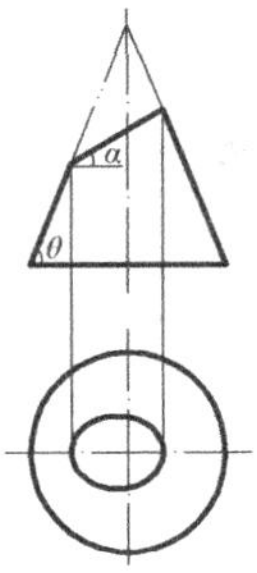	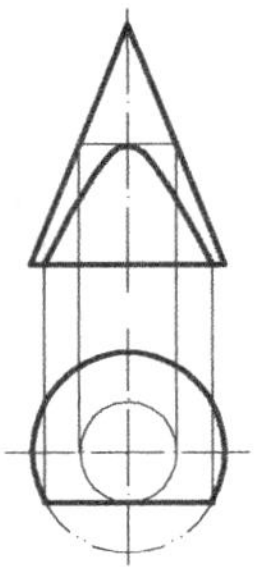	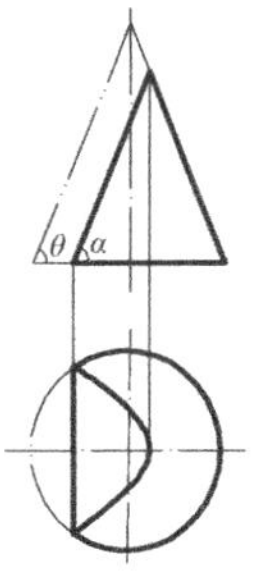

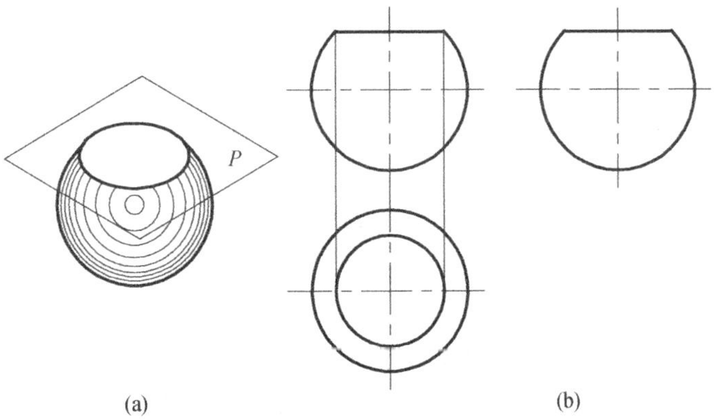

(a) 　　　　　　(b)

图 2-63　圆球被水平面截切

为使所求截交线的形状准确，作图迅速，在求作非圆曲线截交线时，应按照先求控制点（对截交线的投影起控制作用的点，又称特殊点），再求中间点的步骤作图。这些控制点是曲面外形轮廓素线上的点、反映截交线特征的点（如椭圆的长、短轴端点，抛物线、双曲线的顶点）、曲面边界上的点（曲面底边上的点）及截交线的极限位置点（截交线上的最高、最低、最左、最右、最前、最后点)。为使作图准确,在控制点之间可补充求若干个中间点。

【例 2-16】 如图 2-64a,补全开槽圆柱的三视图。

分析:圆柱上端开槽部分是由两个与轴线平行的侧平面和一个与轴线垂直的水平面截切而成的。两个侧平面与圆柱面的截交线是左右对称的两个矩形,矩形的前后两边是对称的铅直素线,上边是截平面与顶面的交线,下边是该截平面与水平截平面的交线。水平面与圆柱的截交线是前后两段水平弧和左、右两侧与截平面的两条相交直线。由于三个截平面的正面投影都有积聚性,故其交线为正垂线,且截交线的正面投影为已知,只需求其水平和侧面投影。

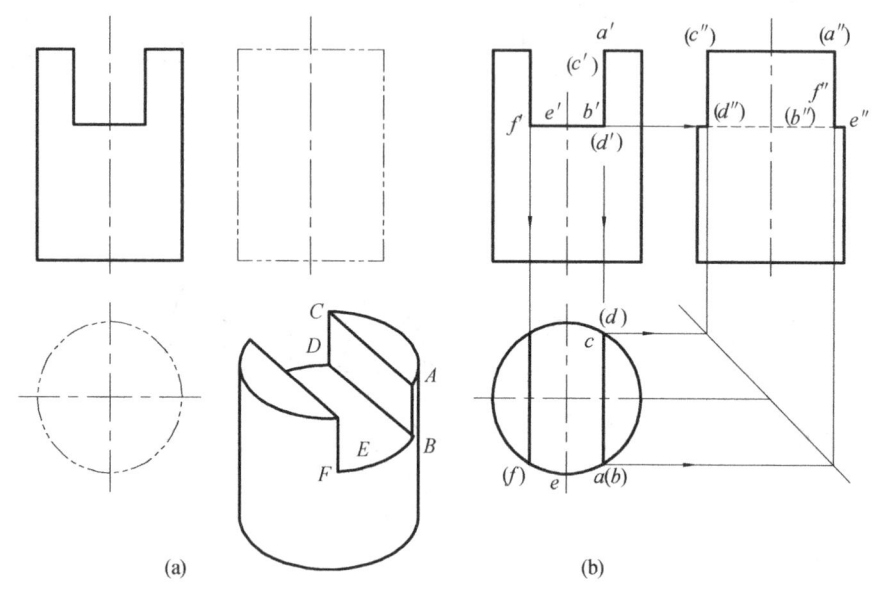

图 2-64 开槽圆柱体截交线的画法

作图:

①侧平面截交线矩形的投影可根据侧平面的投影特性和圆柱面水平投影的积聚性直接求得。

②水平截交线的水平投影反映实形,无需另求,其侧面投影积聚成一水平线段,长度等于圆柱直径。注意,其中前后两段圆弧的侧面投影是两小段实线,两条交线的侧面投影为虚线。

③加深轮廓线时,注意侧向轮廓素线上部已被截去,不能画出。如图 2-64b 所示。

【例 2-17】 如图 2-65a 所示,求作圆柱被正垂面截切后的三面投影。

分析:圆柱被倾斜于轴线的正垂面截切,截交线为椭圆。该椭圆截交线上有四个控制点 A、B、C、D,是截平面与圆柱四条轮廓素线的交点,又是椭圆长短轴的端点(长轴 AB 为正平线,短轴 CD 为正垂线)。由于截平面的正面投影及圆柱的侧面投影有积聚性,故椭圆的正面投影与斜线重合,侧面投影与圆周重合,因此只需求其水平投影。

作图:

①求控制点。分别求出主视图和俯视图轮廓素线上的点 A、B、C、D 的投影。

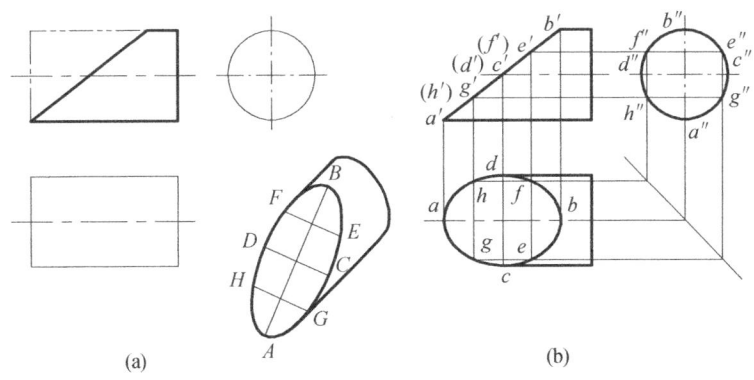

(a)　　　　　　　　　　　　　(b)

图 2-65　平面斜切圆柱

②求中间点。先在正面及侧面投影上取 $e'(f')$、$g'(h')$ 和 e''、f''、g''、h''，再根据柱面上取点的方法，求出其水平投影 e、f、g、h。

③依次光滑连接各点，形成一个椭圆（此椭圆 c、d 处与圆柱水平轮廓素线相切），擦去被切掉的图线，加深全图，如图 2-65b 所示。

【例 2-18】　如图 2-66a 所示，圆锥被正垂面截切，求作截交线的投影。

分析：圆锥被正垂面切断所有素线，截交线为椭圆。该椭圆截交线上有六个控制点 A、B、C、D、E、F，其中 A、B 是圆锥正向轮廓素线上的点，又是椭圆长轴的两端点和截交线的最高、最低点；C、D 是圆锥侧向轮廓素线上的点，c''、d'' 又是截交线与该轮廓线侧面投影的切点；E、F 是椭圆短轴的端点，又是截交线的最前、最后点，其正面投影位于截交线积聚投影的中点。AB 为正平线，EF 为正垂线。由于该椭圆的正面投影积聚为一斜线，截交线为已知，其水平投影与侧面投影为类似形，均需求解。

作图：

①求控制点。先在正面投影上确定六个控制点的位置，再用点在线上的作图方法求 A、B、C、D 的水平投影和侧面投影；用辅助圆法求 E、F 的水平投影和侧面投影。

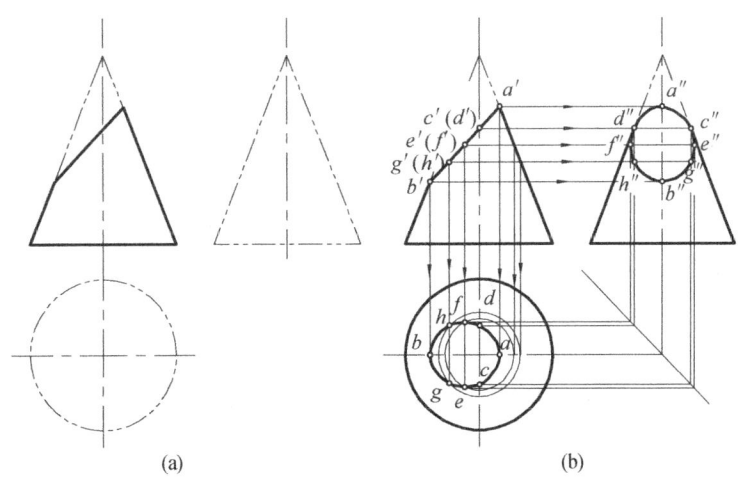

(a)　　　　　　　　　　　　　(b)

图 2-66　平面斜截圆锥

②用辅助圆法求中间点。在正面投影的适当位置作一水平线（辅助圆的正面投影）与截交线交于 $g'(h')$，由此分别求出 g、h 和 g''、h''。

③依次光滑连接各点，加深图线，完成作图。如图 2-66b 所示。

2. 相贯线

（1）基本概念

两个基本体相交（或称相贯），表面产生的交线称为相贯线。

由于两立体表面形状、大小及相对位置不同，相贯线的形状也不同。但任何相贯线都具有以下两个基本性质：相贯线是两个立体表面的共有线，是由一系列共有点组成的；由于立体表面具有一定的范围，所以相贯线一般是封闭的。因此求作相贯线实质上仍是求作两立体表面上的共有点的问题。

（2）两平面立体相交

两平面体相交，相贯线一般情况下是封闭的空间折线，相贯线上的各个转折点是平面立体的棱线与另一个平面立体表面的交点或两立体棱线的交点，折线的各段就是两平面立体上两棱面的交线。因此，可按如下步骤求两平面立体相贯线：

①求两立体中参与相交的棱线与另一立体棱面（或底面）的交点。如果相贯线的某一投影有积聚性，则可利用在立体表面取点的方法，求出相应点的投影。

②依次连接所求各点的同面投影。连点时应注意，只有对于两立体均在同一表面的两个交点才能连接；当立体的投影有积聚性时，其顺序可参照立体的积聚性投影。

③判定可见性。只有两个可见棱面的交线才是可见的，否则为不可见。

由于两立体相交后已成为一个整体，凡是参与相交的棱线，同一条棱线上的两交点之间的线段已不存在，故不予画出。

【例 2-19】 图 2-67b 为两三棱柱相交，试作其相贯线的投影。

分析：由图 2-67a 可以看出，$ABC-A_0B_0C_0$ 三棱柱的棱线垂直于水平面，$DEF-D_0E_0F_0$ 三棱柱的棱线垂直于侧面。参与相贯的棱线有 BB_0、EE_0 和 FF_0，棱面有 ABB_0A_0、BCC_0B_0 和 DEE_0D_0、DFF_0D_0、EFF_0E_0 五个表面。其中 BB_0 分别与 DEE_0D_0、DFF_0D_0 二棱面相交于 Ⅰ、Ⅱ 两点，EE_0、FF_0 分别与 ABB_0A_0、BCC_0B_0 棱面相交于 Ⅲ、Ⅳ 和 Ⅴ、Ⅵ 四点。因为 DEE_0D_0、DFF_0D_0 棱面为侧垂面，ABB_0A_0、BCC_0B_0 棱面为铅垂面，故可运用积聚性法求各交点的投影。

作图：

①由棱线 BB_0 和棱面 DEE_0D_0、DFF_0D_0 的侧面投影 $b''b_0''$ 与 $d''e''$、$d''f''$ 的交点 $1''$、$2''$ 分别向左作水平线与 BB_0 的正面投影 $b'b_0'$ 相交于 $1'$、$2'$ 两点，如图 2-67c 所示。

②再由 EE_0、FF_0 和棱面 ABB_0A_0、BCC_0B_0 的水平投影 ee_0 与 ab、bc 的交点 $3(5)$、$4(6)$ 分别向上作竖直线与 EE_0、FF_0 的正面投影 $e'e_0'$、$f'f_0'$ 相交于 $3'$、$4'$ 和 $5'$、$6'$ 四点，如图 2-67c 所示。

③连接相贯线，只有位于同一立体的同一棱面上而又同时位于另一立体的同一棱面上的两点才能连接。如 Ⅰ、Ⅲ 两点是位于 $ABC-A_0B_0C_0$ 三棱柱的 ABB_0A_0 棱面上，又同时位于 $DEF-D_0E_0F_0$ 三棱柱的 DEE_0D_0 棱面上，所以可以连接。但是 Ⅰ、Ⅱ 两点对于 $DEF-D_0E_0F_0$ 三棱柱来说是分别位于 DEE_0D_0 和 DFF_0D_0 两个棱面上的，所以不能相连。根据这个原则分析，在正面投影上应连 $1'3'$、$3'5'$、$5'2'$、$2'6'$、$6'4'$ 和 $4'1'$ 成一封闭折线，如图

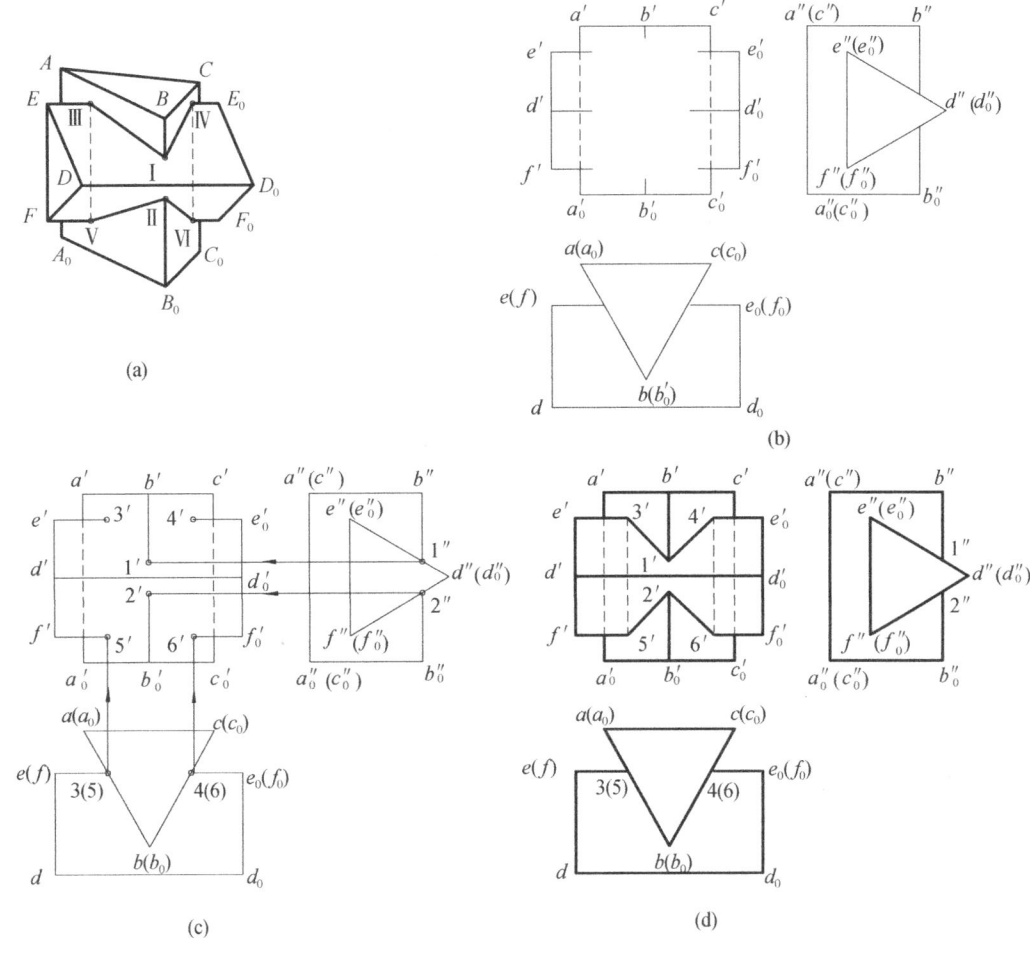

图 2-67 两三棱柱相贯线的投影

2-67d 所示。

④相贯线的可见性,可以根据参予相贯的两个棱面是否可见来判断。如果两个棱面都是可见的,则相贯线亦为可见;如果两个棱面中有一个棱面不可见,则其相贯线也不可见。从正面投影分析,参予相贯的棱面只有 EFF_0E_0 棱面为不可见,故位于 EFF_0E_0 棱面上的Ⅲ Ⅴ和Ⅳ Ⅵ两条相贯线的正面投影 3'5'和 4'6'为不可见,如图 2-67d。

(3) 平面体与曲面体相交

平面体与曲面体相交,相贯线是由若干段平面曲线组成或平面曲线和直线所组成。

相贯线中的各段平面曲线或直线是平面立体上各棱面与曲面立体的截交线。每段交线的转折点是平面立体的棱线与曲面立体的交点。因此,求平面立体与曲面立体的相贯线,可按求截交线的方法,分别求出平面体各棱面与曲面体的截交线,组合起来,即得相贯线。

【例 2-20】 图 2-68 是梯形柱体与圆锥台相交,试作梯形柱与圆锥台的相贯线的投影。

分析:从图 2-68a 可以看出,梯形柱有三个表面与圆锥面相交,所以相贯线为三段平面曲线。由于梯形柱的顶面为水平位置（垂直于锥轴线），所以与圆锥面的截交线为一段圆弧。梯形柱两斜面与圆锥面的截交线则为两段椭圆曲线。运用辅助平面法可求椭圆曲线的投影。因为相贯体是前后对称的，所以相贯线的正面投影前后重影。

作图方法：

首先，求控制点。从图中可以看出，梯形柱的底边和圆锥底圆的交点 A、B 为相贯线的起止点。在水平投影中可以找到 A、B 的水平投影 a、b，再由 a、b 向 OX 轴作垂线，在正面投影中求得 $a'(b')$，见图 2-68b。梯形柱的顶面边线和圆锥的交点 C、D，是三段截交线的分界点。求 C、D 点的投影，可过梯形柱的顶面作一辅助平面，作法如图 2-68b。

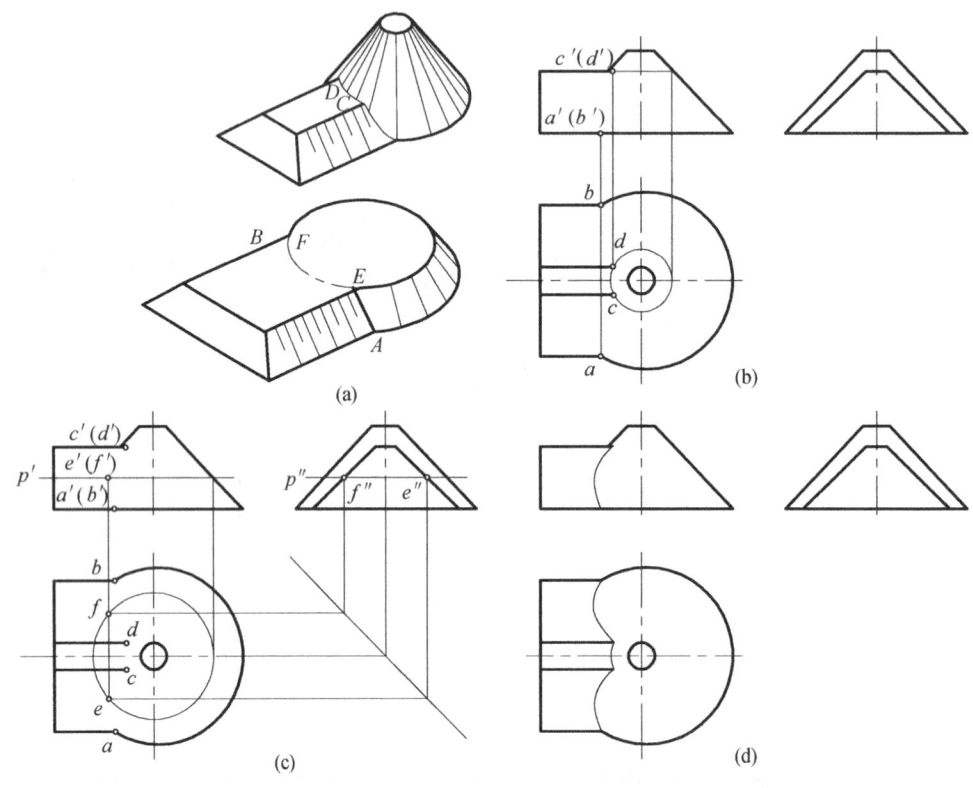

图 2-68 梯形柱体与圆锥台相贯线的投影

然后，求中间点。作一垂直于圆锥轴线的辅助平面，见图 2-68a，辅助平面与梯形柱两斜面的截交线为两直线，且与底边平行，与圆锥的截交线为一圆，它们的交点 E、F 就是相贯线上的中间点。作法如图 2-68c。

依此法，可求出相贯线上若干中间点的投影，然后分别用曲线平滑地连接 a'、e'、c'（$b'f'd'$ 曲线与它重影）和 a、e、c 及 b、f、d 各点，再用圆弧连接 c、d，即得相贯线的正面投影和水平投影。擦去作图线，描深轮廓线，如图 2-68d。

注意：CD 段相贯线的正面投影与梯形体顶面的投影重合。c'、(d') 不在圆锥的轮廓素线上。

（4）两曲面体相交

两曲面体相交，相贯线一般情况下是封闭的空间曲线，其具体形状取决于两立体的形状、大小和它们的相对位置。

两曲面体相贯线的作图可归结为求两曲面的共有点问题，而求两曲面共有点的一般方法有积聚性法和辅助平面法。

①积聚性法求相贯线

积聚性法求两曲面体相贯线，即当相交两曲面体之一的某投影有积聚性时，相贯线的同面投影与此重合为已知，其余投影可利用面上取点的方法求之。

【例2-21】　如图2-69a所示，两个直径不等的圆柱正交，求作其相贯线的投影。

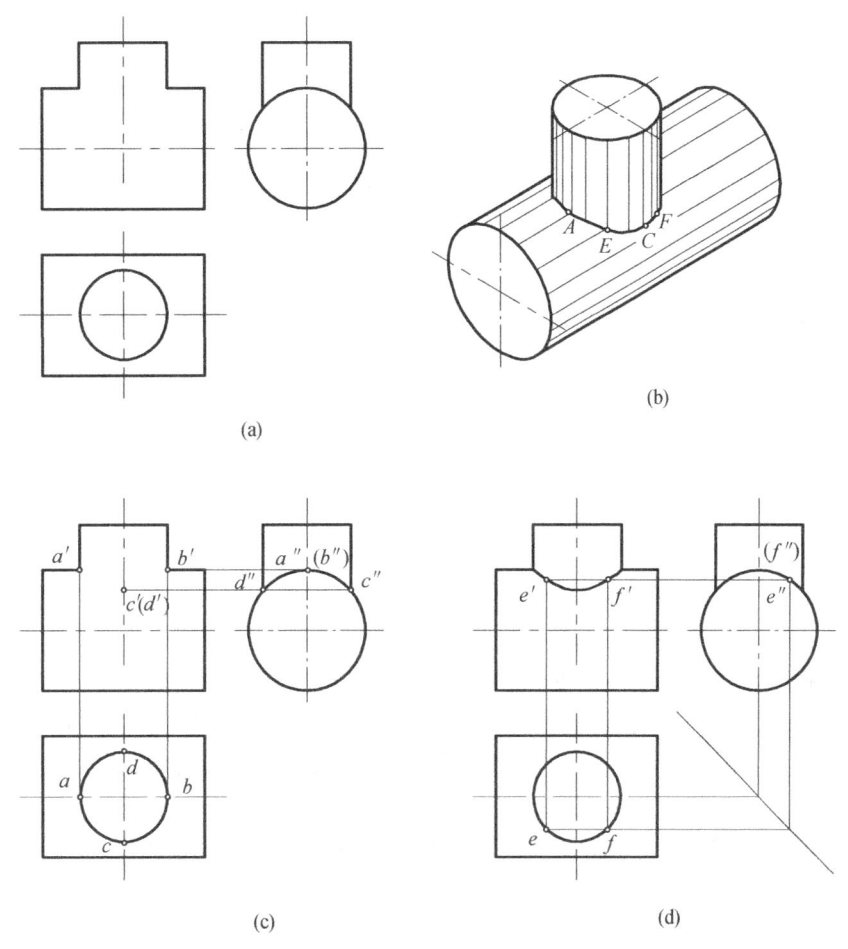

图2-69　两圆柱正交的投影

分析：由于两正交圆柱的轴线分别垂直于 H、W 面，可知相贯线是一条前后、左右对称的空间曲线，其水平投影与小圆柱积聚性投影重合，侧面投影重合在大圆柱曲面积聚性投影的上部，故只需求出相贯线的正面投影。因相贯线前后对称，其正面投影的可见部分与不可见部分重合。两圆柱正向轮廓素线在同一平面上，交于 A、B 两点。

作图：

首先，求控制点。先在已知的水平投影和侧面投影中标出 a、b、c、d 和 a''、b''、c''、d''，分别在其相应的轮廓素线上求出 a'、b'、c'、d'，如图2-69c所示。

然后，求中间点。在水平投影中取左右对称点 e、f，并标出相应的侧面投影 e″、f″，然后根据投影规律求出正面投影 e′、f′，如图 2-69d 所示。

最后，依次光滑连接各点，加深图线，完成作图。

两不等直径圆柱正交，相交的两柱面无论是外表面还是内表面（孔），只要两圆柱的轴线垂直相交，它们的相贯线形状和作图方法都相同，如图 2-70 所示。

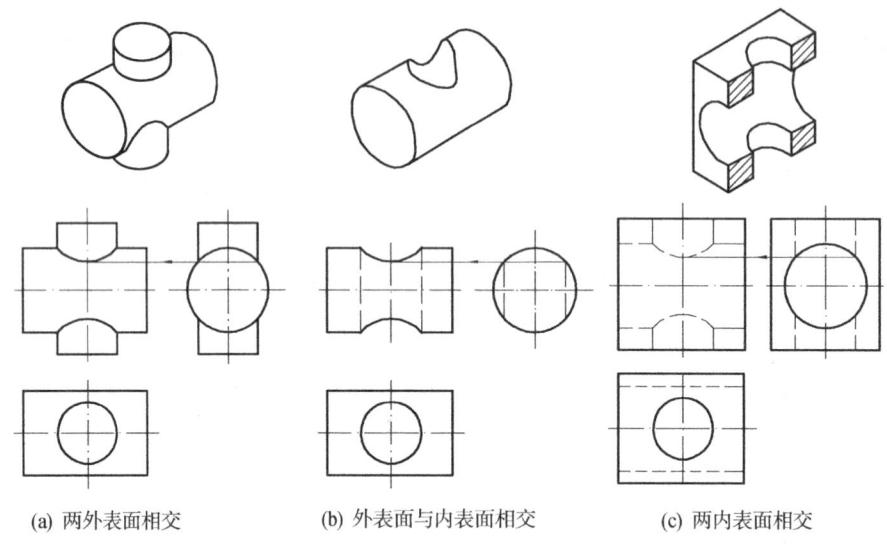

(a) 两外表面相交 (b) 外表面与内表面相交 (c) 两内表面相交

图 2-70　两圆柱相贯线的三种形式

②辅助平面法求相贯线

辅助平面法，即利用三面共点的原理来求取必要的共有点。就是求辅助平面与两曲面立体表面三个面的交点，即为相贯线上的点。

一般根据两相交曲面立体的形状和它们的相对位置来选择辅助平面，具体原则是：第一，辅助平面与两曲面截交线的投影应同时都是简单的直线或圆；第二，辅助平面应取在使两曲面截交线有交点的范围内。辅助平面法作图求相贯线适用于相交两曲面立体的投影都没有积聚性。

【例 2-22】　如图 2-71a 所示，圆台与圆柱的轴线交叉垂直相贯，求其相贯线的投影。

分析：在图 2-71 中，圆柱和圆台的轴线交叉垂直，且分别垂直于正立投影面和水平投影面。它们的相贯线是一条封闭的空间曲线。圆柱的轴线垂直于正立投影面，故相贯线的正立投影面重合在圆柱面的正立投影面上，即一段圆弧 1′2′。相贯线的其他两面投影要通过表面取点作图求出。

作图：

首先，作特殊点的投影，取圆台的左、右、前、后四条轮廓素线和圆柱面的交点 1、2、3、4，先作出这 4 个点的正立投影面，再求侧面和水平投影面。如图 2-71b 所示。

然后，作中间点投影，在相贯线的正立投影面上任取两点 5′和 6′，过这两点作直线平行于 OX 轴，交圆台轮廓线于 a′b′两点，以线段 a′b′长为直径在水平投影面作辅助圆，求出水平投影 5 和 6，再利用三等原则求出 5″和 6″。

最后，依次光滑连接相贯线上各点的同面投影，并判别其可见性，完成相贯线的投影，如图 2-71c、d 所示。

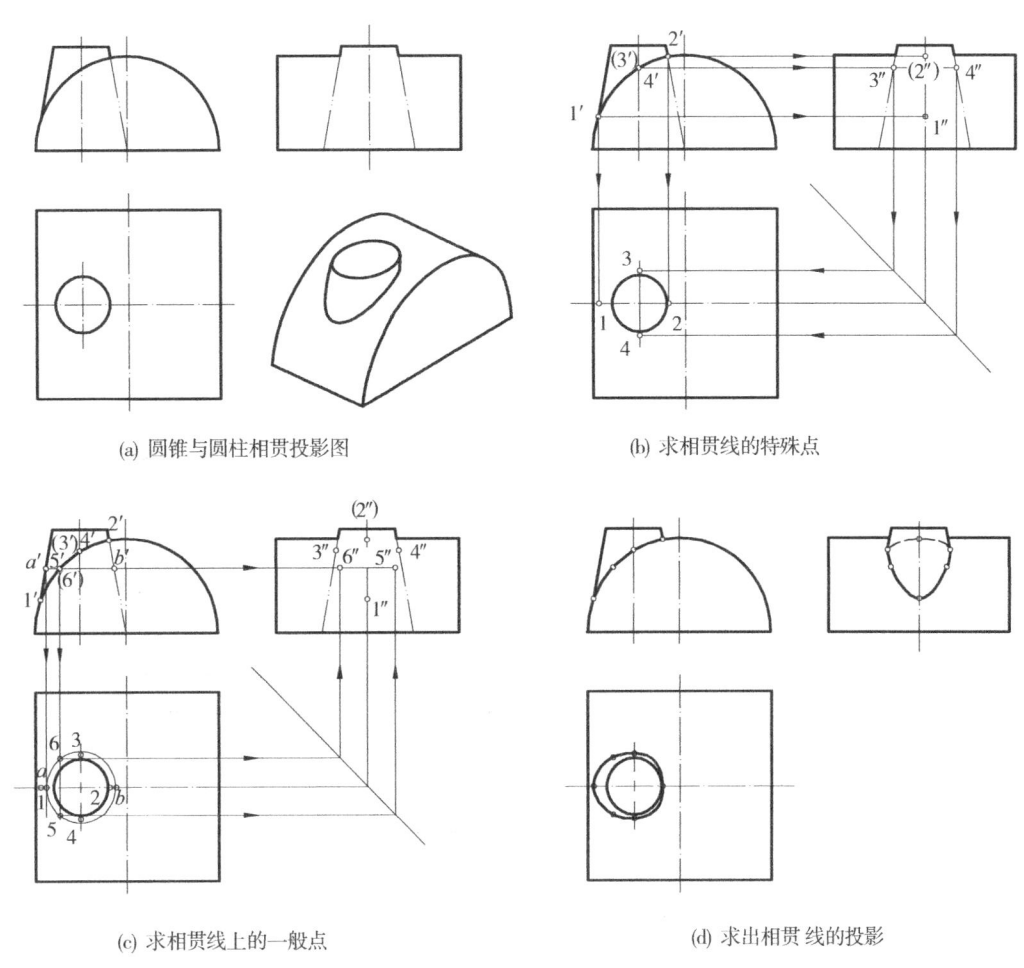

图 2-71　圆台与圆柱（交叉垂直）相贯的相贯线投影

③简化画法

在工程图中经常遇到两个直径不等的圆柱轴线正交的作图问题，为了简化作图，其相贯线的非积聚投影可用近似的圆弧代替，圆弧的半径 R 等于大圆柱体的半径，即 $R = D/2$，画法如图 2-72 所示。

④相贯线的特殊情况

两曲面体的相贯线一般是空间曲线，特殊情况下可能是直线、圆或平面曲线。如遇到上述情况，求相贯线的作图将大大简化。常见的相贯线特殊情况如图 2-73 所示。

两圆柱轴线平行时，相贯线为圆柱素线，如图 2-73a 所示。

两回转体共轴时，相贯线为垂直于轴线的圆。在与轴线平行的投影面上，投影为直线，如图 2-73b 所示。

两直径相等圆柱轴线正交（或斜交）时，相贯线为两个椭圆，在与轴线平行的投影面上，相贯线投影为直线，如图 2-73c、d 所示。

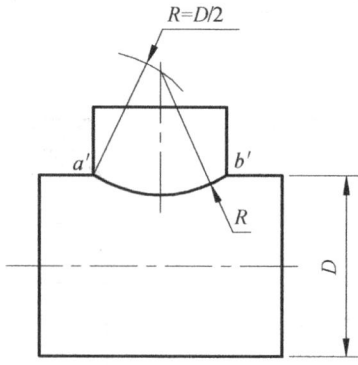

图 2-72 相贯线的简化画法

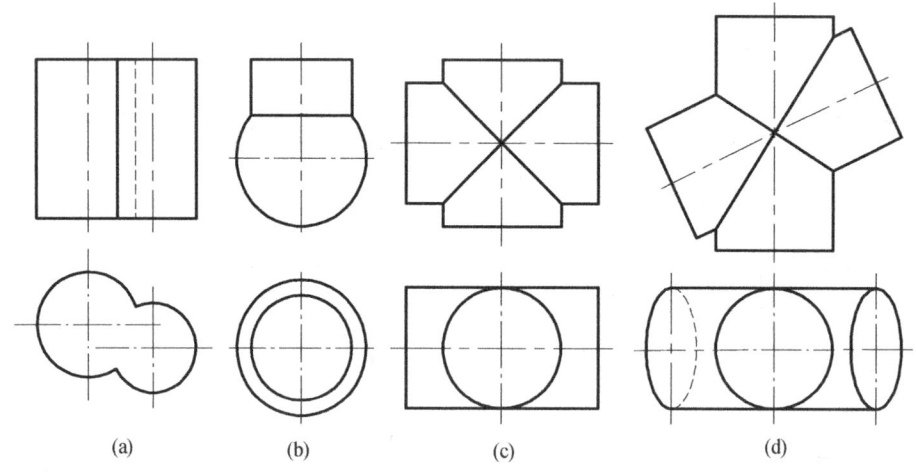

图 2-73 相贯线的特殊情况

2.2.3 组合体三视图

建筑物不论形状如何复杂，都可以看成是由若干基本形体按一定方式组合而成，这样的形体称为组合体。学习组合体的视图，既是对前面投影知识的综合运用，又为后面学习专业图打下基础。

2.2.3.1 组合体的形体分析

1. 形体分析法

为方便作图，通常将复杂形体人为地分解为若干基本形体，对各部分之间的组合方式、相对位置及表面连接关系进行分析，弄清各部分形状特征，这种分析方法称为形体分析法。

2. 组合体的组合方式

组合体的组合方式通常有三种：

叠加式：由若干个基本体叠加形成的组合体，如图 2-74a 所示。
切割式：由基本体切去一部分或几部分后形成的组合体，如图 2-74b 所示。
综合式：既有叠加又有切割的组合体，如图 2-74c、d 所示。

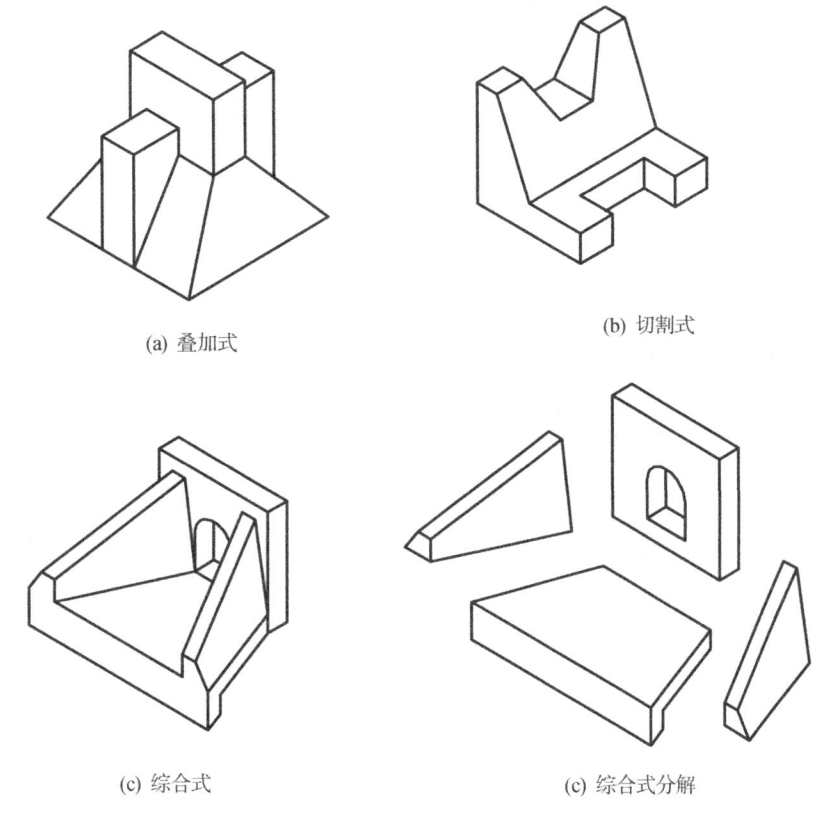

(a) 叠加式 (b) 切割式

(c) 综合式 (c) 综合式分解

图 2-74　组合体的组合形式

3. 形体之间的表面连接关系及连接处的画法

组合体各部分表面间连接关系有平齐、不平齐、相交和相切等形式，各有不同的表达要求。

（1）平面与平面平齐，连接处无分界线。图 2-75a 所示形体上下两部分的左端面平齐，在左视图中，两平面分界处应无线，如图 2-75b 所示。

（2）两平面不平齐，分界处应有线。上例中，形体上下两部分的前端面不平齐，则在主视图中应画出其分界线。

（3）两平面、平面与曲面、两曲面相交，交界处应有线。图 2-76b 所示物体的平面与曲面相交，在主、左视图中均应画出交线的投影，如图 2-76a 所示。

（4）平面与曲面、两曲面相切，相切处应无分界线。图 2-77b 所示物体两部分的平面与曲面相切，在主、左视图中，平面与曲面相切处不应画分界线，如图 2-77a 所示。

2.2.3.2　组合体的视图画法

在绘制组合体视图时，除进行形体分析外，还要考虑视图选择和画图步骤。

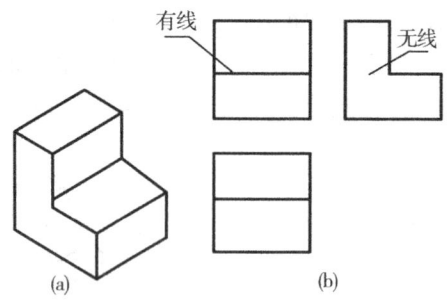

图 2-75 表面连接关系示例一

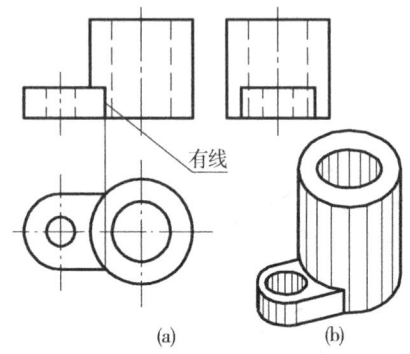

图 2-76 表面连接关系示例二

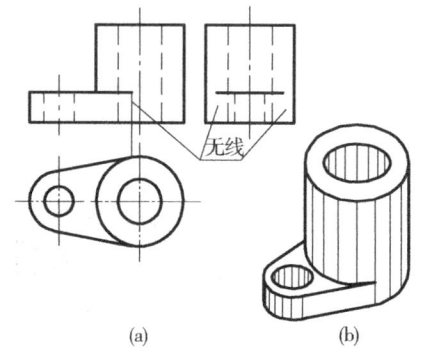

图 2-77 表面连接关系示例三

1. 视图选择

视图选择的原则是：用尽量少的视图把物体完整、清晰地表达出来。

视图选择包括确定物体的放置位置、选择主视图的投影方向及确定视图数量三个问题。

（1）确定物体的放置位置

物体通常按正常的工作位置放置。有些物体按照制造加工时的位置放置，如预制桩等一类的杆状物体是按照加工位置平放。

（2）选择主视图的投影方向

选择主视图的投影方向时，应使主视图尽可能多地反映物体的形状特征及各组成部分的相对位置。

选择主视图投影方向时，还要考虑尽可能减少视图中的虚线。如图 2-78a 主视图投影方向选择较好，图 2-78b 选择就不合适。

另外，还要考虑合理地利用图纸，如图 2-79 所示，图 2-79a 主视图投影方向选择合理，图 2-79b 选择不合理。

（3）确定视图数量

基本体并不是都需要三个视图才能表达清楚，一般含有特征图时，只需两个视图就能表达清楚，有的基本体注上尺寸后，只需一个视图就可表达清楚。表达一个组合体究竟需要几个视图，应在主视图确定之后，考虑各部分的形状和相互位置还有哪些没有表达清楚，还需要几个视图来补充表达才能确定。

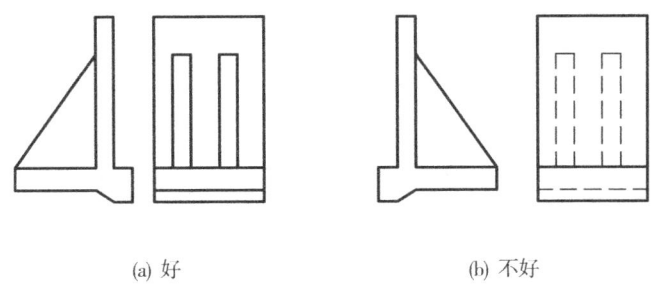

(a) 好　　　　　　　　　(b) 不好

图 2-78　尽可能减少视图中的虚线

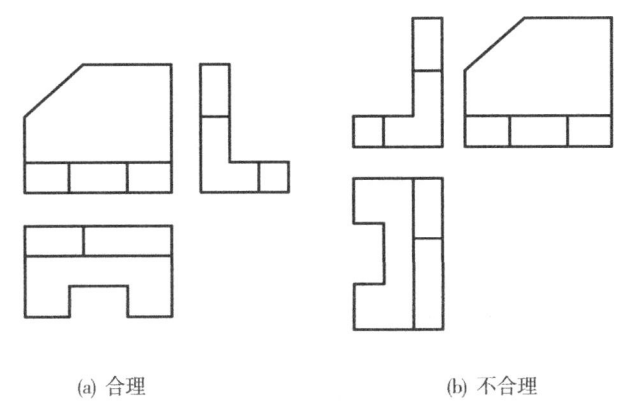

(a) 合理　　　　　　　　(b) 不合理

图 2-79　合理利用图纸

2. 画图步骤

(1) 选定比例、确定图幅

视图选择后,应根据组合体的大小和复杂程度,按标准规定选择适当的比例和图幅。选择原则为:表达清楚、易画、易读,图上的图线不宜过密与过疏。

(2) 布置视图的位置

布置视图即画出各视图的基准线。布图应使各视图均匀布局,不能偏向某边。各视图之间要留有适当的空间,以便于标注尺寸。

基准线一般选用对称线、较大的平面,或较大圆的中心线和轴线,基准线是画图和量取尺寸的起始线。

(3) 画底稿

画图时一般是一个基本体一个基本体地画,同时应注意每部分三视图间都必须符合投影规律,特别要注意各部分之间表面连接处的画法。

(4) 检查、加深

底稿图画完后,应对照立体检查各图是否有缺少或多余的图线,改正错处,然后加深全图。

【例 2-23】　画如图 2-80a 所示八字形翼墙进水口的视图。

分析:

①形体分析。八字形翼墙进水口是叠加型组合体,如图 2-80b 所示,其可分为三部

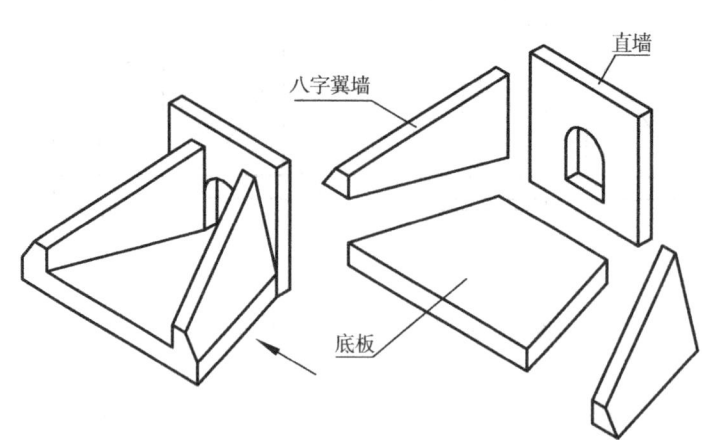

图 2-80　八字形翼墙进水口立体图

分：底板、直墙和八字翼墙（对称两边为一部分）。底板是梯形柱体，直墙是带孔的长方体，它们可由基本体三视图图形特征直接画出，八字翼墙的形状与基本体相差较大，这部分应采用线面分析法，一个面一个面地画。

②视图选择。进水口按工作位置放置，底板是基础，应在下边平放。主视图投影方向选择图2-80a中箭头所指方向（使其与专业图要求一致）。底板只需用主视图和俯视图就能够表达清楚，但八字翼墙要充分、完整地表达需用主、俯、左三个视图，因此，该进水口需要用主视图、俯视图和左视图三个视图来表达。

作图：

选定比例、确定图幅。合理布置视图，画出各图基准线，然后画底稿：先画底板三视图，接着画直墙三视图，再画八字翼墙三视图，最后检查加深，如图2-81所示。

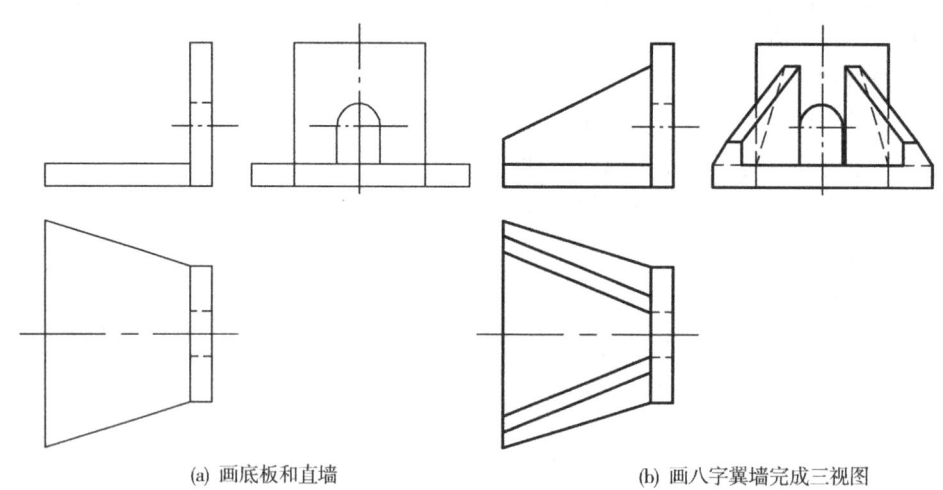

(a) 画底板和直墙　　　　　　　　　(b) 画八字翼墙完成三视图

图 2-81　八字形翼墙进水口视图的画法

上图中八字翼墙部分的画法，如图2-82所示，也可采用端面法：先画八字翼墙两端面的投影，然后连两端面各对应顶点，即得八字翼墙各侧面投影。这种方法适用于各类八字翼墙及与此类同的形体。

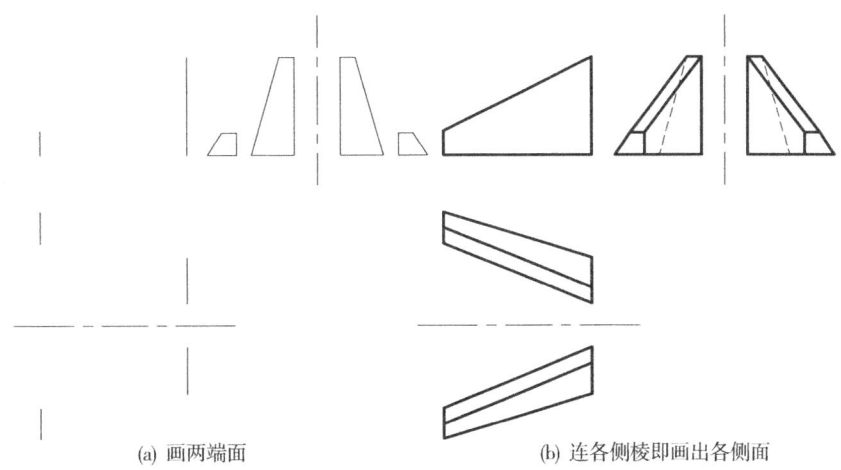

(a) 画两端面　　　　　　　　(b) 连各侧棱即画出各侧面

图 2-82　八字翼墙的画法

2.2.3.3　组合体的尺寸标注

1. 尺寸种类及尺寸基准

定形尺寸：确定组合体中各基本体形状大小的尺寸，它通常由长、宽、高三项尺寸来反映。

定位尺寸：确定组合体中各基本形体之间相互位置的尺寸。

总体尺寸：确定组合体总长、总宽、总高的外包尺寸。

尺寸基准：标注尺寸的起点。标注组合体定位尺寸时，须选定长、宽、高三个方向的尺寸基准，通常选组合体的主要面、轴线、中心线作为尺寸基准。

2. 尺寸标注要求

组合体尺寸标注应满足的要求可概括为"正确、齐全、清晰"。

（1）尺寸正确。是指尺寸标注要符合制图标准的规定和设计施工的要求，制图标准中关于尺寸标注的规定已在前面的章节中介绍了，而要符合设计施工要求，则要具备一定的设计和施工知识后才能逐步做到。

（2）尺寸齐全。是组合体尺寸标注的主要要求。所谓尺寸齐全是指应注全三类尺寸。

（3）标注清晰。为方便读图，所注尺寸应分布整齐、便于查找，其要点如下：

①尺寸应尽量标注在反映形体形状特征的视图上。

②尺寸应尽量标注在相关视图之间。

③虚线上尽量不标注尺寸。

3. 尺寸标注方法

以图 2-83 所示的组合体为例，介绍组合体的尺寸标注方法。

（1）形体分析。运用形体分析法，该形体由底板、立板和支撑板三部分组成，在底板和立板上分别钻了 6 个相同直径的圆孔。

（2）标注定形尺寸。底板为长方体，其尺寸为长 330、宽 100、高 18；立板也为长方体,其尺寸为长330、宽18、高182;支撑板为三棱柱,底面尺寸为(100-18)、182、高30;6个相同直径的圆孔直径为 $\phi25$,如图2-83b所示。

(3)标注定位尺寸。长、宽、高尺寸基准可分别选择左右对称面、底板与立板的后平齐面、底板底面。由此可标注底板上圆孔的定位尺寸为180、60;立板上圆孔的定位尺寸为180、85、65,如图2-83c所示。

(4)标注总体尺寸。其组合体总长、总宽、总高尺寸分别为330、100、200,如图2-83c所示。

(5)检查全图,看尺寸标注是否正确、齐全、清晰。由于组合体形状变化多,定形、定位和总体尺寸有时可以相互兼代。如底板长宽尺寸330、100即为组合体的总长、总宽尺寸。

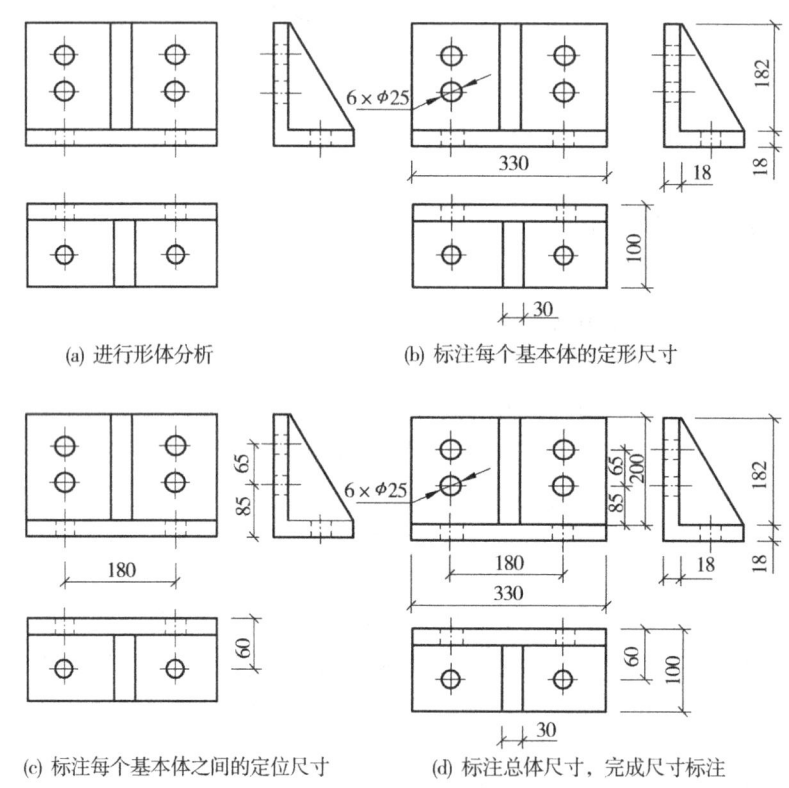

图2-83 组合体的尺寸标注

2.2.3.4 组合体视图的识读

读图即看图、识图,就是运用投影原理、读图方法,根据形体的视图想象出形体的空间现状,是从图想物的过程。

1. 组合体视图的读图要点

(1)由于一个视图不能确定物体的形状,看图时,要把几个视图联系起来看。

(2)三视图间的投影规律及基本体三视图的图形特征和各种位置直线、平面的投影特征是读图的依据,只有熟练地掌握它们,才能读懂各类物体的图形。

（3）读图是画图的反向思维过程，所以读图的方法与画图是相同的。读图的基本方法也是形体分析法，遇难点部分辅以线面分析法。

2. 用形体分析法读图

形体分析法读图是以基本形体为读图单元，将组合体视图分解为若干简单的线框，然后弄清各线框所表达的基本形体的形状，再根据各部分的相对位置综合想象出整体形状。

【例 2 - 24】 根据图 2 - 84a 所示涵洞面墙的三视图，想象其空间形状。

（1）识视图、分部分。首先弄清各视图名称、观看方向，建立起物图关系；然后分部分。该物体很显然是叠加体，从左视图入手，结合其他视图可将其分为上、中、下三部分，如图 2 - 84b 所示。

（2）逐部分对投影、想形状。由左视图按投影规律找出各部分在主视图和俯视图上的对应线框。如图 2 - 84b 所示，下部线框俯视、左视为矩形线框，主视为倒写的凹字多边形，空间形状为倒放的凹形柱；中部梯形线框对应主视图也为梯形线框，对应俯视特征图可看出是半四棱台，其内虚线对应三投影可知是在半四棱台中间挖穿一个倒 U 形孔；上部对应另两视图都是矩形线框，故是直五棱柱，各部分立体形状如图 2 - 84c 所示。

（3）综合起来想整体。由主视图可看出，半四棱台、直五棱柱依次叠加在凹形柱之上，且左右位置对称，看俯视图（或左视图）三部分后边平齐，整体形状如图 2 - 84d 所示。

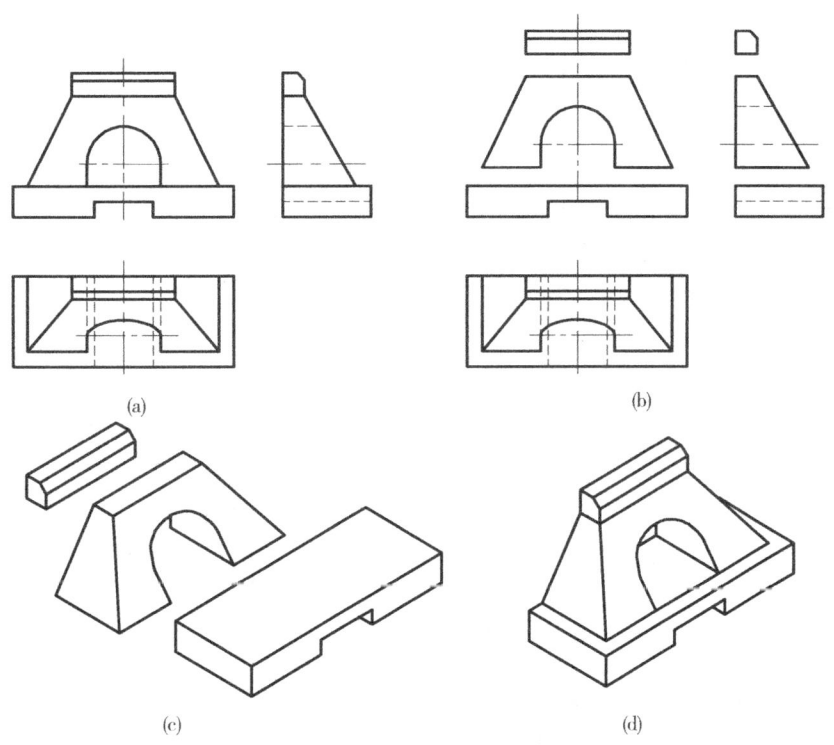

图 2 - 84 形体分析法读图示例

3. 用线面分析法读图

线面分析读图是以线面为读图单元，一般不独立应用。当物体上的某部分形状与基本体相差较大，用形体分析法难以判断其形状时，这部分的视图可以采用线面分析法读图，即将这部分视图的线框分解为若干个面，根据投影规律逐一找全各面的三投影，然后按平面的投影特征判断各面的形状和空间位置，从而综合得出该部分的空间形状。

【例 2—25】 根据图 2—85a 所示物体的三视图，想象其空间形状。

①识视图、分部分。首先弄清各视图的名称、观看方向，建立物图关系。可看出该物体是叠加体，从左视图入手结合其他视图可将其分为三部分：下部是底板、上部是墩身，墩身两侧各突出一个形体，工程上称为"牛腿"，如图 2—85a 所示。

②逐部分对投影、想形状。根据投影规律，由基本体视图形状特征可知底板为倒凹形

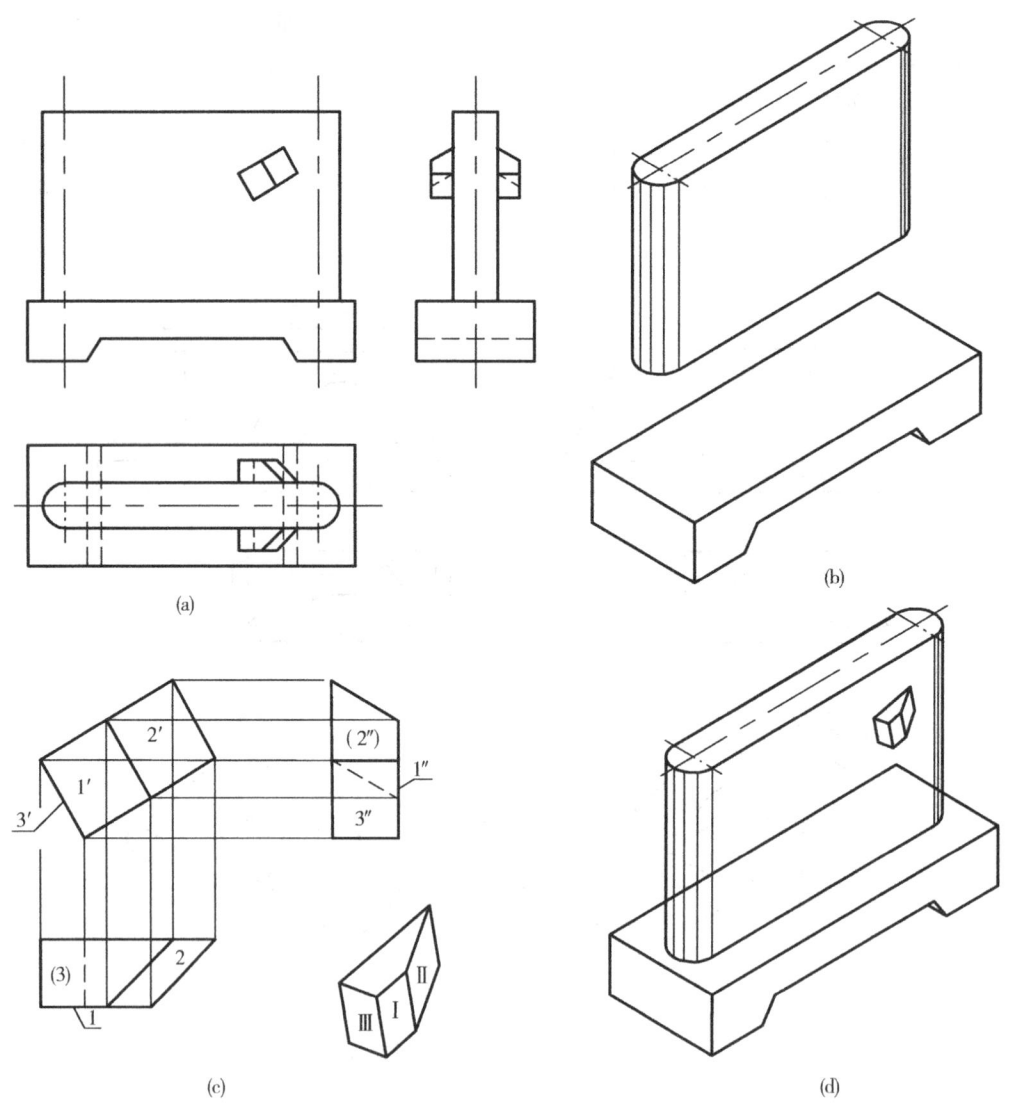

图 2—85 线面分析法读图示例

直棱柱，墩身为组合柱体，如图 2-85b 所示。牛腿的形状用形体分析法不易看懂，需作线面分析。

线面分析牛腿：如图 2-85c（将前边的牛腿投影放大画出）所示，主视图上平行四边形线框 1′在俯视图及左视图上没有对应的类似线框，它对应着俯视图上一条水平线，对应左视图上一条竖直线，可知Ⅰ面为正平面；线框 2′也为平行四边形，在俯视图和左视图上都应有类似线框 2 及（2″），可以肯定Ⅱ面是一般位置面。Ⅰ、Ⅱ面在主视图中可见，是形体前面的两个面。形体左侧面在主视图上为一斜线 3′，对应左视图和俯视图为两矩形线框 3″及（3），可以判断Ⅲ面为一正垂面，用同样的方法可以分析出牛腿的上下两面都是正垂面，形状是直角梯形。综合以上分析，可知牛腿是一斜放的截头四棱柱。

③综合起来想整体。从主视图和左视图可看出：底板在下，墩身在底板之上，且前后、左右居中，两牛腿在墩身右上角，前后各一个，成对称分布，整体形状如图 2-85d 所示。

4. 读图训练的方法

培养和提高读图能力，首先要掌握正确的读图方法。训练读图的方法有读图搭积木、切形体、画轴测图、补漏线、补视图以及进行构形设计等多种，其中尤以补漏线和补视图两种方法应用最广。

(1) 读图搭积木

这是在学习读图的初始阶段或读图困难者宜采用的一种训练读图的方法，适用于叠加式组合体的视图识读。

读者需预先准备一套积木，由多个基本几何体（平面体、曲面体）或部分几何体（如1/2 圆柱、1/4 圆柱等）组成。读图时，边读图边搭积木，随时将所搭积木与已知视图对照检查，以便对错读处进行修正，直至得出正确的答案。读者通过反复进行图物对照，既能摸索正确读图的方法，还可提高形象思维能力。

对于图 2-86a 所示的组合体，采用形体分析法边读图边搭积木，可由图 2-86b 所示的六块积木（Ⅰ～Ⅵ）搭接而成，结果如图 2-86c 所示。

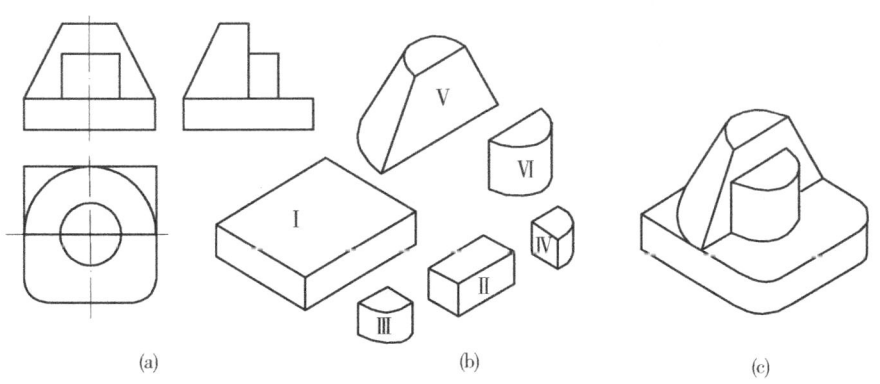

图 2-86 读图搭积木

(2) 读图切形体

对于切割式组合体，可参照"先完整、后切割"的读图思路，用橡皮泥先捏制未切形体，然后逐步切割。如图 2－87a 所示组合体，根据三视图外形可知未切形体为长方体，据此先用橡皮泥捏制成形。再识读被切部分（Ⅰ、Ⅱ）的几何形状，随之从橡皮泥长方体上切去该部分，最后得组合体的空间形状如图 2－87b 所示。

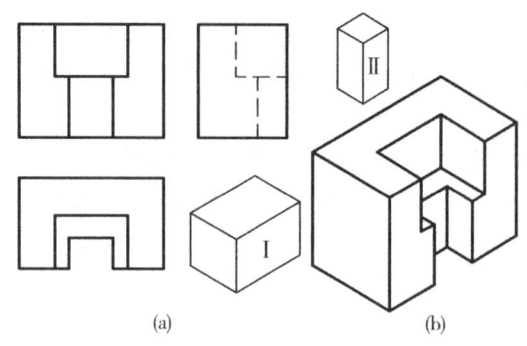

图 2－87　读图切形体

（3）读图画轴测图

在读图过程中画轴测图有两方面的作用：一是检验读图结果的正确性；二是帮助思考，以便深入读图。画轴测图（在后面章节中介绍）是作为一种辅助读图的手段而被采用的，因此可用简捷的方法勾画轴测草图即可。

（4）读图补漏线

在组合体的视图中有意漏画部分图线，但不影响读者对视图的识读，要求读者读懂视图后，在不改变组合体原有结构的前提下，补画视图中漏缺的图线，这种题型称为补漏线。

显然，解题的目的和正确作图的前提都是读懂组合体的视图。因此，解题应分成读图和补漏线两大步骤进行。下面举例说明。

【例 2－26】　如图 2－88a 所示，补全组合体三视图中漏缺的图线。

①读图：将该形体的水平投影分为 1、2 两部分，如图 2－88a 所示。其水平投影较能反映形体的形状特征，从整体看该形体既有叠加又有切割，是一个混合式组合体。

通过对照水平投影和正面投影可以想象出，第Ⅰ部分为"凸"字形柱，上部被切去一角；第Ⅱ部分为"凹"字形柱，两部分左右叠加而成，如图 2－88c、d 所示。

②补漏线：按照三面投影规律，可补画出 1、2 部分所漏的侧面投影的轮廓线和交线（虚线），第 1 部分切角的侧面投影，可用线面分析法作出，如图 2－88b 所示。

（5）读图补视图

这是最常用的一种训练读图的方法。题目给出组合体的两个视图，要求读者在读懂视图的基础上补画第三个视图。

与补漏线的作图题一样，补视图的解题过程重在读图，应在读图想象出组合体的空间形状后，按正投影原理及投影规律补画第三视图。

【例 2－27】　如图 2－89a 所示，已知组合体的主视图和俯视图，补画其左视图。

①读图：步骤如前所述，本例将主视图分解成如图 2－89a 所示的 $1'$、$2'$、$3'$ 三个线框，经对投影、想形体、综合得整体形状如图 2－89f 所示。

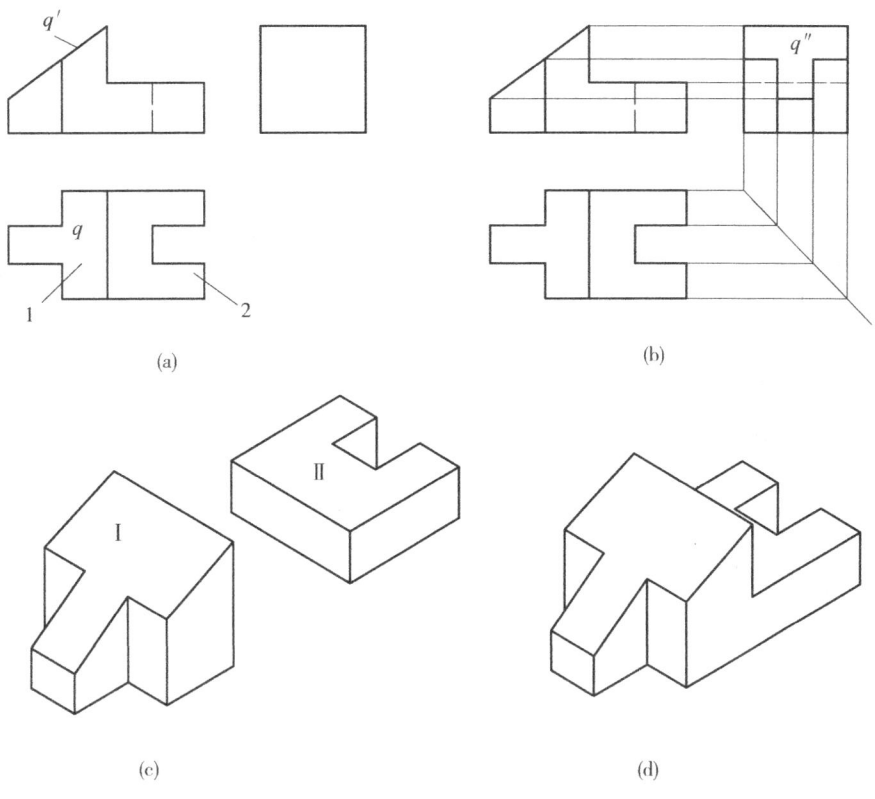

图 2-88 读图补漏线

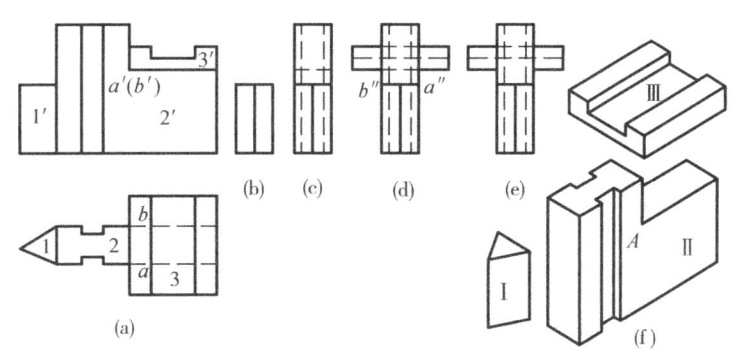

图 2-89 读图补视图

② 补画左视图：在读懂全图的基础上，运用投影规律逐块补画左视图，分步作图如下：

第一，补画 Ⅰ 的左视图，如图 2-89b；

第二，补画 Ⅱ 的左视图，如图 2-89c；

第三，补画 Ⅲ 的左视图，如图 2-89d；

第四，检查、描深。物体 Ⅱ、Ⅲ 两部分叠加后成为一整体，该范围内 Ⅱ 的原有分界面已不存在，即图 2-89d 中的 a''、b'' 间应无虚线，擦去此线并按规定线型描深其余图线，所补左视图如图 2-89e 所示。

(6) 构形设计

按照给定的一个视图，设计出尽量多的形体，并画出其他两视图，这样的过程称为构形设计。图 2-90 是给定物体的主视图后构形设计的三种结果。

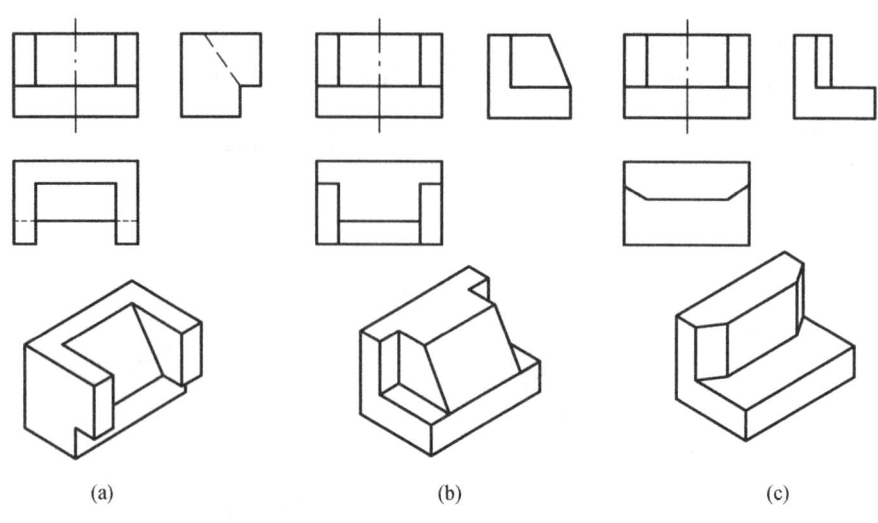

图 2-90 构形设计示例

构形设计和其他训练读图的方法一样，对于培养空间想象和构思能力具有较大作用。在进行构形设计时，应对已知视图进行深入的分析构思，才能获得更多合乎要求的设计。

2.2.4 轴测图

2.2.4.1 轴测投影的基本知识

视图（如图 2-91a 所示）能完整准确地表达物体的形状和大小，且作图方便，但这种图样直观性差，须具备一定的读图能力才能看懂。轴测投影（如图 2-91b 所示）能同时反映形体长、宽、高三个方向的形状，具有立体感强、形象直观的优点，但不能确切地表达形体原来的形状与大小，且作图较复杂，因而轴测图在工程上一般仅用作辅助图样。

1. 轴测投影的形成

将形体连同确定形体长、宽、高三个向度的直角坐标轴用平行投影的方法一起投射到某一投影面上所得到的投影，称为轴测投影。该投影面称为轴测投影面。用轴测投影方法绘制的图形，称为轴测投影图，简称轴测图，一般称直观图或立体图，如图

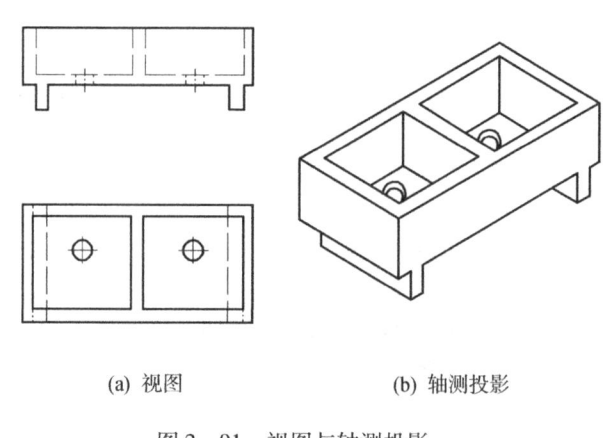

(a) 视图　　　　(b) 轴测投影

图 2-91 视图与轴测投影

2-92 所示。

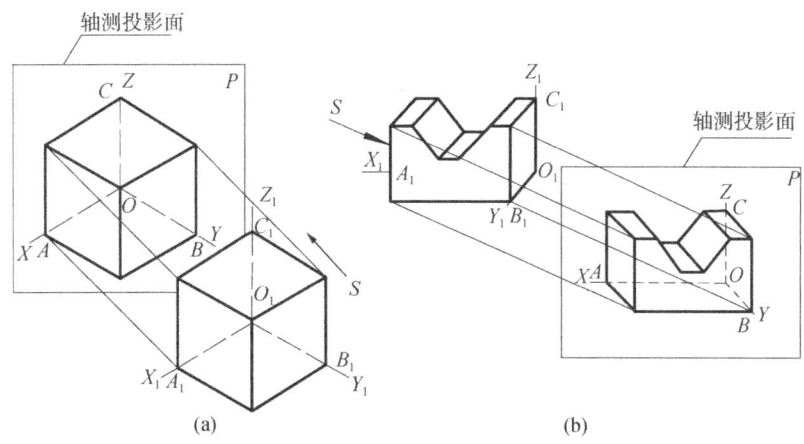

图 2-92 轴测投影的形成

2. 轴间角和轴向伸缩系数

(1) 轴间角

表示空间形体长、宽、高三个方向的直角坐标轴 O_1X_1、O_1Y_1、O_1Z_1 在轴测投影面上的投影 OX、OY、OZ 称为轴测轴。相邻两轴测轴之间的夹角 $\angle XOZ$、$\angle ZOY$、$\angle YOX$ 称为轴间角，三个轴间角之和为 360°。

(2) 轴向伸缩系数

轴测轴上某段长度与它的实长之比称为该轴的轴向伸缩系数。OX、OY、OZ 轴的轴向伸缩系数分别用 p、q、r 表示，即：

$$p = \frac{OA}{O_1A_1}; \quad q = \frac{OB}{O_1B_1}; \quad r = \frac{OC}{O_1C_1}。$$

3. 轴测投影的投影特性

(1) 物体上相互平行的线段，其轴测图仍保持平行。

(2) 物体上与坐标轴平行的线段，其轴测图必与相应的轴测轴平行，且其轴向伸缩系数与相应轴的轴向伸缩系数相等。

(3) 物体上平行于轴测投影面的直线和平面，在轴测图中反映直线的实长和平面的实形。

4. 轴测投影的分类

根据投射方向与轴测投影面的相对位置不同，轴测图可分为两类：

(1) 正轴测图：投射方向垂直于轴测投影面，确定物体的三个坐标面均倾斜于该轴测投影面，如图 2-92a 所示。

(2) 斜轴测图：投射方向倾斜于轴测投影面，并与物体的表面倾斜。物体的一个表面（或两个坐标轴）平行于轴测投影面，如图 2-92b 所示。

两类轴测投影按轴向伸缩系数不同又可分为三种：

$p = q = r$，称为正（或斜）等轴测投影，简称正等测或斜等测；

$p = q \neq r$ 或 $p \neq q = r$ 或 $p = r \neq q$，称为正（或斜）二轴测投影，简称正二测或斜二测；

$p \neq q \neq r$，称为正（或斜）三轴测投影，简称正三测或斜三测。

本节主要介绍常用的正等测和斜二测。

2.2.4.2 正等测图的画法

1. 正等轴测投影的轴间角和轴向伸缩系数

使空间形体连同其三个坐标轴与轴测投影面的倾角相等，所得到的正轴测投影图，称为正等轴测图。如图 2-93a 所示，正等测图的轴间角相等，均为 120°，三个轴测轴的轴向伸缩系数也相等，理论伸缩系数为 $p=q=r=0.82$。为作图简便，标准规定将其简化为 $p=q=r=1$，这样画出的轴测图，比按理论伸缩系数画出的轴测图放大了 1.22 倍，但对物体形状的表达没有影响，如图 2-93b 所示。如无特殊说明，均按简化轴向伸缩系数作图。

作图时，规定把 OZ 轴画成铅垂方向。

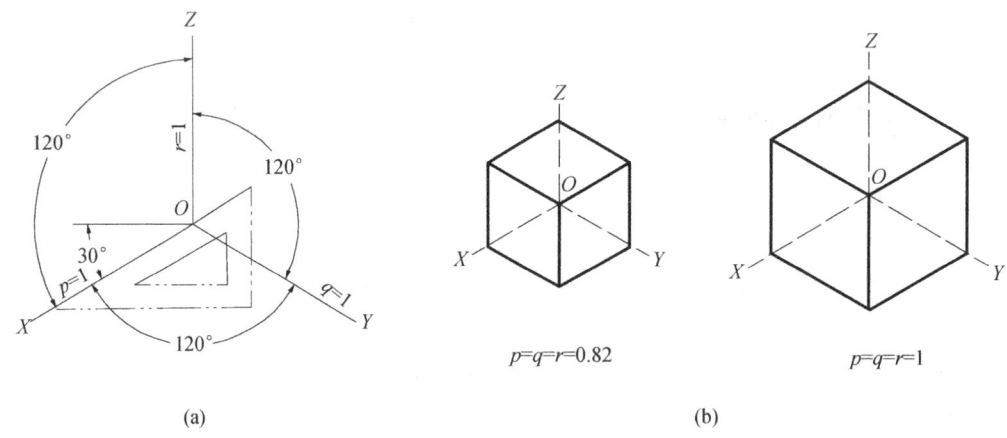

图 2-93 正等测图的轴间角和轴向伸缩系数

2. 平面体正等测图的画法

一般来说，正等轴测图是根据投影图来绘制的。读懂已知的两面或三面投影图是正确绘制正等测图的关键。绘制正等轴测图的一般方法和步骤如下：

①在投影图上标出物体上的直角坐标系。

②在合适位置画出参照轴测轴。

③画物体的正等测图。画出轴测投影后，不再保留轴测轴和作图线。同时，为使图形清晰，轴测图中虚线一般省略不画。

绘制正等测图的常用方法有：坐标法、特征面法、叠加法、切割法。其中坐标法是最基本的方法，其他方法可根据物体的形状特征灵活应用，也可联合使用。

（1）坐标法

利用平行坐标轴的线段量取相应尺寸，利用坐标确定物体上各顶点位置，并依次连接，这种方法称为坐标法。

【例 2-28】 作图 2-94a 所示四棱台的正等测图。

作图步骤：

①如图 2-94a，在投影图上确定 O_1X_1、O_1Y_1、O_1Z_1 及坐标原点 O_1。画出轴测轴 OX、

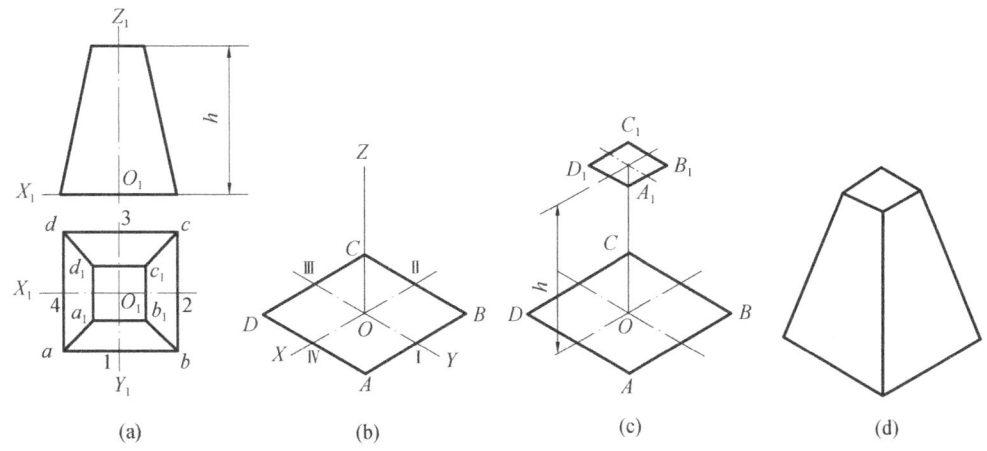

图 2-94 四棱台正等测图的画法

OY、OZ，见图 2-94b。

② 先用坐标法画出下底面的四个顶点，见图 2-94b。

③ 画上底面的四个顶点，如图 2-94c 所示。

④ 连上、下底面边线和棱线，虚线省略不画，检查后加深，如图 2-94d 所示。

（2）特征面法

特征面法适用于画柱类形体的轴测图。可先画出一个反映柱体形状特征的可见底面，再画出可见的棱线（平行于某一轴测轴），然后画出另一底面的可见轮廓线，这种方法称为特征面法。

【例 2-29】 作图 2-95a 所示形体的正等测图。

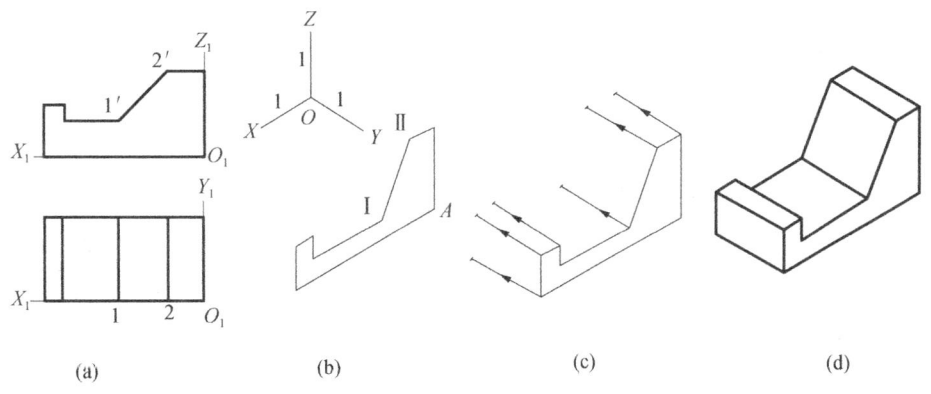

图 2-95 特征面法画正等测图

作图步骤：

① 设坐标原点、坐标轴，如图 2-95a 所示。

② 作形体前端面的正等测图，如图 2-95b 所示。

③ 过前端面各顶点向左后方引 OY 轴的平行线，并在其上截取物体的宽度，顺序连接各点得形体的后端面。擦去作图线，检查后加深，如图 2-95c、d 所示。

（3）叠加法

将叠加型的形体分解成几个基本形体，按其相对位置从主到次逐个画出各基本形体的轴测图，这种方法称为叠加法。

【例2-30】 作图2-96a所示形体的正等测图。

作图步骤：

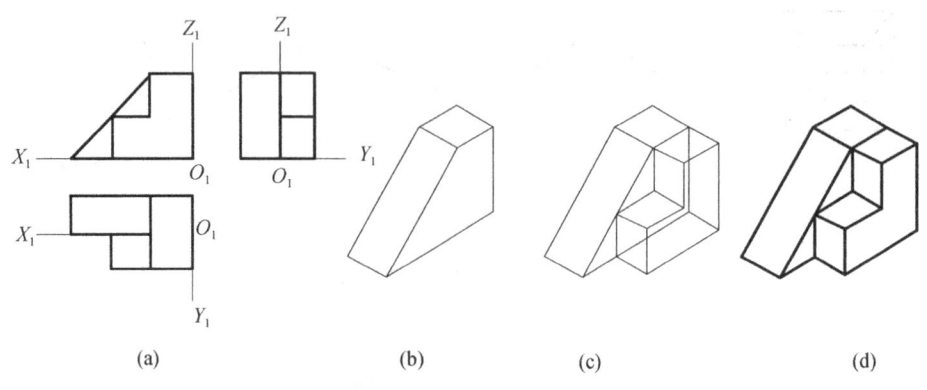

图2-96 叠加法画正等测图

①设坐标原点、坐标轴，如图2-96a所示。
②用特征面法画梯形柱体的正等测图，如图2-96b所示。
③准确定位，用特征面法画右前方L形柱体的正等测图。擦去作图线，检查后加深，如图2-96c、d所示。

（4）切割法

对切割型的形体，可将未切割前的形体看作一个完整的基本形体，先画出其轴测图，然后依次进行切割，切割时要注意各部分间的相对位置关系，这种方法称为切割法。

【例2-31】 作图2-97a所示形体的正等测图。

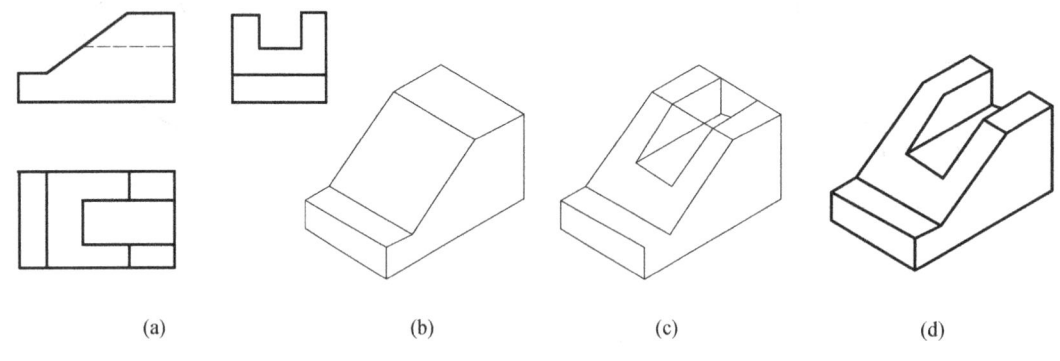

图2-97 切割法画正等测图

作图步骤：
①用特征面法画直棱柱的正等测图，如图2-97b所示。
②用坐标法确定切割面上各点的位置，依次进行切割，如图2-97c所示。
③擦去作图线，检查后加深，如图2-97d所示。

3. 常见曲面体正等测图的画法

曲面体正等测图的画法与平面体相同，作曲面体的轴测图，关键是掌握物体上圆的正等测图画法。

（1）平行于坐标面的圆的正等测图

平行于坐标面的圆的正等测图都是椭圆，三个椭圆的情况如图 2-98 所示。椭圆的长轴约等于 1.22D，短轴约等于 0.71D。其中 D 为圆的直径。

（2）椭圆的画法——四圆心法

画平行于坐标面的圆的正等测图（椭圆）一般采用四圆心法。这种方法是用四段圆弧近似画出椭圆，此法仅适用于圆的正等测图。

如图 2-99 所示，以平行于水平面的圆为例，介绍其作图步骤：

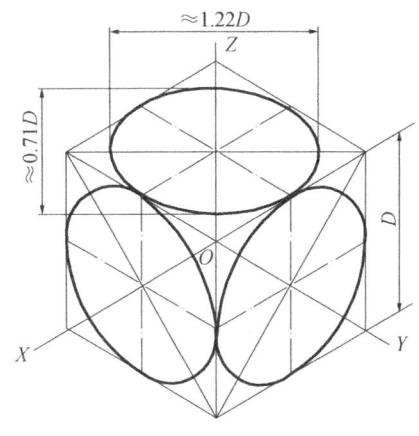

图 2-98 平行于坐标面的圆的正等测图

①选定圆水平和竖直方向的两条中心线为坐标轴 O_1X_1、O_1Y_1，作圆的外切正方形，如图 2-99a 所示。

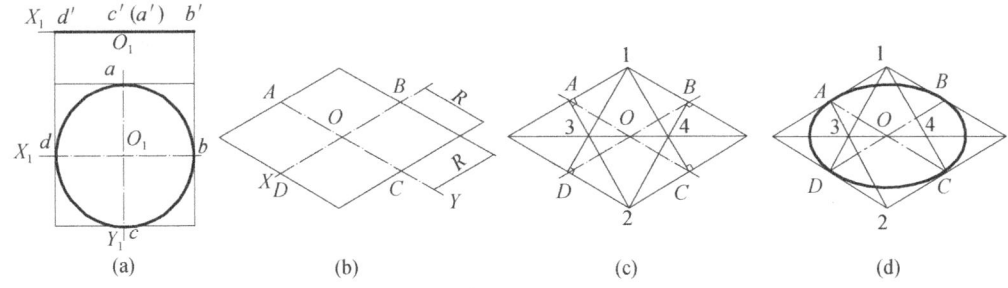

图 2-99 水平椭圆的正等测图画法

②画轴测轴 OX、OY，由其交点 O 分别沿 OX 和 OY 轴截取 OA、OB、OC、OD 等于圆的半径 R，再过 A、B、C、D 四点分别作 OX 和 OY 轴的平行线，得圆的外切正方形的正等测图菱形，如图 2-99b 所示。

③在菱形内作图，作菱形钝角顶点（1、2）与对边中点（A、B、C、D）的连线，即作菱形各边的中垂线 1C、1D（或 2A、2B），得交点 3、4，即得四个圆心 1、2、3、4，如图 2-99c 所示。

④分别以 1、2 为圆心，1C 或 2A 为半径画 AB、CD 两段大圆弧，再分别以 3、4 为圆心，3A 或 4B 为半径画 BC、DA 两段小圆弧，A、B、C、D 为各圆弧的连接点，完成作图，如图 2-99d 所示。

（3）圆角正等测图的画法

在物体上，经常会遇到圆角。圆角为四分之一圆，它的正等测图为四分之一椭圆，可采用四圆心法画图，如图 2-100 所示。图 2-100a 为带有圆角的形体的投影图。为画出该形体的正等测图，可先画出圆角所在的长方形平面的正等测图，然后由角顶点分别在角的两边上取圆角半径长度 $AB=AC=R(DE=DF=R)$，得圆弧的两个切点 B、$C(E$、$F)$，如图 2-100b

所示。再过两个切点分别作所在边的垂线，其交点 $O_1(O_2)$ 即为圆心，如图 2-100c 所示。以 O_1B 和 O_2E 为半径分别作相应圆弧得出圆角，如图 2-100d 所示。底面上圆角的作法，可将圆心和切点沿轴测轴方向（与圆角所在的坐标面垂直）取形体两底面的距离，将圆心和切点移到下底面，可直接画出下底面圆角，然后在两圆弧处作外公切线，如图 2-100e 所示，这种作图方法称为移心法。最后完成形体的正等测图，如图 2-100f 所示。

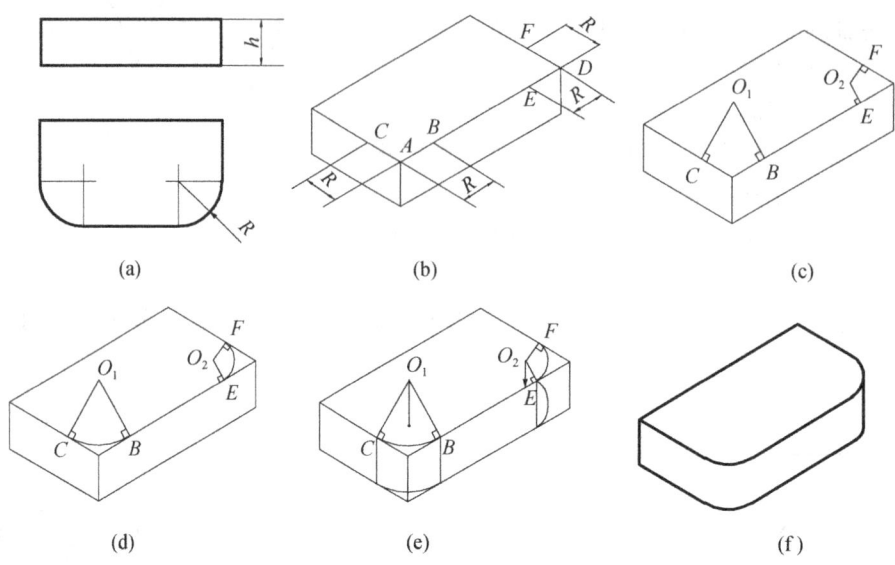

图 2-100 圆角的正等测图画法

（4）曲面体正等测图的画法

【例 2-32】 作图 2-101a 所示圆柱体的正等测图。

作图步骤：

①选定坐标轴 O_1X_1、O_1Y_1、O_1Z_1，如图 2-101a 所示。

②先用菱形法画上底面椭圆，然后将上底面椭圆的圆心及切点沿 OZ 轴向下移圆柱高

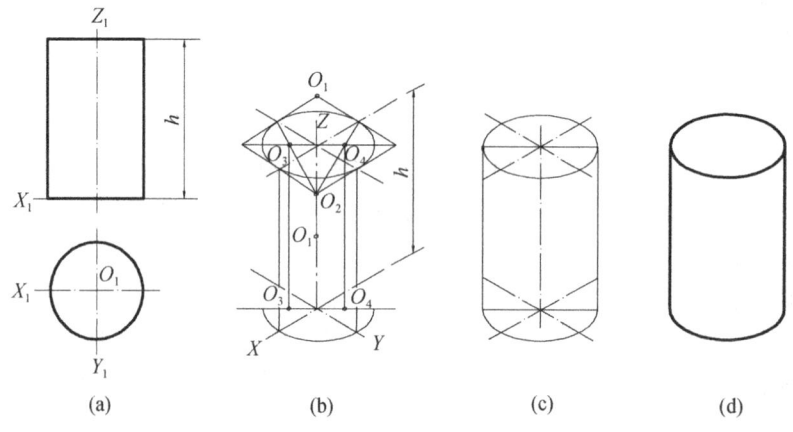

图 2-101 圆柱正等测图画法

h;可直接画出下底面椭圆（不可见轮廓线省略不画），如图2-101b所示。

③作平行于 OZ 轴的上、下底面两椭圆的公切线，如图2-101c所示。

④擦去作图线，检查后加深，完成作图，如图2-101d所示。

轴线垂直于正面或侧面的圆柱正等测图的画法与图2-101相同，但椭圆长轴的方向不同，如图2-102所示。

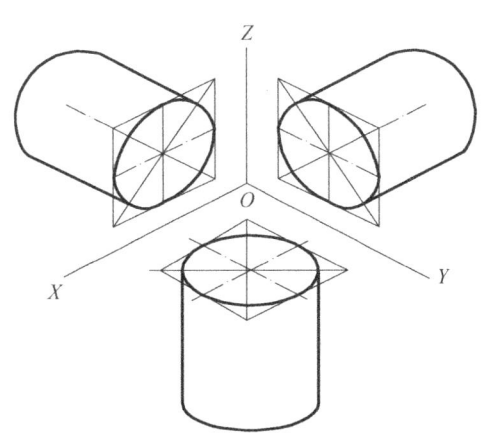

图2-102　三个方向圆柱的正等测图

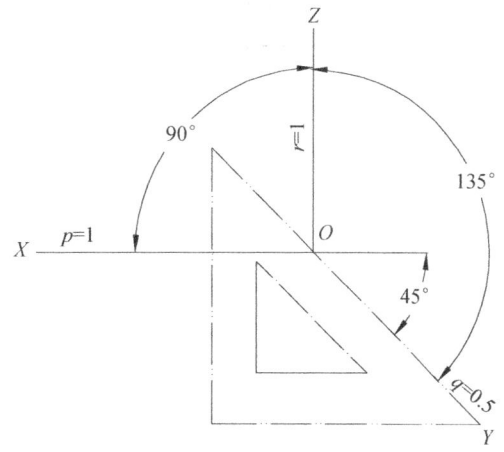

图2-103　斜二测图的轴间角和轴向伸缩系数

2.2.4.3　斜二等轴测图的画法

1. 斜二等轴测图

斜二等轴测图是指将物体上的 $X_1O_1Z_1$ 坐标面放置成与轴测投影面相互平行，用斜投影法得到的轴测图，简称斜二测。

如图2-103所示，斜二测图的轴间角 $\angle XOZ = 90°$，$\angle XOY = \angle YOZ = 135°$，轴向伸缩系数 $p = r = 1$，$q = 0.5$。作图时，OX 轴画成水平方向，OZ 轴画成竖直方向，OY 轴可用45°三角板配合丁字尺画出。

因 $X_1O_1Z_1$ 坐标面平行于轴测投影面，则物体上与正面相互平行的表面其斜二测图均反映实形。

斜二测图的作图方法与正等测图相同。为作图简便，画斜二测图时，一般使物体的特征面平行于轴测投影面，可直接画出特征面的实形，然后沿45°线方向引宽度线，并取宽度的二分之一，完成作图。

【例2-33】　作图2-104a所示挡土墙的斜二测图。

分析：可将挡土墙分解为一个直棱柱和一个三棱柱。可先用特征面法画出直棱柱体的斜二测图，再按三棱柱与直棱柱的相对位置将三棱柱叠加，此形体采用特征面法与叠加法联合作图。

作图：

①用特征面法画直棱柱体的斜二测图，注意宽度方向的尺寸应取为二分之一，如图2-104b所示。

②准确定位，再用特征面法画左后上方三棱柱的斜二测图，如图2-104c所示。

③擦去作图线，检查后加深，完成作图。

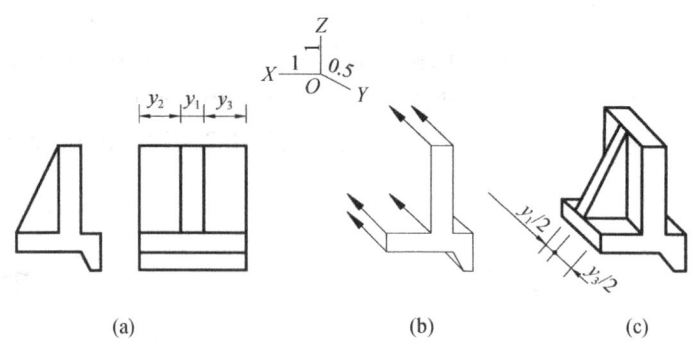

图 2-104 挡土墙斜二测图画法

2.2.5 第三角投影简介

如图 2-105 所示,三个互相垂直的投影面 V、H、W 在空间划分出 Ⅰ、Ⅱ、Ⅲ、Ⅳ 四个分角。

我国采用第一角投影,即将物体放在第一分角内,保持人—物体—投影面的相互位置关系,用正投影法获得物体视图的方法。

有些国家采用第三角投影,即将物体放在第三分角内,保持人—投影面(假定是透明的)—物体的相互位置关系,用正投影法获得物体视图的方法,如图 2-106 所示。

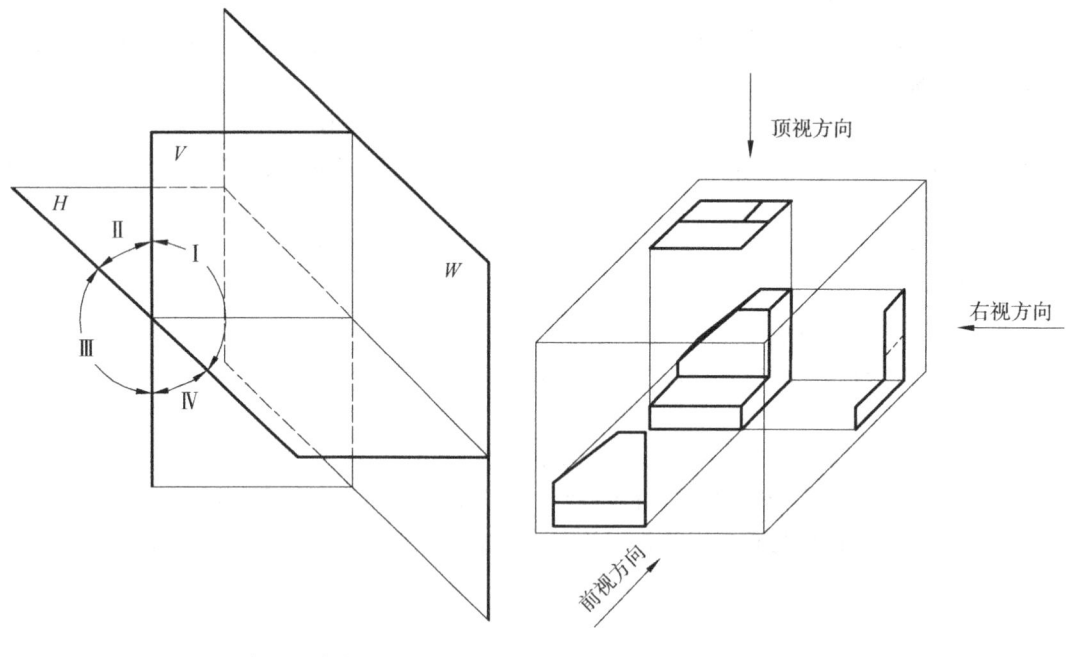

图 2-105 四个分角 　　　　　图 2-106 第三角投影的概念

在第三角投影中,由前向后投射所得的视图称为前视图,由上向下投射所得的视图称为顶视图,由右向左投射所得的视图称为右视图。

投影面展开的方法是：V 面保持不动，H 面向上、W 面向右分别绕与 V 面的交线旋转 90°。展开后的三视图位置如图 2-107 所示，顶视图在前视图的上方，右视图在前视图的右方。三视图之间仍符合"长对正、高平齐、宽相等"的投影规律。但应注意，第三角投影与第一角投影在视图上所反映的位置关系不同，其顶视图和右视图靠近前视图的一面是物体的前面，远离前视图的一面是物体的后面。

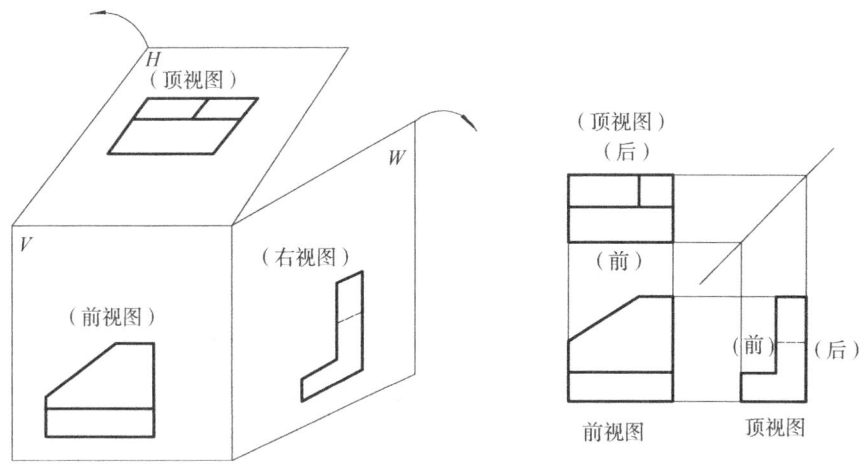

图 2-107　第三角投影的展开与投影关系

2.3　剖视图和剖面图

对于内部结构比较复杂的物体，用视图表达时虚线较多，不便于读图、绘图和标注尺寸。而且工程上常需要表示结构的断面形状及其所用材料。为此，工程上常用剖视图、剖面图的方法来表达比较复杂的物体。

2.3.1　剖视图的概念

2.3.1.1　剖视图的形成

假想用剖切平面剖开物体，将处在观察者和剖切平面之间的部分移去，而将其余的部分向投影面投影，并在剖切平面与物体接触部分画上代表材料符号的图形，称为剖视图，简称剖视，如图 2-108 所示。

2.3.1.2　剖视图的画法

以图 2-108 所示钢筋混凝土杯形基础为例说明画剖视图的步骤：

（1）确定剖切位置。为了表达物体内部结构的真实形状，剖切面的位置一般应平行于投影面，且与物体内部结构的对称面或轴线重合。图 2-108a、c 中剖切面即是平行于正投影面,且通过基础前、后方向的对称平面。

(2) 画剖视图轮廓线。先画剖切面与物体接触部分的轮廓线,然后再画剖切面后可见轮廓线。在剖视图中凡剖切面切到的剖面轮廓以及剖切面后的可见轮廓,都用粗实线画出,如图 2-108b 所示。

(3) 画剖面材料符号。在剖视图上剖切面与物体接触的部分称为剖面。国家标准规定在剖面上应画出该物体的材料符号,这样便于想象出物体的内外形状,并可区别于视图(本例剖面材料为钢筋混凝土)。最后加深完成全图,如图 2-108b 所示。

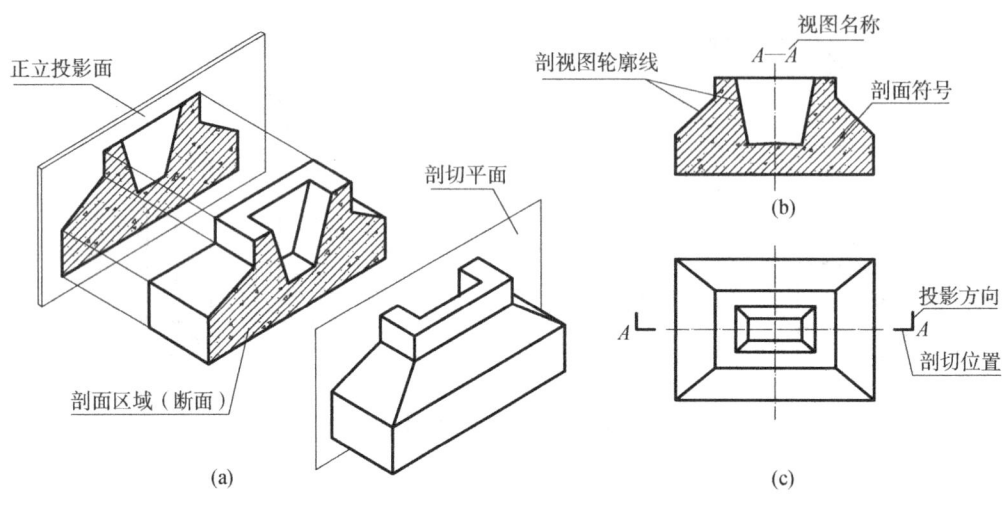

图 2-108 剖视图的形成

2.3.1.3 剖视图的标注

为了说明剖视图与有关视图的投影关系,制图标准规定,剖视图一般要进行标注。标注内容包括剖切符号和剖视图的名称。

1. 剖切符号

剖视图的剖切符号规定如下:

(1) 剖切符号应由剖切位置线和投影方向线组成一直角,两线均应以粗实线绘制。剖切位置线的长度宜为 5~10mm,投影方向线的长度宜为 4~6mm。绘图时,剖切符号不宜与图面上的图线接触,如图 2-108c 所示。

(2) 剖切符号的编号,宜采用阿拉伯数字或拉丁字母,按顺序由左至右、由下至上连续编号,并应注写在投影方向线的端部。

(3) 需要转折的剖切位置线,在转折处一般不标注字母或数字;但在转折处如与其他图线发生混淆,则应在转折的外侧加注相同的字母或数字。

2. 剖视图的名称

在剖视图的上方,用相同的两个字母或数字,中间用一字线连接(如"$A—A$")表示剖视图的名称,如图 2-108b 所示。

以上标注内容在一定条件下可部分或全部省略:当剖视图按投影关系配置,中间又无其他图形隔开时,可省略投影方向线;当剖切平面与物体的对称面重合,且剖视图按投影关系配置，中间又无其他图形隔开时，可全部省略标注。

2.3.1.4　画剖视图应注意的几个问题

（1）剖切平面一般平行于投影面，且通过物体的对称面或轴线。

（2）位于剖切平面后的可见轮廓线应全部画出，不要漏线。对剖切平面前表达外形的可见投影不要画出，否则多线。

（3）由于剖切是假想的，所以当某个视图用剖视表达后，并不影响其他视图。其他视图仍按其表达方法画出，且对于取剖视后，已表达清楚的结构和形状在其他视图中可省略虚线。

（4）在剖视图上，剖切面与物体的接触部分（断面）应画出该物体的材料符号。同一张图纸上，同一物体的所有剖视图上的剖面符号必须一致。

2.3.2　剖视图的剖切方法和种类

2.3.2.1　剖视图的剖切方法

由于物体的形状及内部结构不同，需采用不同的剖切方法。根据剖切平面的数量和相互关系不同可分为如下几种：

（1）用一个剖切面剖切，称单一剖，如图 2-109a 所示。

（2）用两个或两个以上平行的剖切面剖切，称阶梯剖，如图 2-109b 所示。

（3）用两个或两个以上相交的剖切面剖切，称旋转剖，如图 2-109c 所示。

（4）用组合的剖切平面（两种或多种剖切面组合）剖切，称复合剖，如图 2-116 所示。

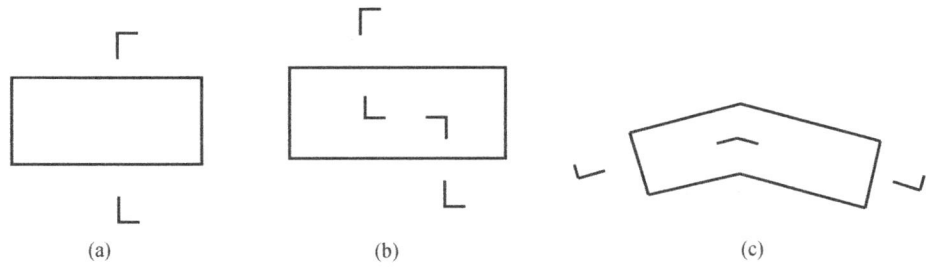

图 2-109　剖视图的剖切方法

2.3.2.2　剖视图的种类

不管采用何种剖切平面剖切物体，所得到的剖视图按剖切范围分为全剖视图、半剖视图和局部剖视图三类。

1. 全剖视图

用剖切平面完全地剖开物体后所得的剖视图称为全剖视图。

全剖视图一般适用于外形简单、内部结构比较复杂的物体，或在需要表达物体内部结构时采用。

图 2-110 所示的消力池，为了在主视图中清晰地表达消力池的底板和尾坎的轮廓，可采用全剖视图。其画法为：假想用一平行于正投影面的剖切平面 P，通过消力池的前后对称面将其剖开，移去前半部分，将其余部分向正投影面投射得到剖切面后面消力池的轮廓线，然后在剖切平面与消力池接触面上画上材料符号，从而得到了消力池全剖的主视图。其标注要求按前述"剖视图的标注"规定进行。

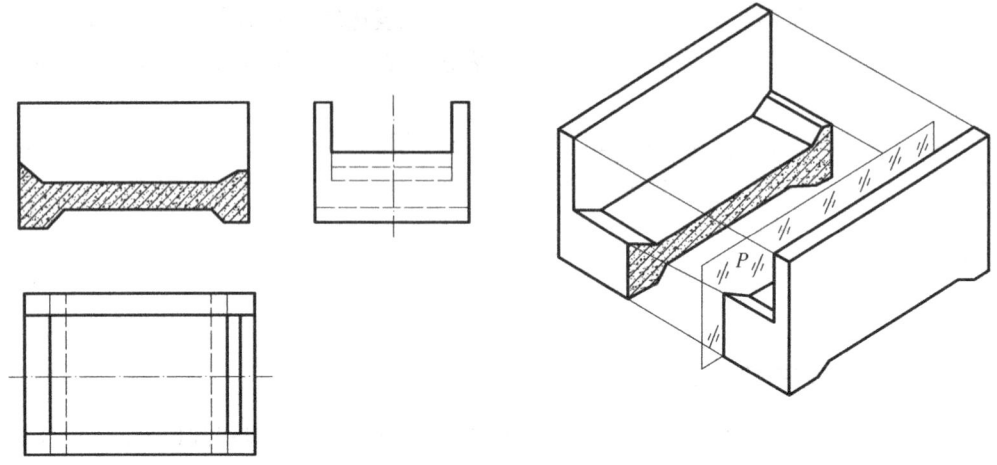

图 2-110　全剖视图

2. 半剖视图

当物体具有对称平面时，在垂直于对称平面的投影面上的投影，可以以中心线为界，一半画成剖视，另一半画成视图，这样的剖视图称为半剖视图。

半剖视图适用于内外形状均需表达的对称或基本对称的物体。

如图 2-111 所示的墩帽，其前后左右都对称，内外结构均需表达，若主、俯视图采用全剖视图，则外部结构未能表达清楚，若采用半剖视图，则内外结构都表达清楚了。其画法为：先画出对称中心线（细点画线），然后以对称线为界，一半画成视图，一半按全剖视图的作图方法画成剖视图，从而得到同时反映墩帽内外结构的主、俯视图的半剖视图。半剖视图的标注与全剖视图相同。

3. 局部剖视图

用剖切平面局部地剖开物体所得的剖视图称为局部剖视图。

局部剖视图主要用于内外形状均需表达但不对称的物体。

如图 2-112 所示的钢筋混凝土水管，其接头内外壁及管内壁均需表达，采用局部剖视图较合理。其画法为：先按画视图的方法画出水管的整体结构视图，然后在需要表达内部结构的局部画上波浪线，再按剖视图的画法把局部画成剖视图。剖切范围的大小，根据实际需要确定。

画局部剖视图时应注意：局部剖视图与视图的分界线应以波浪线作为分界。波浪线不应与图形上的其他图线重合。波浪线相当于物体断裂处的痕迹，因此波浪线只能画在实体处，也不能超出剖切范围的视图的轮廓线，如图 2-113 所示。局部剖视图一般不需标注。

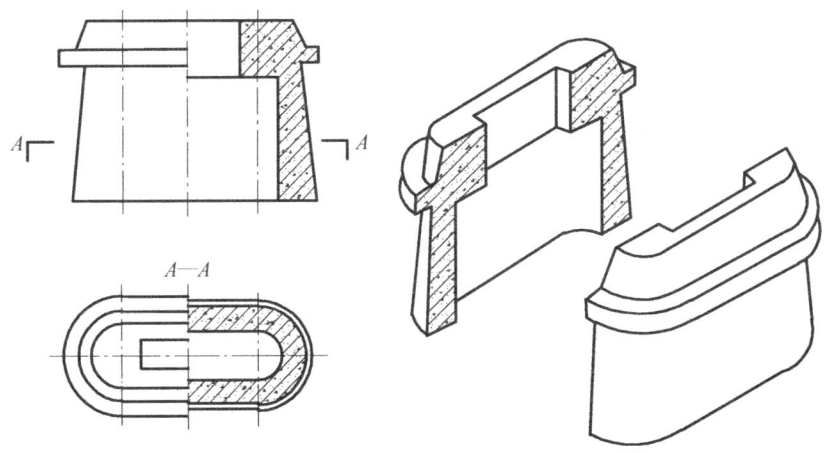

图 2-111 半剖视图

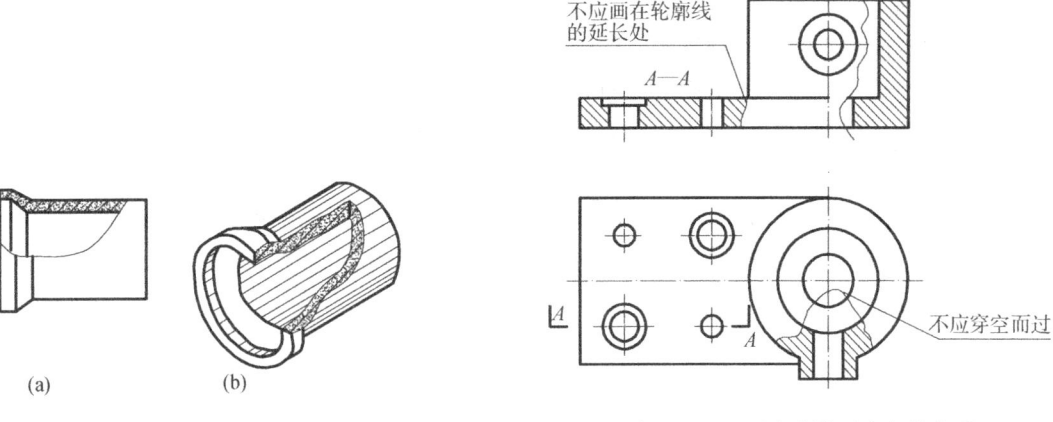

图 2-112 局部剖视图　　　　　　图 2-113 画波浪线要注意的事项

4. 阶梯剖视图

用几个互相平行的剖切平面剖开物体所得的剖视图称为阶梯剖视图。如图 2-114 所示水闸的"B—B"剖视图，表达了水闸的消力池段与出水口段的结构。

画阶梯剖视图时应注意：

①剖切平面转折处不应与视图中的轮廓线重合。

②在剖视图中，各个剖切平面的转折处不应画出分界线。

③阶梯剖视图必须在剖视图的上方标注剖视图名称"×—×"，在相应的视图中在剖切平面的起讫、转折处画出剖切符号，注上相同的字母，如图 2-114 所示。

5. 旋转剖视图

用两个相交的剖切平面剖开物体所得的剖视图称为旋转剖视图。如图 2-115 所示的集水井的"A—A"剖视图。

绘制旋转剖视时，先按剖切位置剖开物体，然后将被剖切平面剖开的结构及其有关部

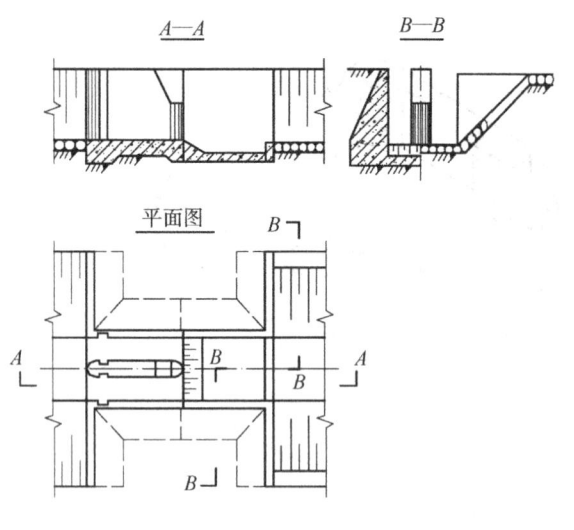

图 2-114 阶梯剖视图

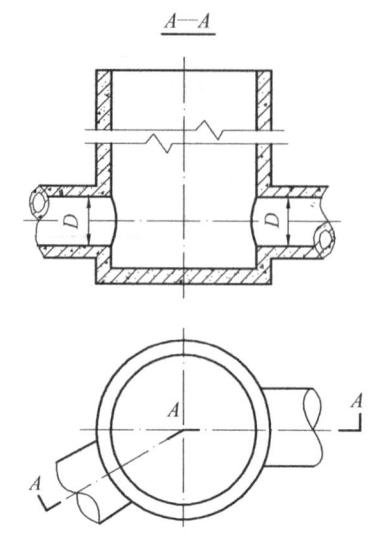

图 2-115 旋转剖视图

分旋转到与选定的投影面平行,再进行投影。

画旋转剖视图应注意:

①剖切平面的交线应与物体的回转轴线重合。

②在剖切平面后的其他结构仍按原来位置投射。

③旋转剖视图必须标注,其标注方法与阶梯剖视图相似。

6. 复合剖视图

除阶梯剖、旋转剖以外,用组合的剖切平面剖开物体所得的剖视图称为复合剖视图。

如图 2-116 所示混凝土坝内廊道结构,其俯视图采用了两个水平面和一个正垂面剖开所获得的复合剖视图。

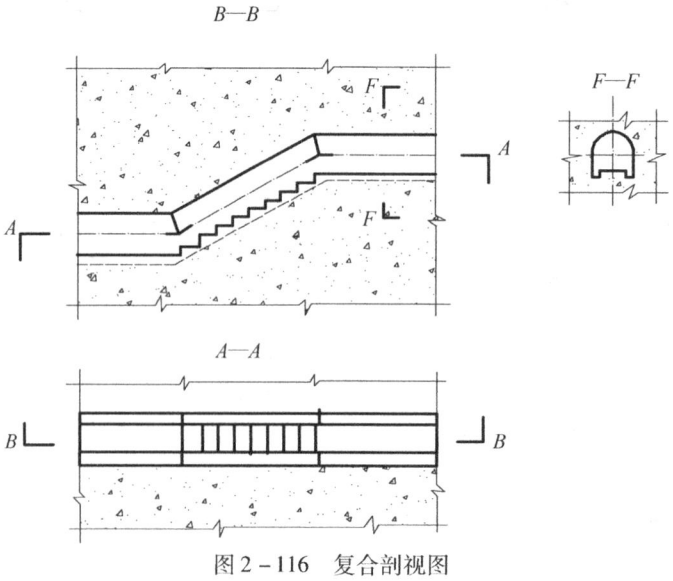

图 2-116 复合剖视图

复合剖视图的标注方法与阶梯剖、旋转剖相同。

2.3.3 剖视图的尺寸标注

在剖视图上标注尺寸的方法和规则与组合体的尺寸注法相同，为使尺寸清晰，应根据剖视图的表达特点进行标注。

(1) 外形尺寸和内部结构尺寸应分开标注。物体的外形尺寸应尽量标注在视图附近，如图 2-117a 中长度方向尺寸 60、40、450。表达内部结构的尺寸应尽量标注在剖视图附近，如图 2-117a 中的长度尺寸 50。

(2) 在半剖视图和局部剖视图上注写内部结构尺寸时，只画一边的尺寸界线和箭头。这些尺寸线要稍许超过对称中心线，但尺寸数字应注写整个结构的尺寸，如图 2-117a 中的 $\phi 210$、$\phi 150$，图 2-117b 中的尺寸 600、500。

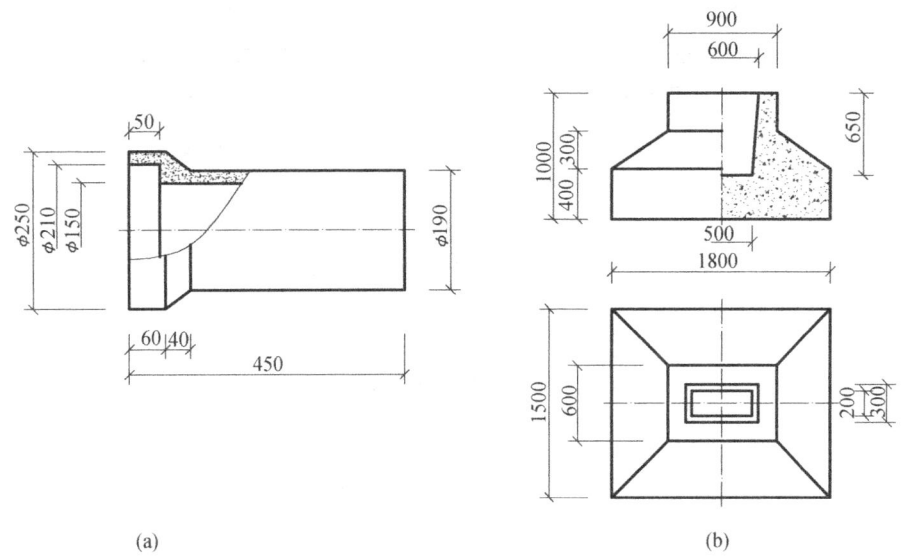

图 2-117 剖视图的尺寸标注

2.3.4 剖面图的概念、画法及标注

2.3.4.1 剖面图的概念

假想用剖切平面将物体切断，仅画出物体与剖切平面接触部分的图形称为剖面图，简称剖面，又称断面图，如图 2-118b 所示。

剖面图与剖视图是两种不同的图形，如图 2-118b、c 所示。剖视图要画出物体剖开后的断面和剖切平面后的物体的投影，主要用来表达物体的内部结构。而剖面图只画出物体剖开后断面的投影，主要用来表达物体某局部的断面形状。

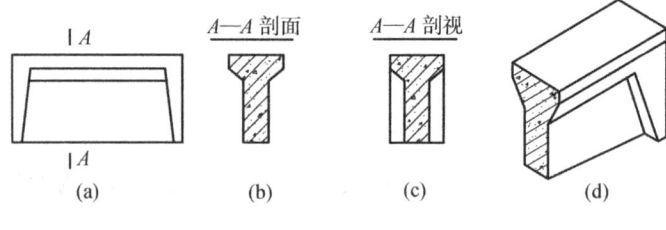

图 2-118 剖面图的概念

2.3.4.2 剖面图的种类

根据剖面图的配置位置不同,剖面图分为移出剖面和重合剖面两种。

1. 移出剖面

画在图形外的剖面称为移出剖面,如图 2-119 所示。

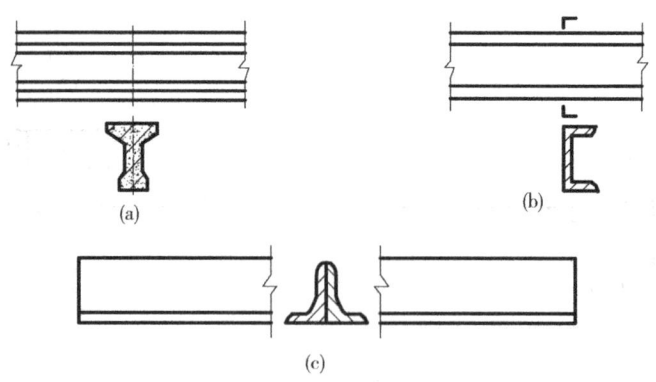

图 2-119 移出剖面

2. 重合剖面

画在图形内的剖面称为重合剖面,如图 2-120 所示。

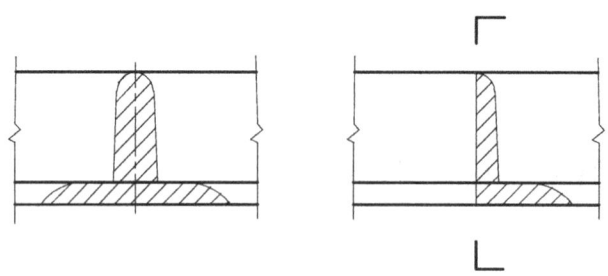

图 2-120 重合剖面

2.3.4.3 剖面图的画法及标注

1. 移出剖面的画法及标注

移出剖面的轮廓线用粗实线绘制。根据其配置位置不同,标注要求也不同:

（1）当移出剖面配置在剖切位置的延长线且断面形状对称时，可不标注，仅在视图中用点画线表示剖切位置，如图 2-119a 所示。当移出剖面配置在剖切位置的延长线而断面形状不对称时，可省略字母，只标注剖切位置和投射方向，如图 2-119b 所示。

（2）配置在视图中断处的对称移出剖面，也可省略标注，如图 2-119c 所示。

（3）配置在投射方向上的移出剖面，可省略投射方向，但要标注剖切位置和剖面图名称"×—×"，如图 2-118 所示。其他情况的剖面图一般进行全标注。

2. 重合剖面的画法及标注

（1）重合剖面的画法

重合剖面的轮廓线用细实线绘制。当视图中的轮廓线与重合断面的轮廓线重合时，视图中的轮廓线仍应连续画出，不可间断。

（2）重合剖面的标注

对称的重合剖面不必标注。不对称的重合剖面应标注剖切位置和投射方向，如图 2-120 所示。

2.3.5 视图表达综合应用读图举例

前面介绍了工程形体的一些常用表达方法。在具体表示一个形体时，要根据形体的实际情况选择适当的视图、剖视图和剖面图等各种方法，将形体完整、清晰地表示出来。

阅读方法仍然是形体分析法和线面分析法。在识读剖视图和剖面图时，首先应根据剖视图和剖面图的名称在有关视图上找出相应的剖切位置和投射方向，弄清它们与相应视图间的投影关系，看懂断面形状，区分空心部分和实心部分，不仅要看懂形体被剖切后的内部形状，还要分析被剖去部分的外部形状。

【例 2-34】 分析图 2-121a 所示涵洞的一组视图，想象涵洞的结构形状。

①分析视图

由 2-121a 所示涵洞的一组视图可以看出，涵洞按工作位置放置，共采用了三个基本视图、一个局部视图和一个移出剖面。其中主视图采用全剖视图，左视图采用半剖视图。$A—A$ 剖视图着重表达洞身、底板的内部结构形状及材料。$B—B$ 半剖视图除表达进口段底板、翼墙和胸墙的立面外形外，同时表达洞身的形状特征。平面图表达平面布置情况。D 向局部视图表达底板凹槽的形状。$C—C$ 剖面图表达翼墙的断面形状及材料。

②分部分，想形状

由 $A—A$ 剖视图可知，涵洞分为四个部分，下部为底板、上部自左至右分别为两侧翼墙、胸墙和洞身。由主视图、左视图、平面图和局部视图可知底板为棱柱体，并在下面挖出一个六棱柱槽。以左视图为主，结合主视图和平面图可知洞身为拱形柱体。由平面图可知翼墙平面布置形式，$A—A$、$B—B$ 剖视图表达了翼墙立面外形，$C—C$ 表达了翼墙断面形状及材料。由三个基本视图可知胸墙的基本形状为梯形。

③综合起来想整体

以 $A—A$ 剖视图和平面图为主，分析各部分的相对位置，想象涵洞的结构形状为：底板在下，是涵洞的基础，其上自左向右依次为八字形翼墙、胸墙和拱形洞身，如图 2-121b 所示。

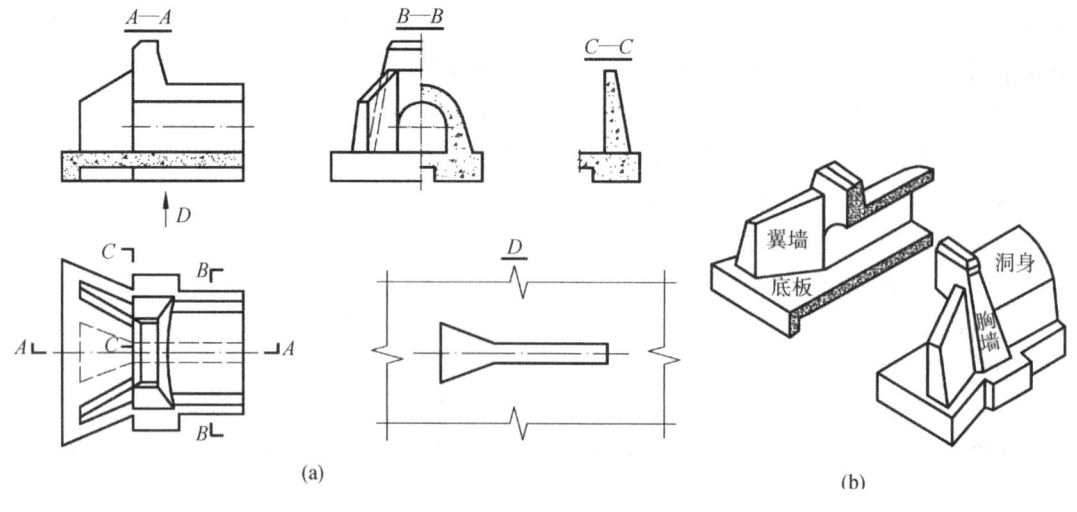

图 2-121 涵洞视图识读

2.4 标高投影

2.4.1 标高投影的基本概念

水工建筑物是修建在地面上的，因此在水利工程的设计和施工前，常需在测绘单位绘制的地形图上表示工程建筑物和图解的有关问题。但地面形状是复杂的，且一般水平尺寸比高度尺寸大得多，用多面正投影或轴测图都很难表达清楚。因此，人们在生产实践中总结了一种适合于表达复杂曲面和地形面的投影——标高投影。

用多面正投影表达物体时，当水平投影确定以后，其他投影主要用于表达物体上各特征点、线、面高度。如能在物体水平投影中直接注明这些特征点、线、面的高度，那么只用一个水平投影也完全可以确定该物体的空间形状和位置。如图 2-122a 所示的正四棱台可以用图 2-122b 表示：在其水平投影上标出其上、下底面的高程数值 2.40 和 0.00，为了增强图形的立体感，斜面上画上示坡线，为度量其水平投影的大小，还需标明绘图比例或绘制出比例尺。这种用水平投影加注高程数值来表示空间形体的单面正投影称为标高投影。标高投影图包括水平投影、高程数值、绘图比例三要素。

标高投影图中的高程数值称为高程或标高，它是以某水平面作为计算标准的，标准

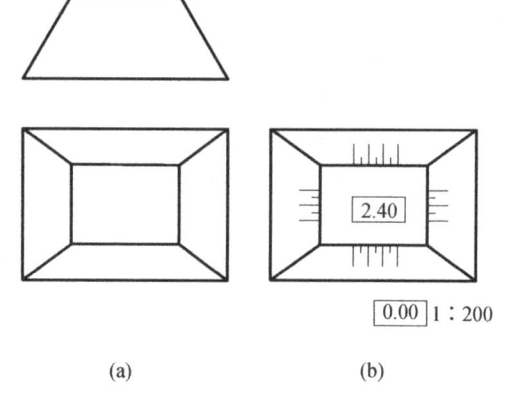

图 2-122 标高投影的概念

规定基准面高程为零,基准面以上高程为正,基准面以下高程为负。在水利工程图中一般采用与测量一致的基准面(即青岛黄海海平面),以此为基准的高程称为绝对高程;以其他面为基准标出的高程称为相对高程。标高的常用单位是米,一般不需注明。

2.4.2 点、直线和平面的标高投影

2.4.2.1 点的标高投影

如图 2-123a 所示,首先选择水平面 H 为基准面,规定其高程为零,点 A 在 H 面上方 3 m,点 B 在 H 面上方 5 m,点 C 在 H 面下方 2 m。若在 A、B、C 三点水平投影的右下角注上其高程数值即 a_3、b_5、c_{-2},再加上图示比例尺,就得到 A、B、C 三点的标高投影,如图 2-123b 所示。

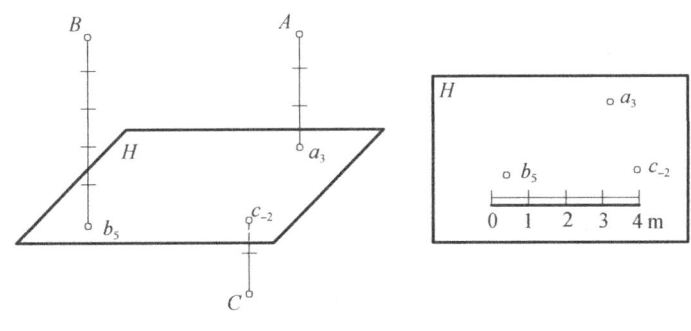

图 2-123 点的标高投影

2.4.2.2 直线的标高投影

1. 直线的坡度和平距

直线上任意两点间的高差与水平投影长度之比称为直线的坡度,用 i 表示。如图 2-124a 所示,直线两端点 A、B 的高差为 ΔH,水平投影长度为 L,直线 A、B 对 H 面的倾角为 α,则得:

$$i = \frac{\Delta H}{L} = \tan\alpha$$

图 2-124 中 AB 直线的高差为 2 m,水平投影长度为 4 m(用比例尺在图中量得),则该直线的坡度 $i = 2/4 = 1/2$,常写成 1:2 的形式。

在以后作图中还常常用到平距的概念,平距用 l 表示。直线的平距是指直线上两点的高差为 1 m 时水平投影长度的数值。即:

$$l = \frac{L}{\Delta H} = \cot\alpha$$

由此可见,平距与坡度互为倒数,它们均可

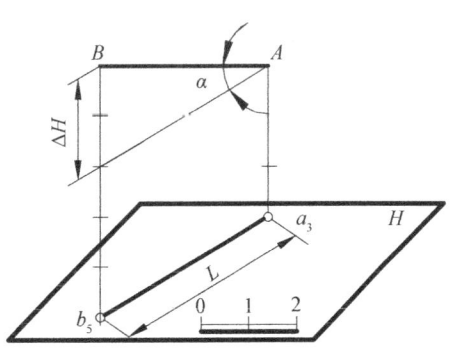

图 2-124 直线的坡度和平距

反映直线对 H 面的倾斜程度。如图 2-124 中直线的坡度 $i=1:2$，则平距 $l=2$，即此直线上两点的高度差为 1 m 时，其水平投影长度为 2 m。

2. 直线的表示方法

直线的空间位置可由直线上的两点确定，或由直线上的一点及直线的方向来确定，相应的直线在标高投影中也有两种表示方法：

（1）用直线上两点的高程和直线的水平投影表示，如图 2-125a 所示。

（2）用直线上一点的高程和直线的方向来表示，直线的方向规定用坡度和箭头来表示，箭头指向下坡方向，如图 2-125b 所示。

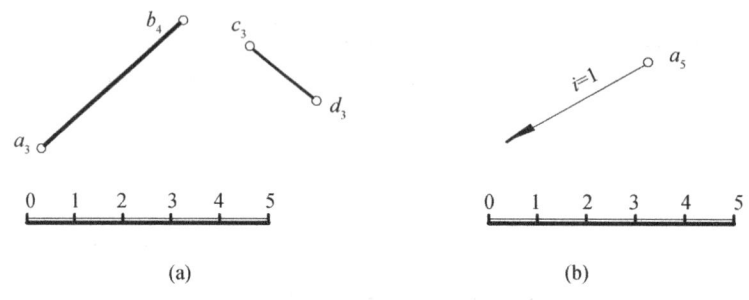

图 2-125 直线的标高投影

3. 直线上高程点的求法

在已知直线中，因直线的坡度是一定的，所以已知直线上任意一点的高程就可以确定该点标高投影的位置，已知直线上某点高程的位置，就能计算出该点的高程。

【例 2-35】 如图 2-126a 所示，已知直线 AB 的标高投影 $a_{8.5}$、$b_{3.5}$，求点 C 的高程和直线 AB 上各整数高程点的投影。

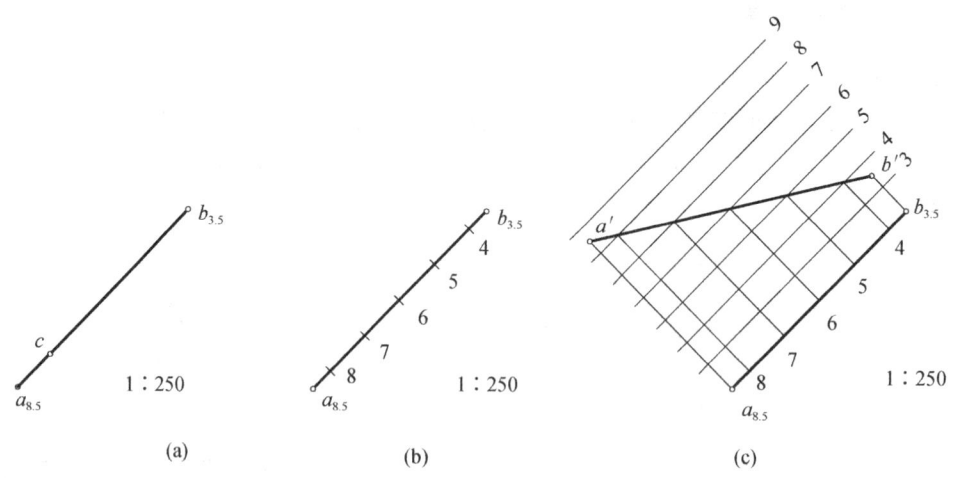

图 2-126 求直线上的整数高程点

分析：

因直线的标高投影已知，所以可求出该直线的坡度 i 与平距 l。根据 $\Delta H = i \times l$，在图中量取 L_{AC}，即可得 ΔH_{AC}，进而求出点 C 的高程。直线段上各整数高程点的标高投影可用计算法或图解法求得。

作图：

①求点 C 的高程。其方法如下：

由已知得：$\Delta H_{AB} = 8.5 - 3.5 = 5$ m，用图中比例尺量得 $L_{AB} = 10$ m、$L_{AC} = 2.5$ m

计算直线坡度：$i = \dfrac{\Delta H_{AB}}{L_{AB}} = \dfrac{5}{10} = \dfrac{1}{2}$

计算直线平距：$l_{AB} = \dfrac{1}{i} = 2$

计算 A、C 两点高差：$\Delta H_{AC} = L_{AC} \times i = 2.5 \times \dfrac{1}{2} = 1.25$ m

计算 C 点的高程：$H_C = H_A - \Delta H_{AC} = 8.5 - 1.25 = 7.25$ m

（2）求整数高程点。其方法如下：

计算法：如图 2-126b 所示，因 $l = 2$，可知高程为 4、5、6、7、8 各点间的水平距离均为 2 m，高程 8 m 的点与高程 8.5 m 的点 A 之间的距离 $L = \Delta H \times l = (8.5 - 8) \times 2 = 1$ m。从 $a_{8.5}$ 沿 ab 方向依次量取 1 m 和 4 个 2 m 就得到高程为 8、7、6、5、4 m 的整数高程点。

图解法：如图 2-126c 所示，作辅助铅垂面 $V /\!/ AB$，在 V 面上画出直线 AB 的 V 面投影 $a'b'$，从 $a'b'$ 与各整数标高的水平线的交点，向 ab 作垂线，垂足 8、7、6、5、4 即为直线上的整数高程点的投影。作辅助正投影时所采用的比例尺与标高投影的比例一致，则 $a'b'$ 反映实长，它与水平线的夹角反映直线 AB 对 H 面的倾角。

2.4.2.3 平面的标高投影

1. 平面的等高线和坡度线

平面上的等高线是平面上高程相同点的集合，即是该平面上的水平线，也可以看成是水平面与该面的交线。图 2-127a 所示为平面 P 内等高线的空间情况，图 2-127b 是平面 P 内等高线的标高投影。当相邻等高线的高差为 1 m 时，等高线间的水平距离 l 称为等高线的平距。

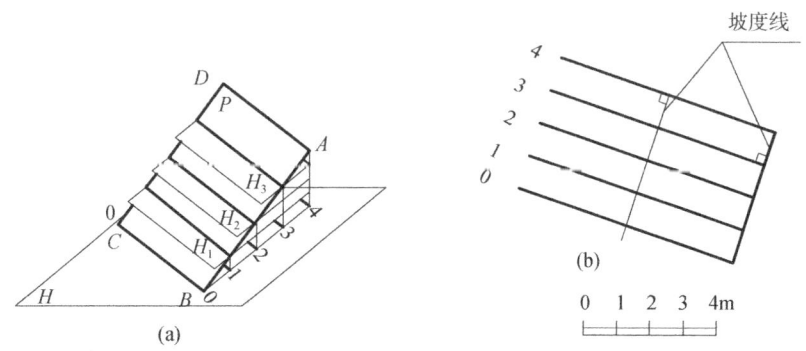

图 2-127 平面的等高线和坡度线

从图中可以看出平面上等高线有以下特性：

① 等高线是直线;
② 等高线相互平行;
③ 等高线间高差相等时,其水平间距也相等。

平面上垂直于等高线的直线就是平面上的坡度线,坡度线是平面内对 H 面的最大斜度线,有以下特性:平面上的坡度线与等高线的标高投影垂直,如图 2-127b 所示。因为直线 AB 垂直于等高线 BC,根据等高线垂直投影定理,可知 $ab \perp bc$。平面上坡度线的坡度代表该平面的坡度,坡度线对 H 面的倾角 α 代表平面对 H 面的倾角 α,坡度线的平距就是平面上等高线的平距。

2. 平面的表示方法

在标高投影中,平面用几何元素的标高投影来表示。常用的表示方法是:

(1) 用平面上一条等高线和一条坡度线(或两条等高线)来表示平面,如图 2-128b 所示,其空间位置如图 2-128a 中 $AEDC$ 平面。

(2) 用平面上的一条倾斜直线和平面的坡度以及大致坡向来表示平面,如图 2-128d 所示。其空间位置如图 2-128a 中 ABC 平面。

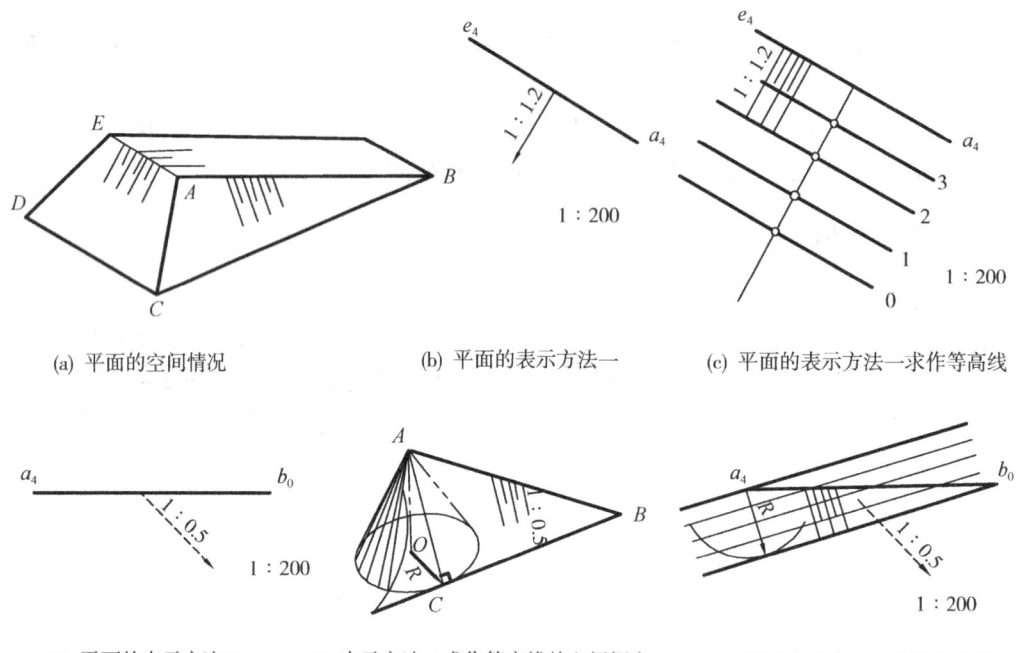

(a) 平面的空间情况　　(b) 平面的表示方法一　　(c) 平面的表示方法一求作等高线

(d) 平面的表示方法二　　(e) 表示方法二求作等高线的空间概念　　(f) 平面表示方法二求作等高线

图 2-128　平面的表示方法及平面内等高线的求法

3. 平面内等高线的求法

在实际工程中,绘制标高投影图时常需画出平面上一系列的等高线,平面的表示方法不同,求作平面内等高线的方法也不同。

【例 2-36】　求作图 2-128b 所示平面内高程为 3、2、1、0 的等高线,并画出示坡线。

分析:

根据平面上等高线的特性可知,所求等高线与已知等高线 a_4e_4 平行,又知该平面的坡度（即坡度线的坡度）为 1 : 1.2，所以求作该平面上的等高线，只需在坡度线上求作。

作图：

如图 2-128a 所示，根据坡度 $i = 1 : 1.2$，已知 $l = 1.2$，沿坡度线的方向从高程为 4 的点，依次量取 4 个平距，即得该坡度线上高程为 3、2、1、0 的点。过各点作已知等高线 a_4e_4 的平行线，即得平面内高程为 3、2、1、0 的等高线。然后画出该平面上的示坡线，示坡线垂直于等高线，与坡度线方向一致，由高指向低，用细实线表示，长短相间，相互平行。

【例 2-37】 已知图 2-128d 所示平面内一条倾斜直线 a_4b_0 和平面的坡度 $i = 1 : 0.5$，其中虚线的箭头表示平面的大致坡向，试作平面上高程为 3、2、1、0 的等高线，并画出示坡线。

分析：

求作用一条倾斜直线、平面的坡度及大致坡向来表示的平面内的等高线，应先求出平面上任一条等高线，然后可采用例 2-35 的解法。本题中，已知点 A 的高程为 4，点 B 的高程为 0，平面的坡度 $i = 1 : 0.5$，即平面上坡度线的坡度为 1 : 0.5，但其坡度线的准确方向需先作出平面上的等高线后才能确定，该平面上高程为 0 的等高线必通过点 b_0，且与 a_4 相距 $L = l \times \Delta H = 0.5 \times 4 = 2$ m。

求作该平面上高程为 0 的等高线的方法可理解为：如图 2-128e 所示，以点 A 为锥顶，作一素线坡度为 1 : 0.5 的正圆锥，此圆锥与高程为 0 的水平面交于一圆，此圆半径为 2 m，从点 B 作该圆的切线即为该平面上高程为 0 的等高线。

作图：

如图 2-128f 所示，以 a_4 为圆心，以 $R = 2$ m 为半径画圆，然后由 b_0 向该圆作切线，即得该平面上高程为 0 的等高线。过 a_4 作高程为 0 的等高线的垂线即为平面的坡度线。然后按上题方法依次求出其他等高线，并画出示坡线。

2.4.2.4 平面与平面的交线

在标高投影中，求两平面的交线时，通常采用水平面作为辅助面。水平辅助面与两相交平面的截交线是两条相同高程的等高线。由此可得：两平面同高程等高线的交点就是两平面的共有点。求出两个共有点，就可以确定两平面交线的投影。如图 2-129a 所示，求

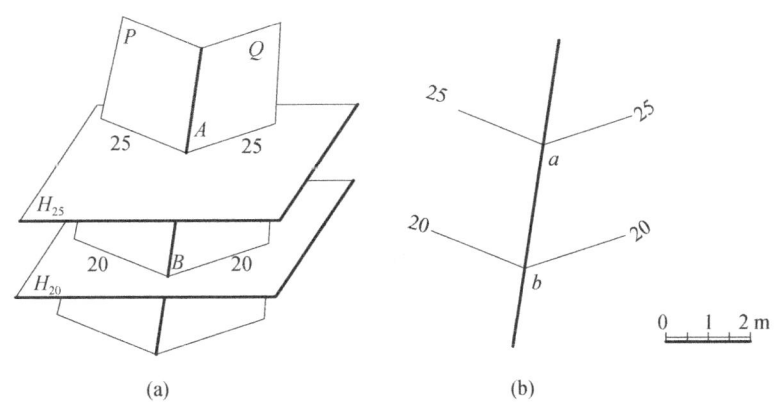

图 2-129 两平面的交线

作两平面 P、Q 的交线，可假想先作出两个水平辅助面 H_{25} 和 H_{20} 与 P、Q 两平面相交，得两组等高线 25 和 20，画出两组等高线然后把同高程等高线的交点 A、B 相连，即得 P、Q 两平面的交线 AB。其标高投影如图 2-129b 所示。

在实际工程中，把建筑物两平面的交线称为坡面交线，坡面与地面的交线称为坡脚线（填方边界线）或开挖线（挖方边界线）。

【例 2-38】 已知地面高程为 10 m，基坑底面高程为 6 m，坑底的大小形状和各坡面坡度如图 2-130a 所示，完成基坑开挖后的标高投影图。

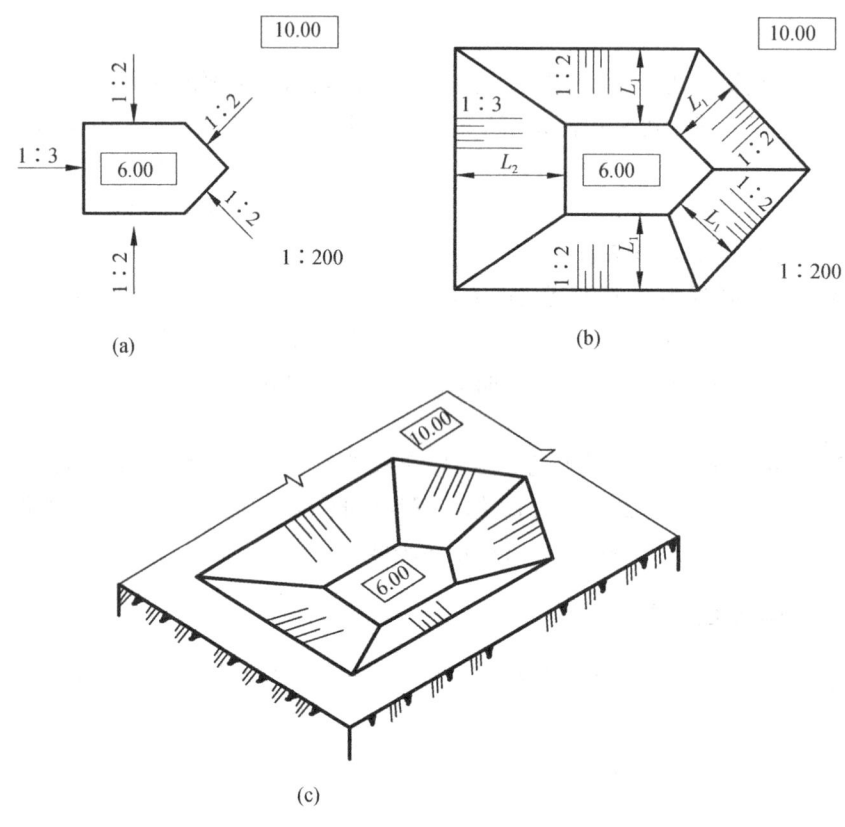

图 2-130 基坑的标高投影

分析：

本题需求两类交线：一类是开挖线即各坡面与地面的交线，故交线是各坡面高程为 10 m 的等高线，共 5 条直线。因各坡面都是用一条等高线和一条坡度线来表示的，所以求作各开挖线只需沿坡度线找到 10 m 的高程点，然后作已知等高线的平行线即可得。另一类是坡面交线即相邻坡面的交线，它是相邻坡面上两组同高程等高线的交点的连线，共 5 条直线，如图 2-130c 所示。

作图：

①求开挖线。坑底边线是各坡面高程为 6 m 的等高线。开挖线是各坡面高程为 10 m 的等高线，两等高线的水平距离 $L = \Delta H \times l = 4 \times l$，当 $l = 2$ 时，$L_1 = 2 \times 4 = 8$ m；当 $l = 3$

时，$L_2 = 3 \times 4 = 12$ m。根据所求的水平距离按图示比例尺沿各坡面坡度线分别量取 $L_1 = 8$ m 和 $L_2 = 12$ m，得各坡面上的 10 m 高程点，过点作坑底边平行线，完成作图，如图 2 – 130b 所示。

②求坡面交线。直线连接相邻两坡面同高程等高线的交点，即得相邻两坡面交线。共 5 条坡面交线，如图 2 – 130b 所示。

【例 2 – 39】 如图 2 – 131a 所示，在高程为 0 m 的地面上修建一平台，台顶高程为 4 m，从台顶到地面有一斜坡引道，坡度为 1∶3.5，平台的坡面为 1∶1.5，斜坡引道两侧的坡度为 1∶1，试完成平台和斜坡道的标高投影图。

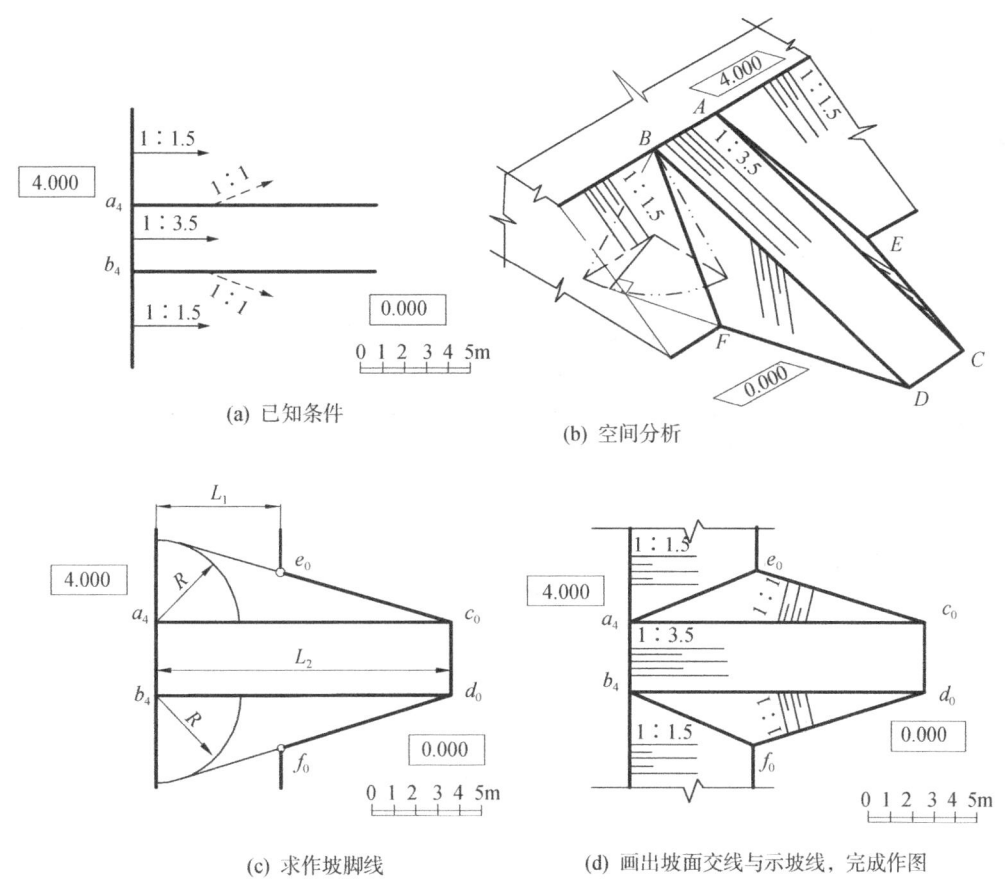

图 2 – 131 平台与斜坡道的标高投影

分析：

本题需求两类交线：一类是坡脚线即各坡面与地面的交线，故交线是各坡面高程为 0 的等高线，共 5 条直线。其中平台坡面和斜坡道顶面是用一条等高线和一条坡度线来表示的；斜坡道两侧是用一条倾斜直线、坡面的坡度及大致坡向来表示的，其坡面上 0 高程等高线可用前述相应的方法求作。另一类是坡面交线即斜坡道两侧坡面与平台边坡的交线，为两条直线，如图 2 – 131b 所示。

作图：

①求坡脚线。平台坡面的坡脚线和斜坡道顶面的坡脚线求法是：由高差 4 m，求出其水平距离 $L_1 = 1.5 \times 4 = 6$ m，$L_2 = 3.5 \times 4 = 14$ m，根据所求的水平距离按图示比例尺沿各坡面坡度线分别量得各坡面上的 0 高程点，作坡面上已知等高线的平行线即可。斜坡道两侧坡度线的求法是：分别以 a_4、b_4 为圆心，$R = 1 \times 4 = 4$ m 为半径画圆弧，再由 d_0、c_0 向两圆弧作切线，即为斜坡道两侧的坡脚线，如图 2 - 131c 所示。

②求坡面交线。平台坡面和斜坡道两侧坡面坡脚线的交点 e_0、f_0 就是平台坡面和斜坡道两侧坡面的共有点，a_4、b_4 也是平台坡面和斜坡道两侧坡面的共有点，连接 e_0a_4、f_0b_4 即为坡面交线。画出各坡面的示坡线，完成作图，如图 2 - 131d 所示。

2.4.2 曲面的标高投影

2.4.2.1 正圆锥面的标高投影

1. 正圆锥面的表示法

正圆锥面的标高投影也是用一组等高线和坡度线来表示的。正圆锥面的素线是锥面上的坡度线，所有素线的坡度都相等。正圆锥面上的等高线即圆锥面上相同高程点的集合，用一系列等高差水平面和圆锥面相交即得。其等高线是一组水平圆。将这些水平圆向水平面投影并注上相应的高程，就得到正圆锥面的标高投影，如图 2 - 132b 所示。高程数字的字头规定朝向高处。正圆锥面的标高投影也可用一条等高线和坡度线来表示。如图 2 - 132c 所示为半圆台面的标高投影图，锥面上示坡线方向与坡度线方向一致，用细实线绘制。

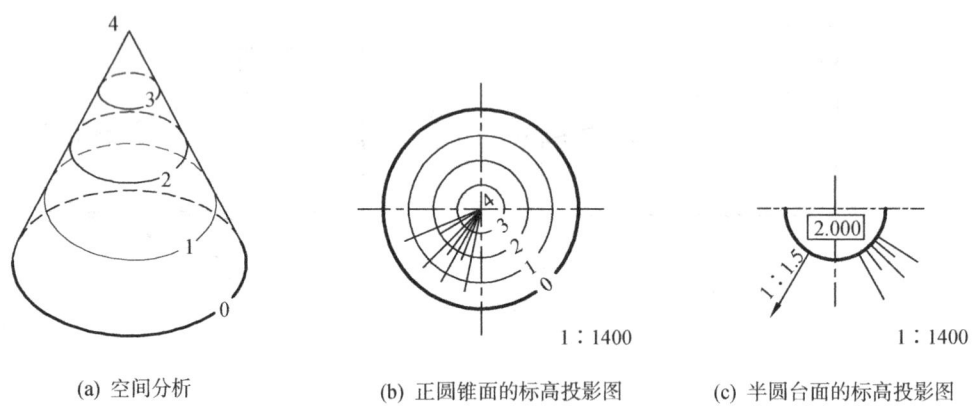

(a) 空间分析　　(b) 正圆锥面的标高投影图　　(c) 半圆台面的标高投影图

图 2 - 132　正圆锥面的标高投影

正圆锥面的等高线具有如下特性：
①等高线是同心圆；
②高差相等时，等高线间的距离也相等；
③当圆锥面正立时，等高线越靠近圆心，其高程数字越大；当圆锥倒立时，等高线越靠近圆心，其高程越小。

2. 正圆锥面的交线

在土石方高程中，常将建筑物的侧面做成坡面，而在转角处做成与侧面坡度相同的圆锥面，如图 2-133 所示。

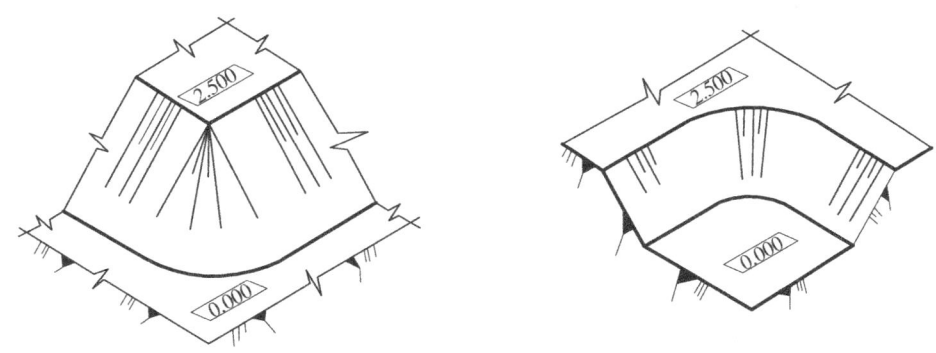

图 2-133　正圆锥面的应用

【例 2-40】　在土坝与河岸的连接处，常用圆锥面护坡。如图 2-134a 所示，各坡面坡道已知，河底高程为 118.00 m，河岸、土坝、圆锥台顶面高程为 130.00 m，完成该连接处的标高投影。

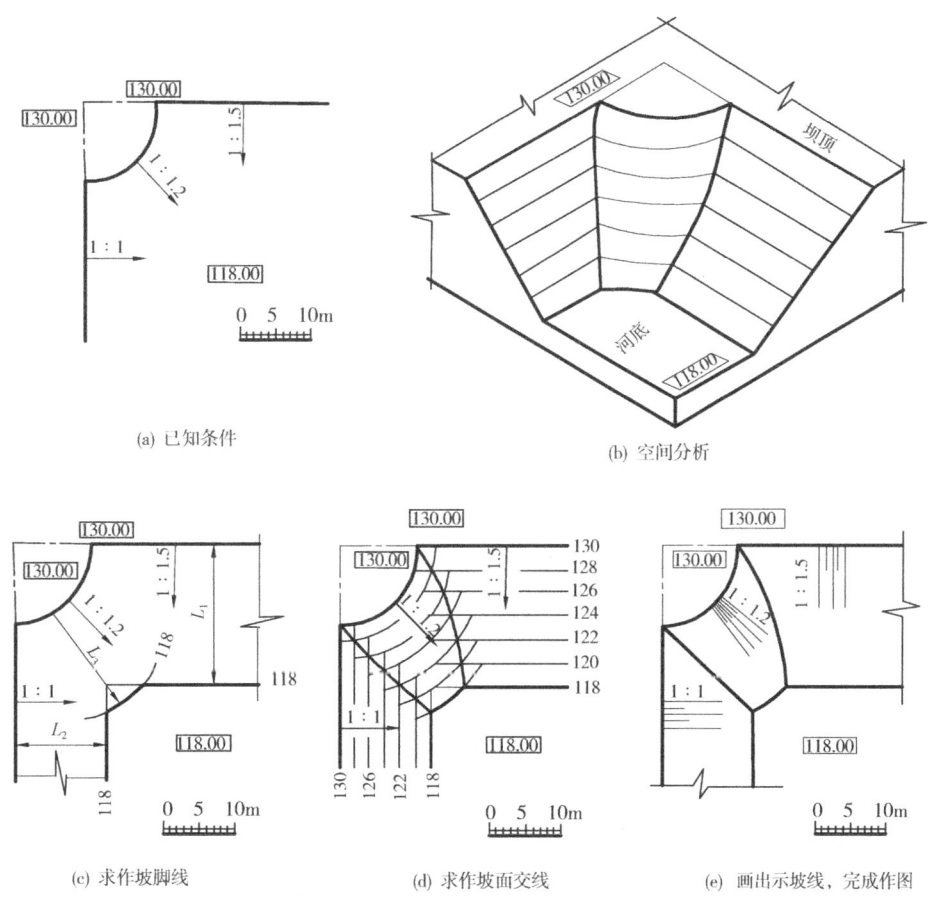

图 2-134　土坝与河岸的连接

分析：

本题需求两类交线：一类是坡脚线。其中两斜面与河底面的交线是直线，圆锥面与河底面的交线是圆曲线，共3条线。另一类是坡面交线。即两斜面与圆锥面的交线，都是非圆曲线，共2条线，如图2-134b所示。

作图：

①求作坡脚线。因河底面是水平面，各面与河底面的交线是各坡面上高程为118.00 m的等高线，坝顶轮廓线是各坡面上高程为130.00 m的等高线，两等高线的水平距离为：

$$L_{坝坡} = \Delta H/i_1 = (130-118)/(1/1.5) = 18 \text{ m}$$
$$L_{河坡} = \Delta H/i_2 = (130-118)/(1/1) = 12 \text{ m}$$
$$L_{锥坡} = \Delta H/i_3 = (130-118)/(1/1.2) = 14.4 \text{ m}$$

沿各坡面上坡度线的方向量取相应的水平距离，即可作出各面的坡脚线。其中圆锥面的坡脚线是圆锥台顶圆的同心圆，如图2-134c所示。

②求作坡面交线。在各坡面上作出高程为128.00、126.00……一系列等高线，得相邻面上同高程等高线的一系列交点，即为坡面交线上的点，如图2-134d所示。依次光滑地连接各点，即得交线。画出各坡面的示坡线，加深完成全图，如图2-134e所示。

2.4.2.2 地形面的标高投影

1. 地形面的表示法

地形面的标高投影是用一组地形等高线来表示的。地形等高线即地面上高程相同的点的集合，用一系列高差相等的水平面切割地形面，即得一组等高线，如图2-135a所示。画出这些等高线的水平投影，注明每条线的高程，并绘出绘图比例和指北针，就得到地形面的标高投影图，又称地形图，如图2-135b所示。地形面上等高线的高程数字的字头按规定指向上坡方向。

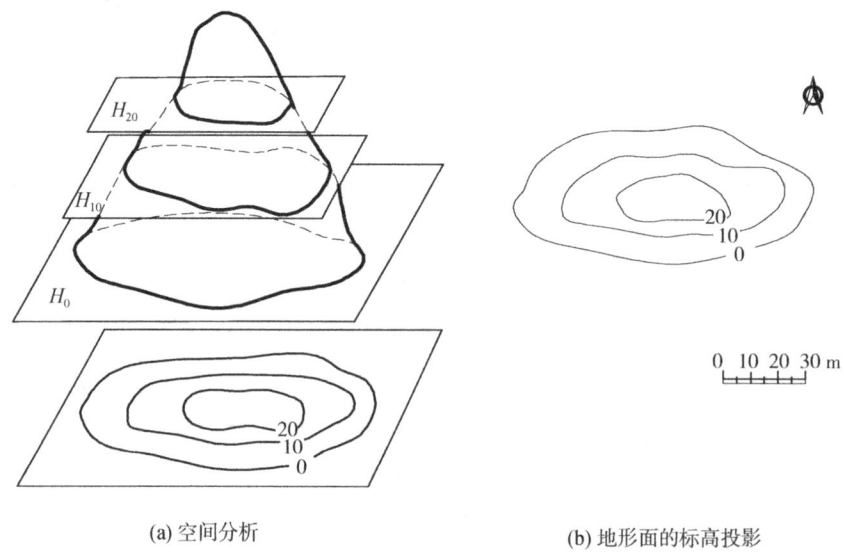

(a) 空间分析　　　　　　　(b) 地形面的标高投影

图2-135　地形面的标高投影

从图中可以看出地形图上的等高线有以下特性：

（1）等高线是封闭的不规则曲线。

（2）一般情况下（除悬崖、峭壁等特殊地形外），相邻等高线不相交、不重合。

（3）在同一张地形图中，等高线越密，表示该处地面坡度越陡，等高线越稀，表示该处地面坡度越缓，如图 2-136 所示。

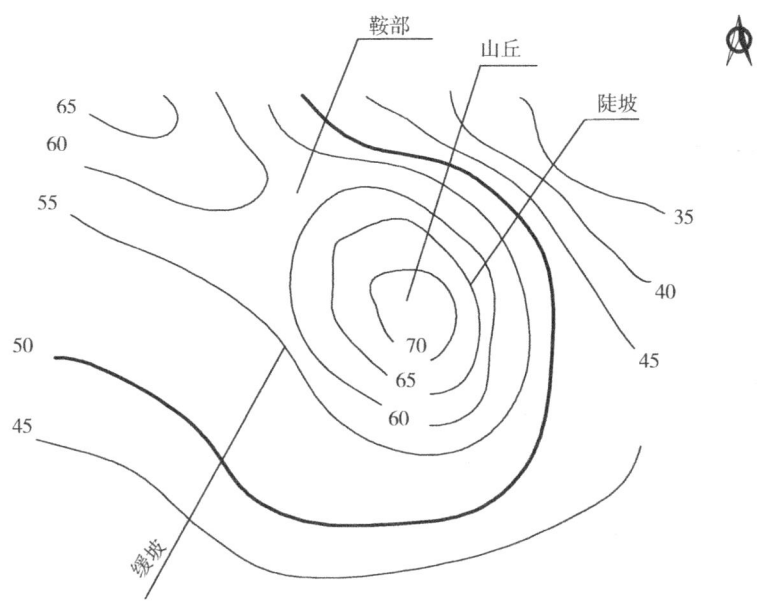

图 2-136　地形图上的等高线

2. 地形剖面图

用一铅垂面剖切地形面，画出剖切面与地形面的交线及材料图例，称地形剖面图。如图 2-137a 所示，剖切平面 A—A 与地形面相交，与等高线的交点为 1、2、3……13。如图 2-137b 所示，在图纸的适当位置以各交点的水平距离为横坐标、高程为纵坐标作一直角坐标系，根据地形图上的高差，按图中比例将高程标在纵坐标轴上，如图中的 59、60……

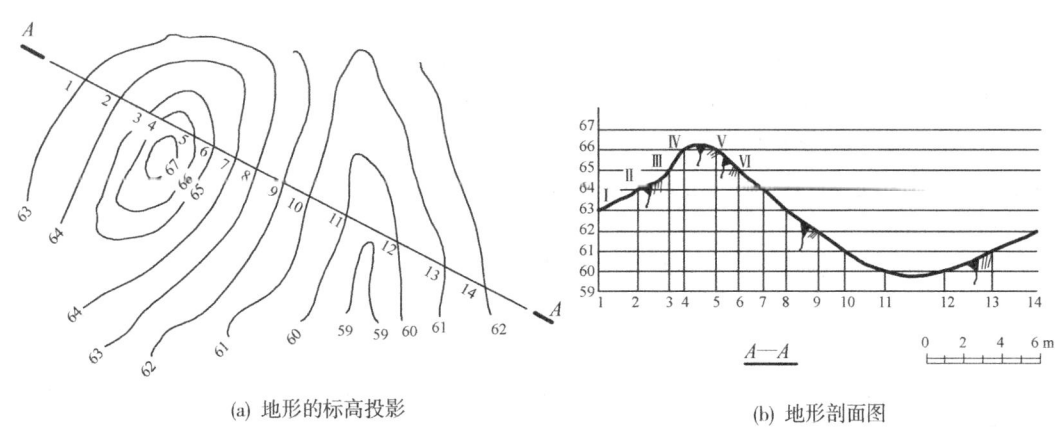

(a) 地形的标高投影　　　　　　　　(b) 地形剖面图

图 2-137　地形剖面图

根据地形图中剖切平面与等高线各交点的水平投影在横坐标轴上标出点 1、2、3……13，然后自点 1、2、3……13 作铅垂线与相应的水平线相交得Ⅰ、Ⅱ、Ⅲ……依次光滑连接各点，即得该剖面实形，再画出剖面材料符号，即得地形剖面图。

应当注意，在连点过程中，相邻同高程的两点，在剖面图中不能连为直线，而应按该段地形的变化趋势光滑连接。

一般说来，地形的高差和水平距离数值相差较大，因此在地形剖面图中，高度方向的比例可与水平方向比例不同，但这时所作的地形剖面图，只反映该处地形起伏变化而不反映地面实形。

2.4.2.3 地形面与建筑物的交线

修建在地形面上的建筑物必然与地面产生交线，即坡脚线或开挖线，建筑物本身相邻的坡面也会产生坡面交线。由于建筑物表面一般是平面或圆锥面，所以建筑物的坡面交线一般是直线和规则曲线，而建筑物与地形面的交线，即坡脚线（或开挖线）则是不规则曲线，需求出交线上一系列点获得。求作一系列点的方法通常采用等高线法。即作出建筑物坡面上一系列的等高线，这些等高线与相交地形面上同高程等高线的交点，即坡脚线（或开挖线上）的点，依次光滑连接即可。

当相交两面的等高线近乎平行，共有点不易求得时，采用断面法，本书不做介绍，请读者参阅相关资料。

【例 2-41】 如图 2-138a 所示，在山坡上修一个水平广场，广场高程为 30 m，其中填方边坡坡度为 1∶1.5，挖方边坡坡度为 1∶1，试完成该场地的标高投影图。

分析：

因为所修水平广场高程为 30 m，所以一部分高于原地面需要填方，一部分低于原地面需要挖方。如图 2-138b 高程为 30 m 的等高线是填、挖方的分界线，它与水平场地边线的交点是填、挖方边界线的分界点，其中挖方部分是一个圆锥面和两个与它相切的平面，填方部分包括三个坡面，都是平面；这些面与不规则地面的交线均为不规则曲线。挖方部分坡面与圆锥面相切，不产生坡面交线，填方部分的三个坡面相交产生两条坡面交线，如图 2-138b 所示。

作图：

①求开挖线。先作出挖方部分的圆锥面与地面的交线，应过圆心任画一条坡度线以平距 $l=1$ 截取若干点，即得高程点为 31 m、32 m、33 m……然后以 O 为圆心，过这些点作一系列同心圆，即为圆锥面上的等高线；再作出相切两面上高程为 31 m、32 m、33 m……的等高线，求出它们与同高程地面等高线的交点即为坡脚线上的点，连点即得开挖线，如图 2-138c 所示。

②求坡脚线。以高程为 30 m 的等高线为界，求出各坡面上高程为 29 m、28 m、27 m……的等高线，并求出其与地面同高程等高线的交点，连点即得坡脚线，如图 2-138c 所示。

③求坡面交线。连接填方部分相交两平面上的任意两共有点即得坡面交线。画出各平面及倒圆锥面上的示坡线并加深，完成作图，如图 2-138d 所示。

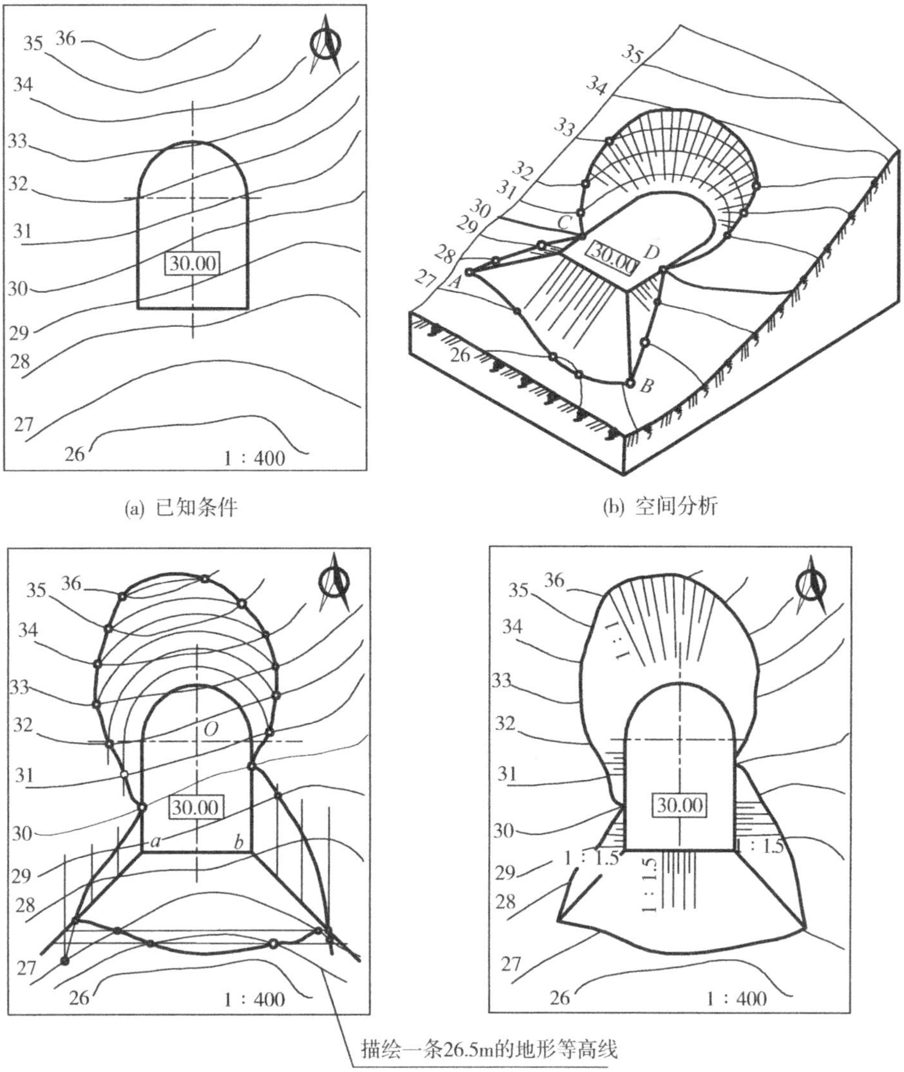

(a) 已知条件　　　　　　　　　　(b) 空间分析

(c) 求作坡面交线、开挖线和坡脚线　　　(d) 画出各坡面示坡图，完成作图

图 2-138　场地的标高投影

2.5　水工建筑物中常见的曲面

为改善水流条件或受力状况，以及节省建筑材料等原因，水工建筑物的某些表面往往设计为有规则的曲面。如溢流坝面、闸墩的头部、水闸的两岸翼墙都是水工建筑物中常见曲面的应用实例，如图 2-139 所示为溢流坝面。

这些曲面可以看成是直线或曲线在空间按一定规律运动所形成的轨迹。由直线运动而成的曲面叫直线面，如圆柱面、圆锥面；由曲线运动而成的曲面叫曲线面，如环面、球面。我们把运动的线称为母线，母线在移动过程中的任意位置称为素线。控制母线做有规

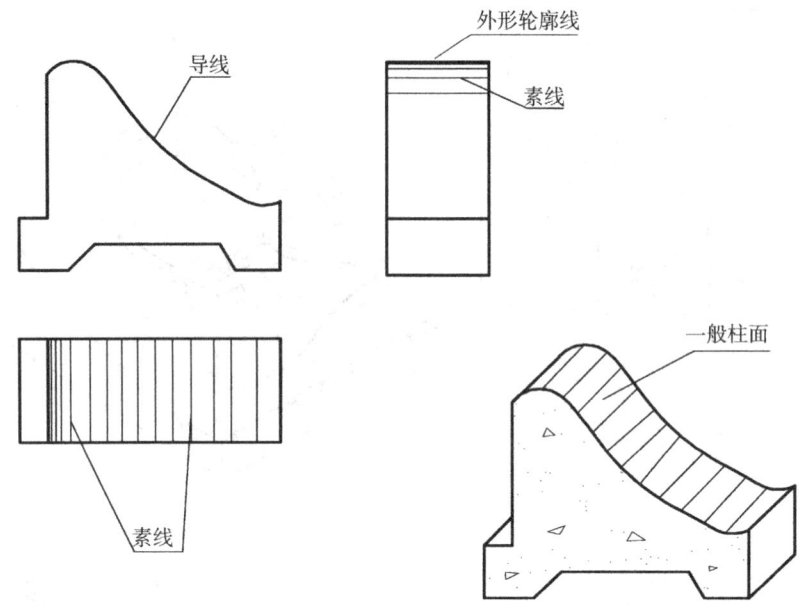

图 2-139 溢流坝面

律运动的线或面称为导线或导面。

下面介绍水利工程中一些常见曲面的形成和表示方法。

2.5.1 柱面

直母线沿曲导线移动,并始终平行于另一直导线所形成的曲面称为柱面。曲导线可以是闭合的,也可以是不闭合的。

柱面的素线互相平行。假如用一组与轴线相交的互相平行的平面来截柱面,所得的截面形状大小都相同。

垂直于柱面素线的截面称正截面。正截面的形状反映柱面的特征,当柱面的正截面形状为圆时称圆柱面,正截面为椭圆时称椭圆柱面。当轴线为投影面垂直线时,称正圆(或正椭圆)柱面,否则称斜圆(或斜椭圆)柱面,如图 2-140 所示。

在水工图中,规定在可见柱面上用细实线绘制若干素线,以增强立体感,如图 2-142 所示。在实际绘图时,不必采用等分圆弧按投影规律绘出素线的画法,可按越靠近轮廓线越稠密,越靠近轴线越稀疏的原则目估绘制。

如图 2-141 所示是一斜椭圆柱面,其曲母线为水平圆,直导线为正平线,所有素线均为平行于 OO_1 的正平线。该柱面的三个投影都没有积聚性,上、下底面的水平投影不重合。用一个垂直于轴线的平面来截断该柱,截交线为椭圆。水平截面截出的截交线为直径相等的圆,圆心在 OO_1 上。画斜投影柱面的投影和画正圆柱一样,需画出上、下底面、柱面的轮廓线以及轴线的投影。

如图 2-142 所示闸墩是柱面在水利工程中的应用实例。该闸墩一头是斜圆柱面,一头是正圆柱面。

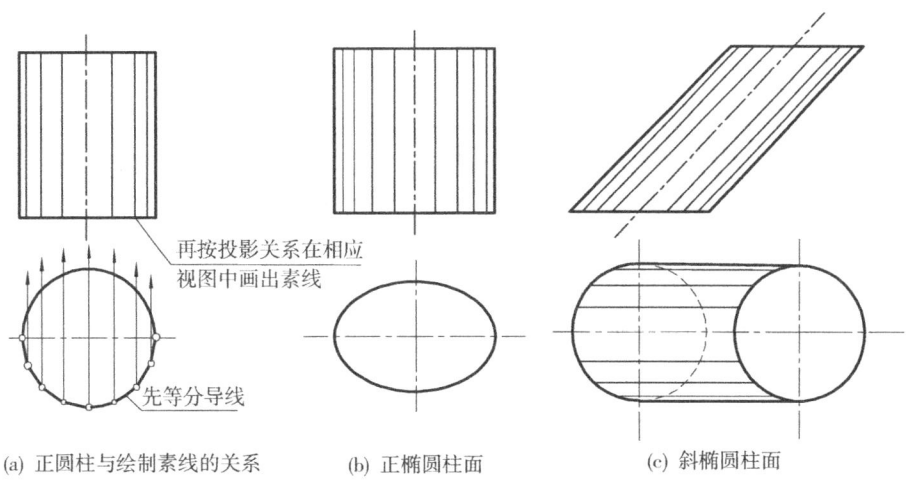

图 2-140　常用柱面的表示方法

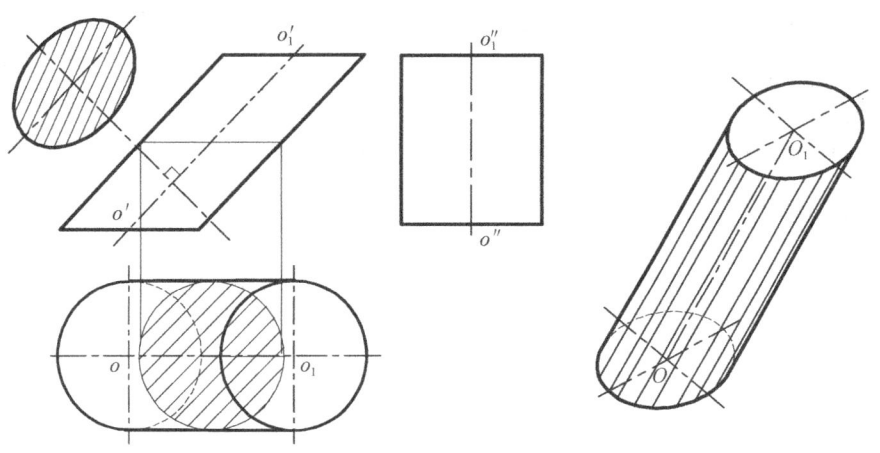

图 2-141　斜椭圆柱面的投影分析

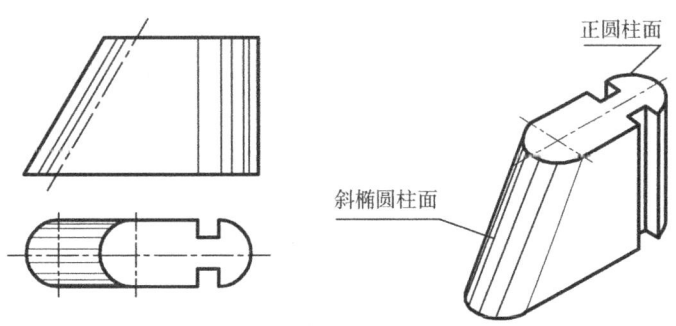

图 2-142　柱面的应用实例

2.5.2 锥面

直母线沿着曲导线运动，并始终通过一定点所形成的曲面叫锥面。如定点与底圆圆心连线垂直于底圆面（或椭圆面）所形成的曲面为正圆锥面（或正椭圆锥面），如图2-143a、b 所示；如定点与底圆圆心连线倾斜于底圆面所形成的曲面为斜圆锥面，如图2-143c 所示。若用平行于斜椭圆锥底面的平面截切斜椭圆锥，截交线为圆；若用垂直于轴线的平面截切斜椭圆锥，截交线则为椭圆。

画斜椭圆锥面的投影和画正圆锥一样，需要画出底面、锥尖、锥面的轮廓线及轴线和圆的中心线的投影。

为了便于看图，规定在水利工程图中，圆锥面上用细实线绘制若干示坡线或素线，其示坡线或素线一定要通过圆锥顶点的投影。

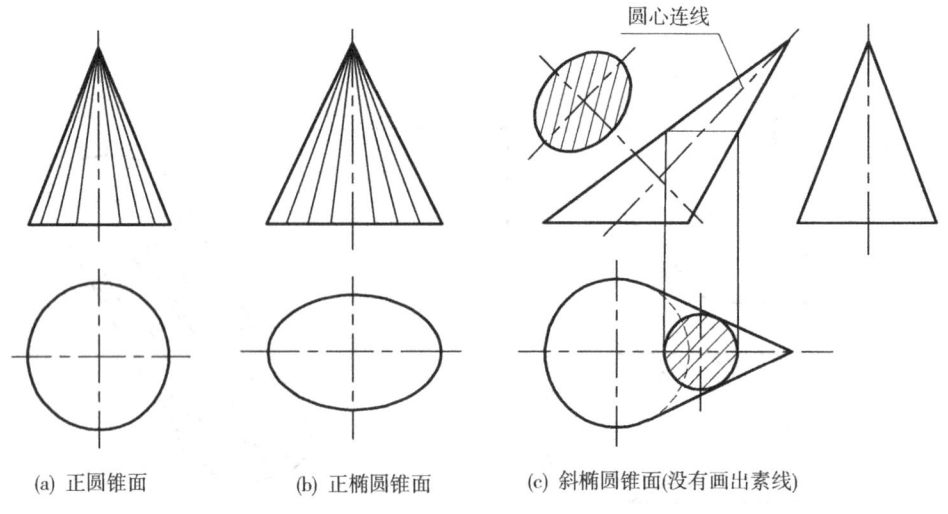

(a) 正圆锥面　　　　(b) 正椭圆锥面　　　　(c) 斜椭圆锥面(没有画出素线)

图 2-143　常用锥面的表示方法

图 2-144 所示的方圆渐变面是斜椭圆锥面在工程中的应用实例。在工程中，引水洞洞身通常设计成圆形断面，而在进、出口处为了安装闸门的需要，往往设计成矩形断面，在矩形断面和圆形断面之间，常用一个由矩形逐渐变化成圆形的过渡段来连接，这个过渡段的迎水表面称为方圆渐变面。

图 2-145a 为方圆渐变面的立体图。方圆渐变面由四个三角形平面和四个部分斜椭圆面组成。矩形的四个角就是四个斜椭圆锥的锥顶，圆周的四段圆弧就是四个部分斜椭圆锥面的底圆，四个三角形平面与四个部分斜椭圆锥面平滑相切。方圆渐变面一般用三视图和必要的剖面图来表示。

图 2-145b 所示是方圆渐变面的三视图，与圆锥曲面一样，方圆渐变面中的锥面上要画出素线。

图 2-145c 所示是方圆渐变面的剖面图。方圆渐变面的横断面是带四个圆角的矩形，其中圆角半径 r_1 和直线段长度 b_1、h_1 都随剖切位置的变化而变化，可直接在主视图和俯

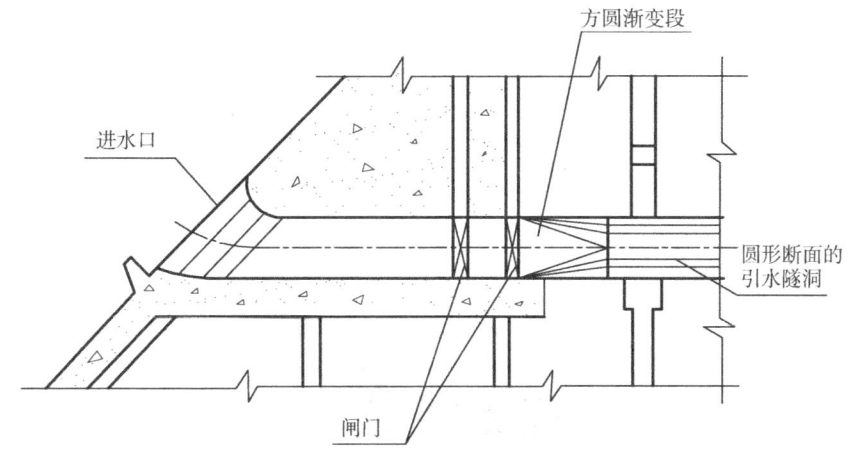

图 2-144 斜椭圆锥面的应用实例

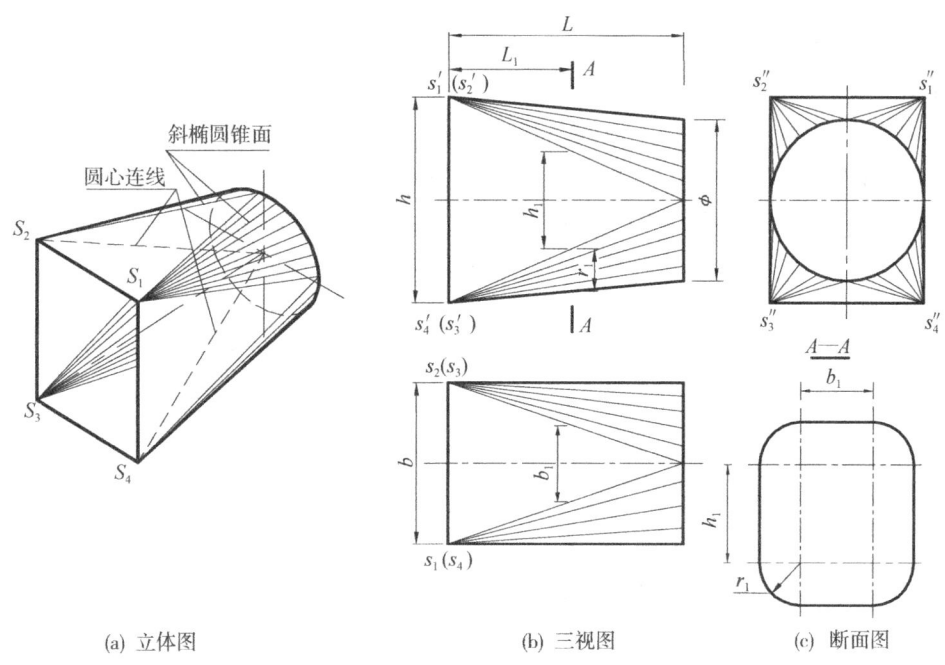

(a) 立体图　　(b) 三视图　　(c) 断面图

图 2-145 方圆渐变面的表示法

视图的剖切位置量得各部分尺寸，根据 b_1、h_1 先定圆心画出四段圆弧，然后画出四条公切线，并在图上注明 b_1、h_1、r_1 的尺寸。

2.5.3 扭面

水工建筑物控制水流部分的剖面一般为矩形，而灌溉渠道的剖面一般都是梯形。为使水流平顺及减少水头损失，由矩形剖面变为梯形剖面之间常用一个过渡段来连接，该过渡段的表面就是扭面,如图 2-146 所示。

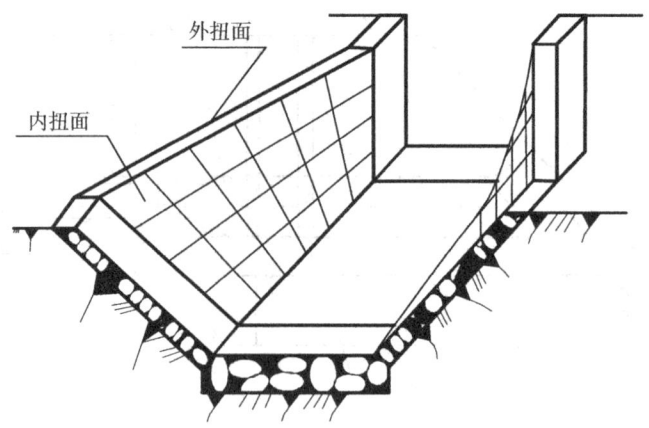

图 2-146 扭面应用实例

2.5.3.1 扭面的形成

如图 2-147a 所示,内扭面 ABCD 可以看作是一条直母线 AB,沿着两条交叉直导线 AD(侧平线)和 BC(铅垂线)移动,并始终平行于一个导平面 H(水平面)所形成的曲面。扭面 ABCD 也可以看作是一条直母线 AD,沿着两条交叉直导线 AB(水平线)和 DC(侧垂线)移动,并始终平行于一个导平面 W(侧平面)所形成的与上述同样的曲面。在扭面的形成过程中,母线运动时每一个空间位置称为扭面的素线。同一扭面有两种方式形成,就有两组素线。图 2-147a 中 Ⅰ—Ⅰ、Ⅱ—Ⅱ……都是水平线,另一组 Ⅰ′—Ⅰ′、Ⅱ′—Ⅱ′……都是侧平线,同一组素线之间是交叉直线关系。同理可分析如图 2-147b 所示外扭面 EFGJ 的形成。

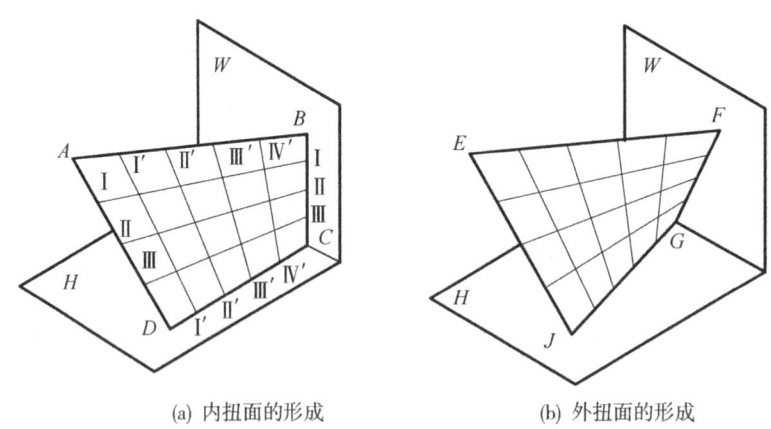

(a) 内扭面的形成　　　　(b) 外扭面的形成

图 2-147 扭面的形成

2.5.3.2 扭面的表示法

在水利工程图中,除画出扭面的四条边线以外,还应画出素线的投影。为了使所绘素线能体现扭面的性质,制图标准规定:主视图、俯视图上画水平素线,左视图上画侧平素线。绘制素线时,先等分两导线,再连接对应点。如图 2-148 所示。

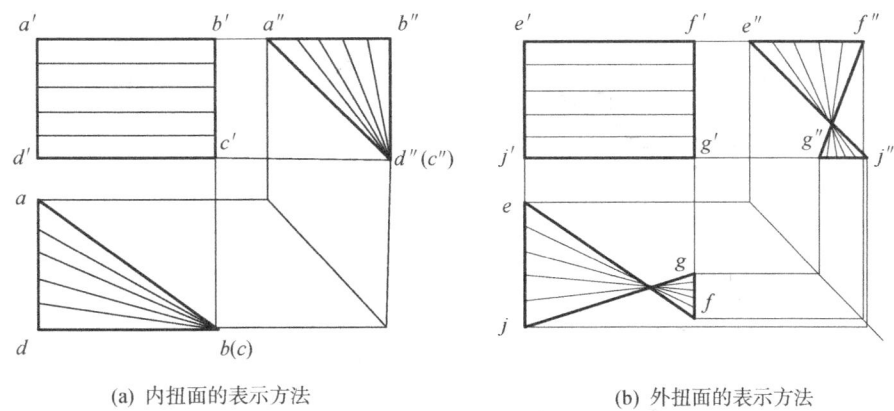

(a) 内扭面的表示方法　　　　　　　(b) 外扭面的表示方法

图 2-148　扭面的表示方法

2.5.3.3 扭面过渡段的画法

如图 2-149a 所示,过渡段由扭面翼墙及底板构成。扭面翼墙由梯形端面、平行四边形端面、内扭面、外扭面、顶面、底面六个面组成,起控制作用的是翼墙两个端面的形状和位置。画图思路是:扭面翼墙先画其两端面并标出定形尺寸,再画内外扭面。外扭面两条直线在俯视图、左视图中画成虚线,看不见的素线一律不画,如图 2-149b 所示。

【例 2-42】　画出图 2-149b 所示扭面翼墙的 A—A 剖面图。

分析:

如图所示,翼墙迎水面、背水面都是扭面。剖切平面 A—A 是侧平面,它与两个扭面的侧平素线平行,因此与两个扭面的交线都是直线,翼墙的剖面形状是四边形,底板的剖面形状是矩形。

作图:

①画底板剖面——矩形。

②画翼墙剖面——四边形。

③擦去多余线条,画上剖面材料符号,注上剖面名称,加深轮廓线,完成作图,如图 2-149c 所示。

引例分析

引例一分析:

通过学习项目二,初步掌握了有关工程图样的图示原理、图示方法和读图方法。工程图样是采用正投影的原理绘制的,工程上常用剖视图及剖面图配合其他视图,表达工程形

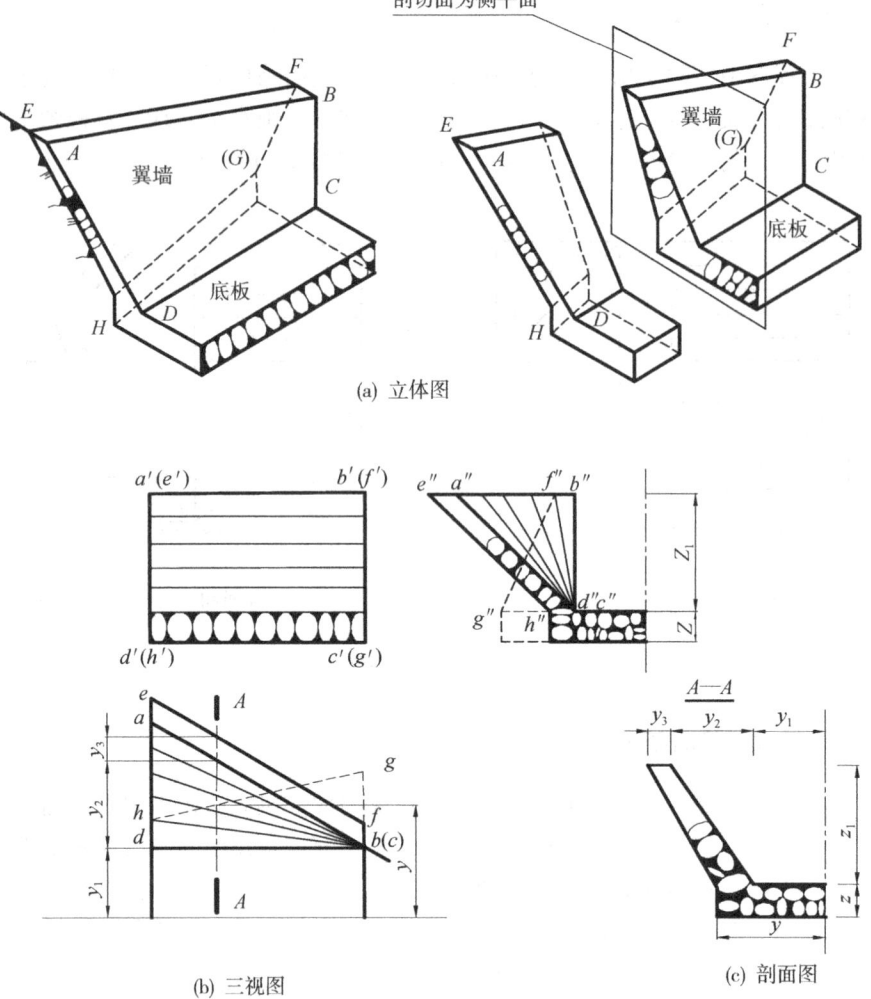

图 2-149　扭面过渡段的画法

体的内外结构和形状。阅读工程图样的方法主要是形体分析法，遇到难点问题可辅以线面分析法。根据所学知识内容，我们可以分析和识读引例一图 2-1 所示 U 形渡槽的视图表达方案，想象出 U 形渡槽的结构形状。具体读图步骤和方法为：

1. 分析视图

从图中可以看出，表达该钢筋混凝土 U 形渡槽槽身结构的图样有 5 个。A—A 剖视图是半剖视，它的剖切位置可以在俯视图（平面图）中找到，剖切平面通过槽身前后对称轴线，其投影方向从前向后。B—B 剖视图也是半剖视，它的剖切位置可以在 A—A 剖视图中找到，剖切平面通过槽身左右对称线，且垂直于渡槽轴线，其投影方向由左向右。在 A—A、B—B 剖视图中，一半表达槽身外部轮廓，一半表达槽身内部结构。C—C 剖面图和 D—D 剖面图是两个移出剖面，它们的剖切位置和投影方向可以在俯视图中找到。为使图形清晰并便于标注尺寸，C—C、D—D 移出剖面采用了大于原图的比例绘制。

2. 分部分，想形状

由 A—A 剖视图可知，渡槽分为 3 大部分，两端为支座端、中部为槽身、上部为拉杆

（横梁）和桥板承托。由 A—A 剖视图中可知渡槽的槽身长度、槽身的厚度、支座的厚度、支座与拉杆的连接及拉杆的分布。

由 B—B 剖视图的左半部分可以看出支座端的实形和止水槽的实形，结合 A—A 剖视图可以看出支座的厚度和止水槽的厚度。支座与槽身在外表面连接处为圆台面。由 B—B 剖视图的右半部分可以看出槽身的实形为一半圆筒（即过水断面为 U 形），支座为梯形，支座端接头处的止水槽为 U 形。渡槽上部有拉杆支撑，断面为矩形。

拉杆与槽身的连接方式、桥板撑托的平面形状可从俯视图中看出，C—C、D—D 剖面图则表达了连接处拉杆及承托的断面实形。另外，从图中可知该渡槽使用的建筑材料为钢筋混凝土。另外视图中还表达了渡槽两侧各有一排护栏。

3. 综合起来想象出整体形状

将以上分析的各部分按图中所示位置综合起来，进行构思，就可以想象出渡槽的整体形状。即 U 形渡槽由 U 形槽身、梯形支座、矩形拉杆（横梁）、桥板承托、护栏等构成，支座端接头处开有 U 形止水槽，如图 2 – 150 所示。

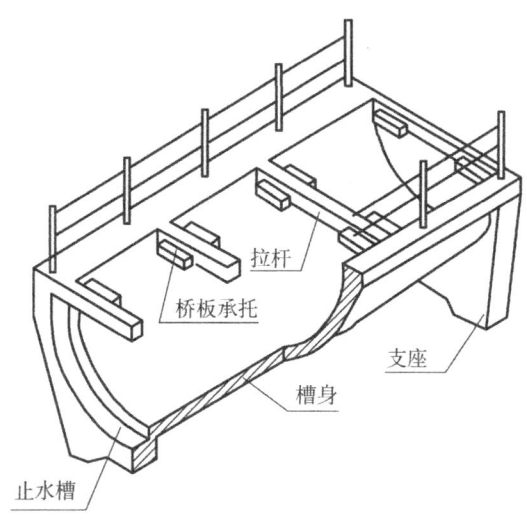

图 2 – 150 U 形渡槽直观图

引例二分析：

通过学习项目二，了解了在水利工程设计中，通常用标高投影法来表达拦河坝、水库、溢洪道等水工建筑物的平面布置、空间形状和位置；初步掌握了建筑物标高投影图的表示和求作方法，特别是建筑物的坡脚线、开挖线和表面交线的作图方法。由于读图是绘图的逆过程，只有清楚了建筑物标高投影图的图示原理和作图方法，才能真正看懂标高投影图。根据所学知识内容，引例二土坝标高投影图的分析和作图如下。

分析：

引例二中坝顶、马道以及上下游坡面与地面都要产生交线即坡脚线，这些交线均为不规则的曲线，如图 2 – 2c 所示。要作出这些交线，应首先在地形图上作出土坝坝顶和马道的标高投影，然后求出土坝各坡面上等高线与地面同高程等高线的交点，依次连接这些交点，即得坡脚线的标高投影。

作图：

①画出坝顶和马道投影。因为坝顶的高程为 41 m，所以应先在地形图上插入高程为 41 m 的等高线，根据坝轴线的位置与土坝最大剖面图中的坝顶宽度，画出坝顶投影，其边界线应画到与地面高程为 41 m 的等高线相交处，下游马道的投影是从坝顶靠下游坡面的轮廓线沿坡度线向下量 $L = \Delta H \times l = (41-32) \times 2 = 18$ m，作坝轴线的平行线即为马道的内边坡线，再量取马道的宽度，画出外边线，即得马道的投影。同理马道的边界线应画到与地面高程为 32 m 的等高线相交处，如图 2-151a 所示。

②求土坝的坡脚线。土坝的坝顶和马道是水平面，它们与地面的交线是地面上高程为 41、32 的一段等高线；上下游坝坡与地面的交线是不规则曲线，应先求出坝坡上的各等高线，找到与同高程地面等高线的交点，连点即得坡脚线，如图 2-151a 所示。

③画出坡面示坡线并标注各坡面坡度及水平面高程，即完成土坝的标高投影图，如图 2-151b 所示。

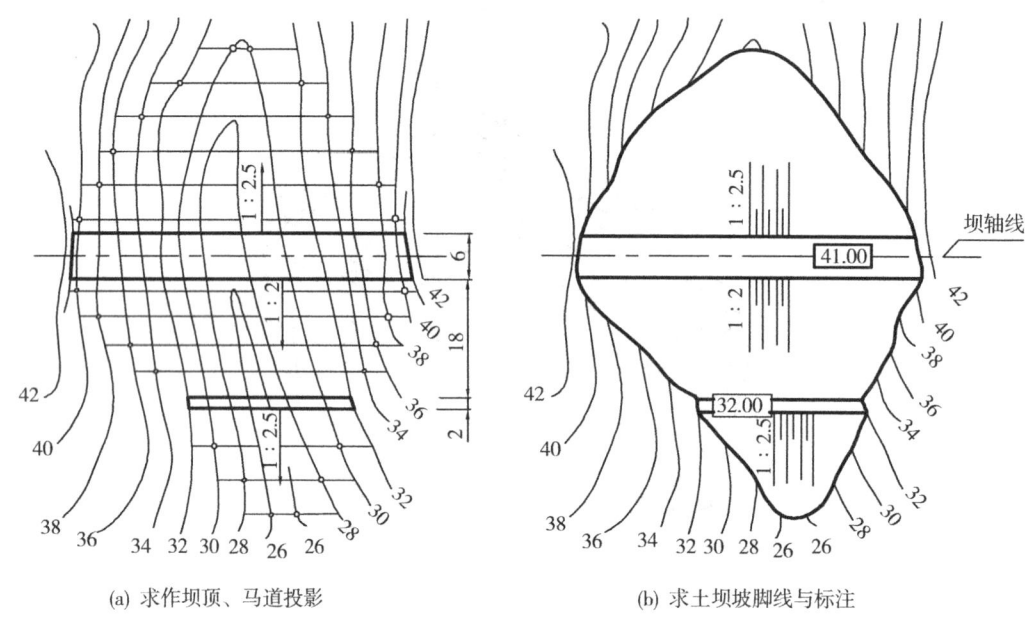

(a) 求作坝顶、马道投影　　　　　　(b) 求土坝坡脚线与标注

图 2-151　土坝的标高投影

技能训练

1. 在图 2-152 的投影图中标出立体图中各直线和平面的三面投影，并在下表中写出其空间位置和水平投影特性。

直线	空间位置	水平投影特征
AB	铅垂线	积聚为一点
BC		
DE		
EF		

平面	空间位置	水平投影特征
P	正平面	积聚为一线
R		
Q		
W		

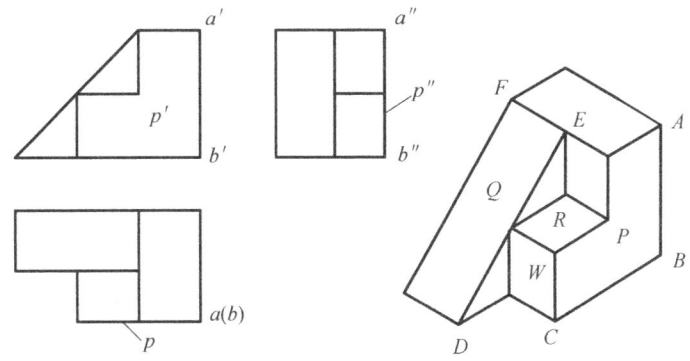

图 2-152

2. 根据图 2-153 所示立体图找出对应的三视图。

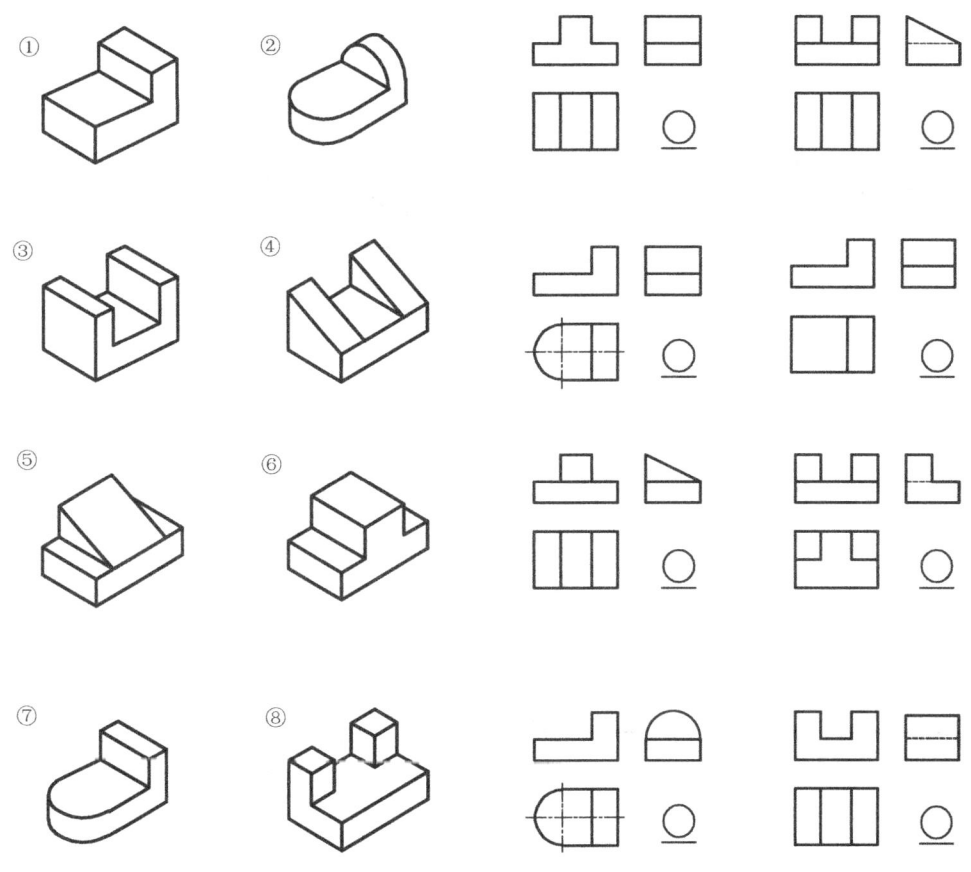

图 2-153

3. 完成下列直线和平面的投影。

（1）已知 AB 平行于 CD，在图 2－154 中作出直线 CD 的正面投影。

（2）已知 AB 垂直于 BC，在图 2－155 中作出直线 BC 的水平投影。

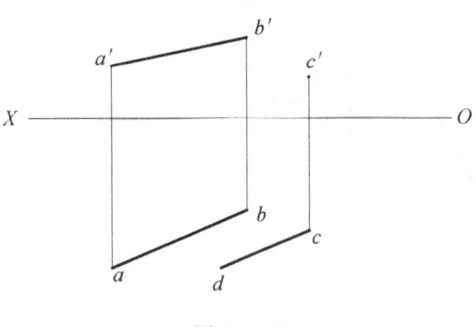

图 2－154

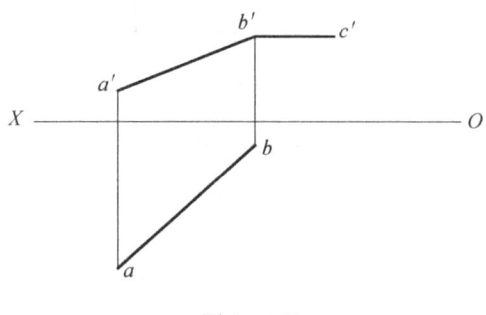

图 2－155

（3）在图 2－156 中完成平面的水平投影。

（4）在图 2－157 中完成平面的水平投影。

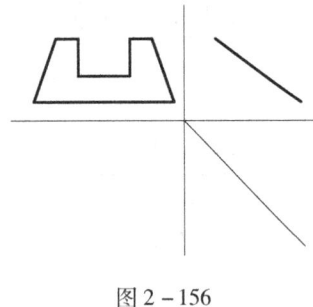

图 2－156

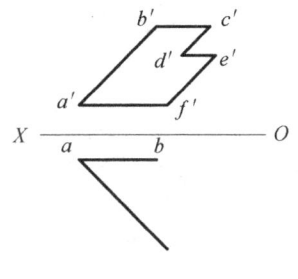

图 2－157

4. 完成图 2－158～图 2－167 中截断体或相贯体的三视图。

(1)

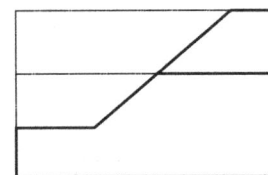
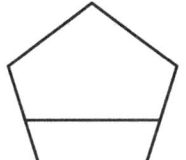

图 2－158

(2)

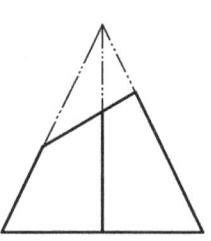

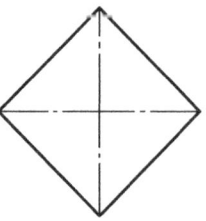

图 2－159

(3)

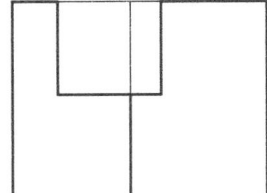

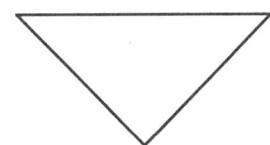

图 2-160

(4)

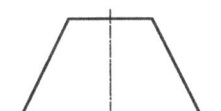
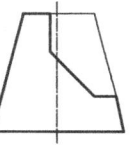
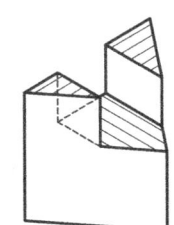
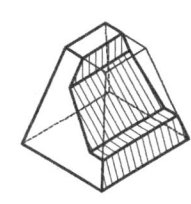

图 2-161

(5)

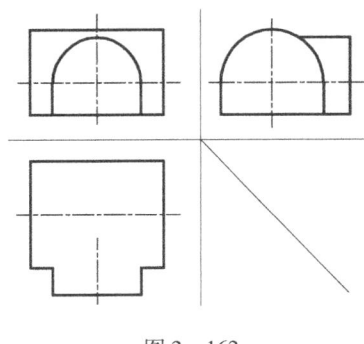

图 2-162

(6)

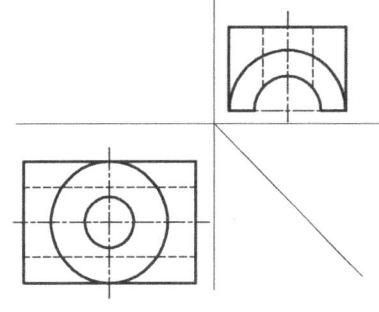

图 2-163

(7)

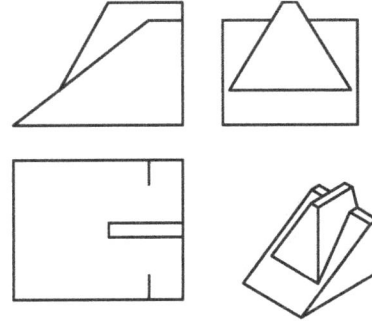

图 2-164

(8)

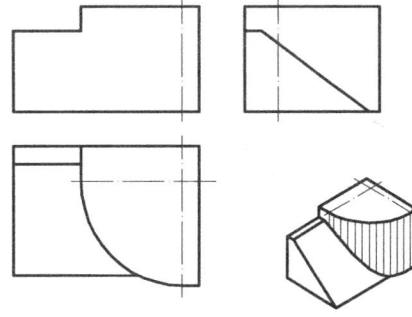

图 2-165

(9)   (10)

图 2-166   图 2-167

5. 根据图 2-168～图 2-171 所示立体图画出其三视图（尺寸从图中量取）。

(1)   (2)

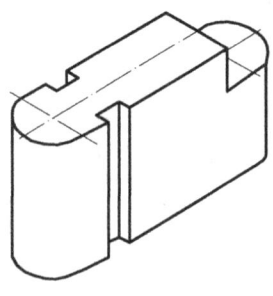

图 2-168

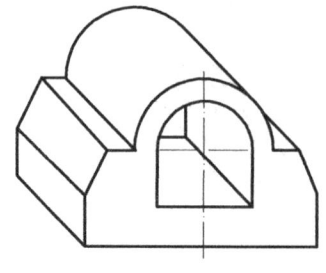

图 2-169

（3） （4）

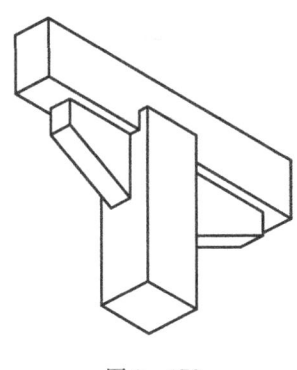

图 2-170

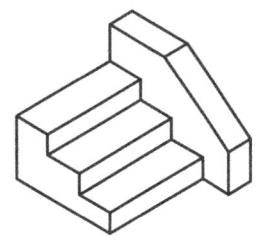

图 2-171

6. 标注图 2-172～图 2-173 所示形体的尺寸。

（1）比例 1∶20，单位 mm。　　　　　（2）比例 1∶100，单位 cm。

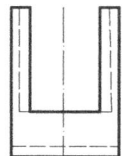

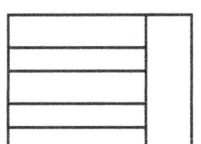

图 2-172

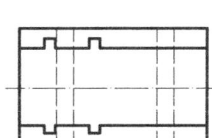

图 2-173

7. 补画图 2-174～图 2-179 中所缺的图线。

(1)

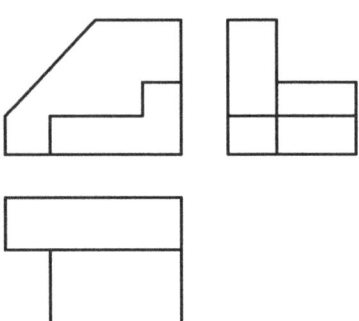

图 2-174

(2)

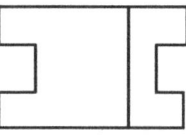

图 2-175

(3)

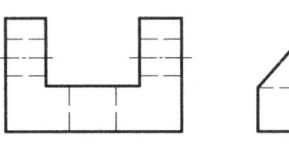

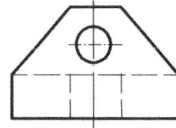

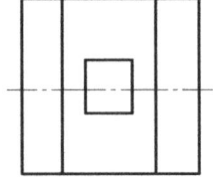

图 2-176

(4)

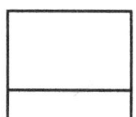

图 2-177

(5)

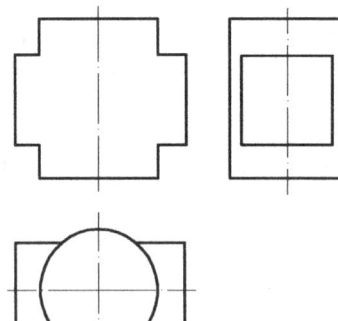

图 2-178

(6)

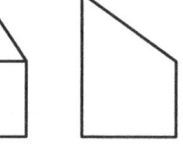

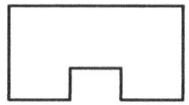

图 2-179

8. 如图 2-180～图 2-189，根据两视图补画第三视图。

(1)

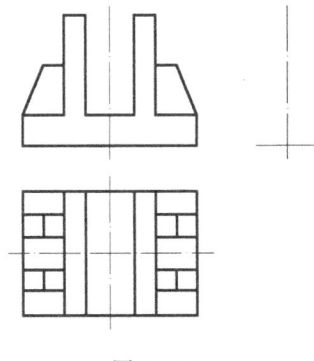

图 2-180

(2)

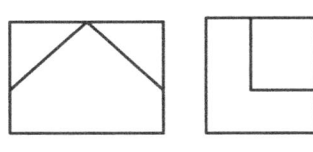

图 2-181

(3)

图 2-182

(4)

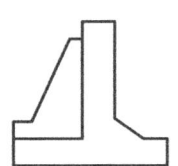 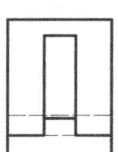

图 2-183

(5)

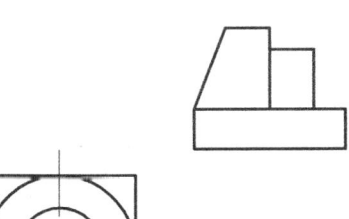

图 2-184

(6)

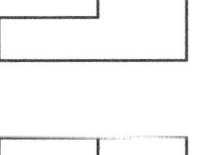

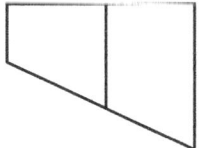

图 2-185

(7)

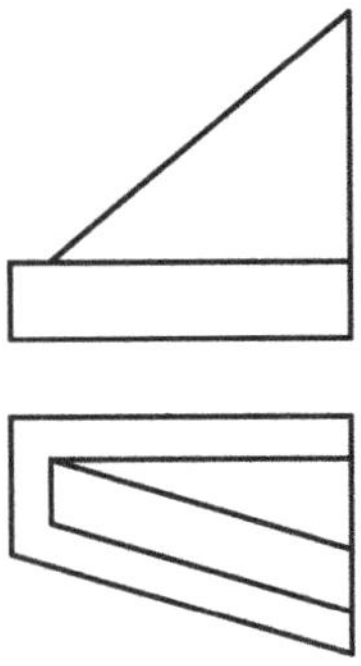

(8)

图 2-186

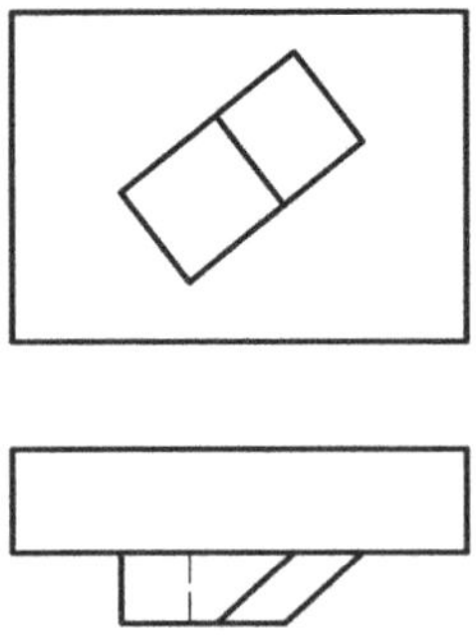

图 2-187

(9)

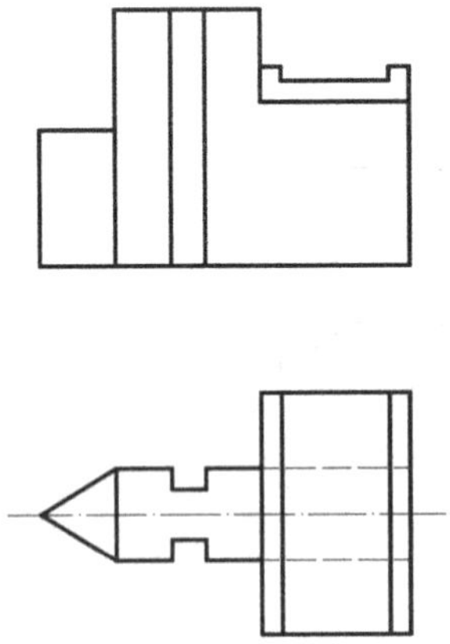

(10)

图 2-188

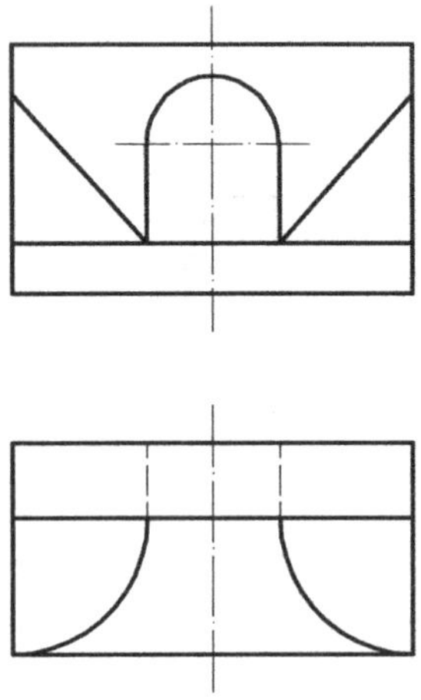

图 2-189

9. 求作剖视图。

(1) 将图 2-190 中的主视图改为单一全剖,补画半剖的左视图,并标注(材料为钢筋混凝土)。

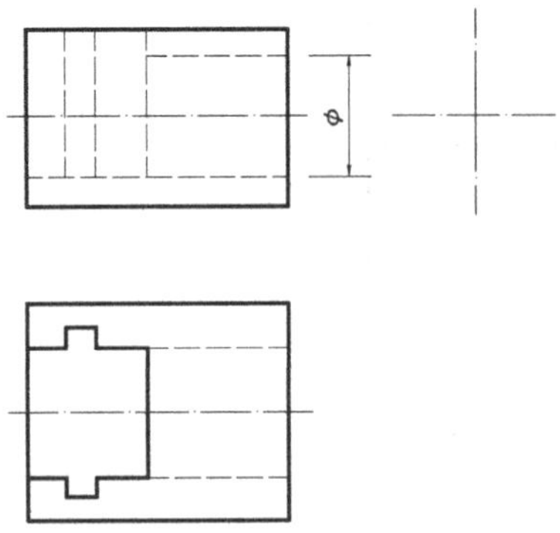

(2) 按指定位置将图 2-191 的主视图改为单一全剖,并标注(材料为钢筋混凝土)。

图 2-190

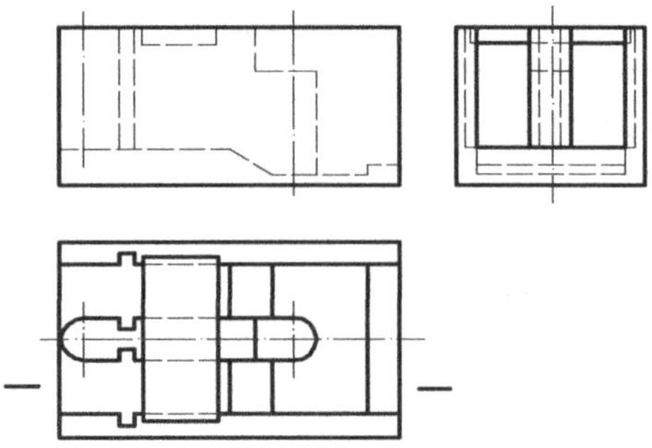

图 2-191

(3) 画出图 2-192 所示船闸闸首的 2—2 阶梯剖视图。

(4) 将图 2-193 所示集水池的主视图改为 1—1 阶梯剖。

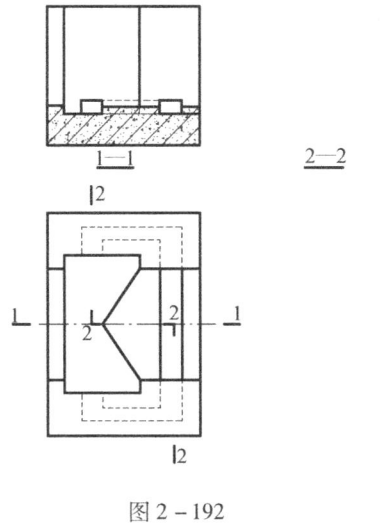

图 2-192

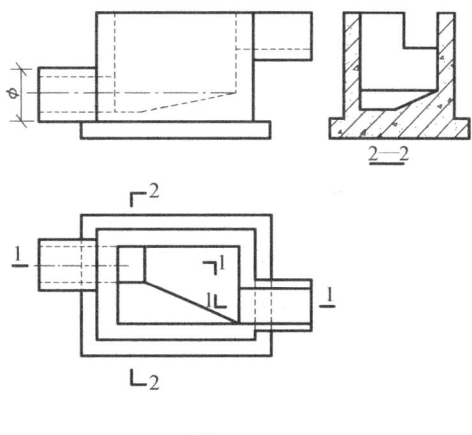

图 2-193

10. 求作剖面图。

(1) 如图 2-194，在指定位置作柱的 1—1、2—2 剖面图（材料为钢筋混凝土）。

(2) 如图 2-195，在指定位置作梁的 1—1、2—2 剖面图（材料为钢筋混凝土）。

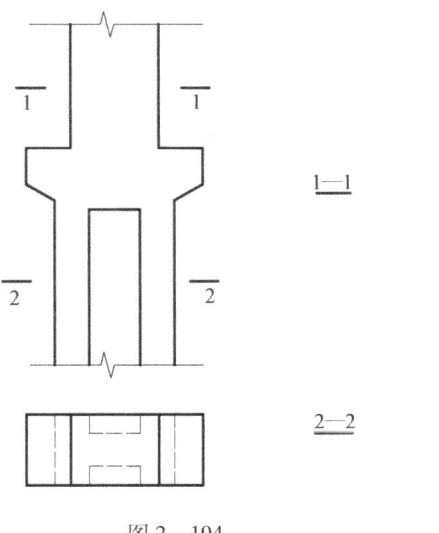

图 2-194

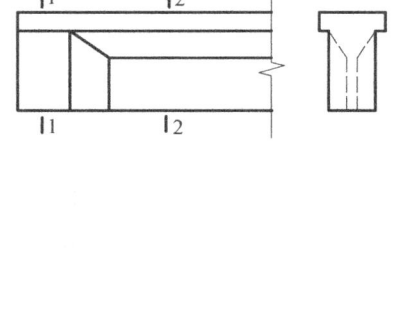

图 2-195

(3) 如图 2-196，在指定位置作出涵洞洞身 A—A 剖面并标注（材料拱圈为钢筋混凝土，其余为浆砌石）。

(4) 如图 2-197，在指定位置作出坝的 A—A 剖面并标注（材料为钢筋混凝土）。

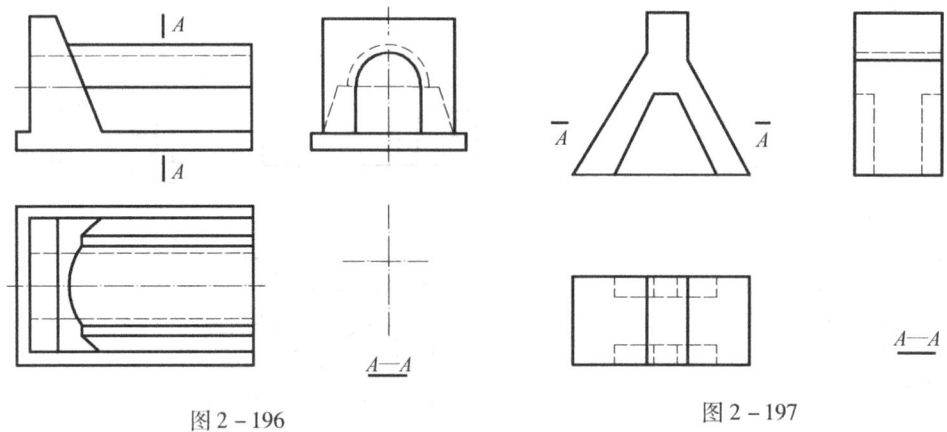

图 2-196

图 2-197

11. 识读图 2-198 所示渠道的一组视图，想象渠道的形状，补画出 4—4 剖视图。

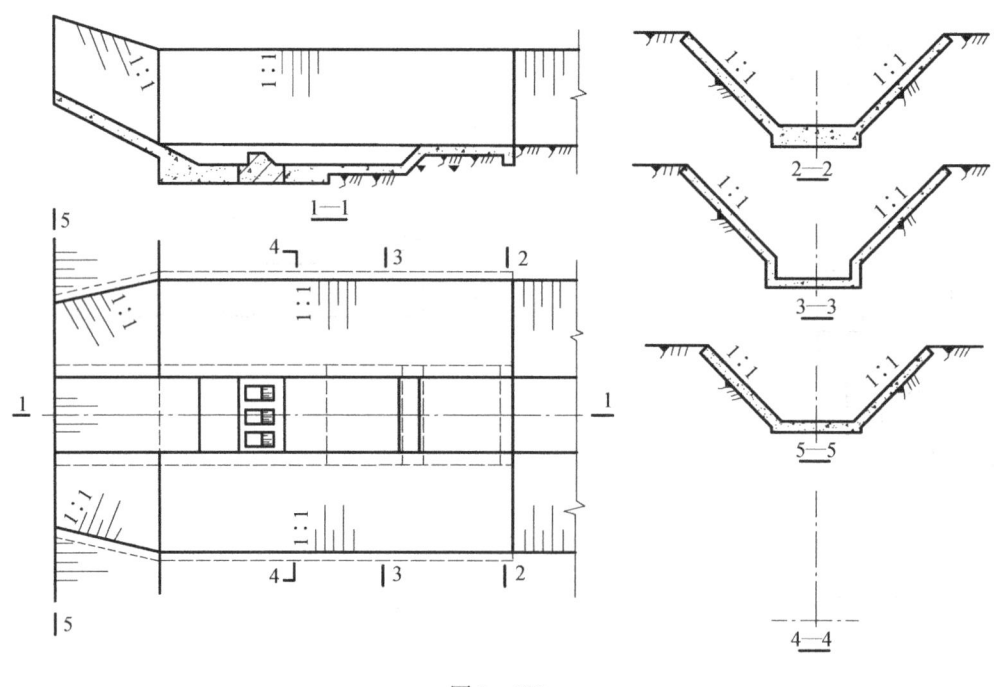

图 2-198

12. 求作标高投影。

(1) 在地面上修建一平台和一条通往平台顶面的斜坡道，平台顶面高程为 4 m，地面高程为 0 m。它们的形状和各坡面坡度如图 2-199 所示，试求坡脚线和坡面交线，并画出示坡线。

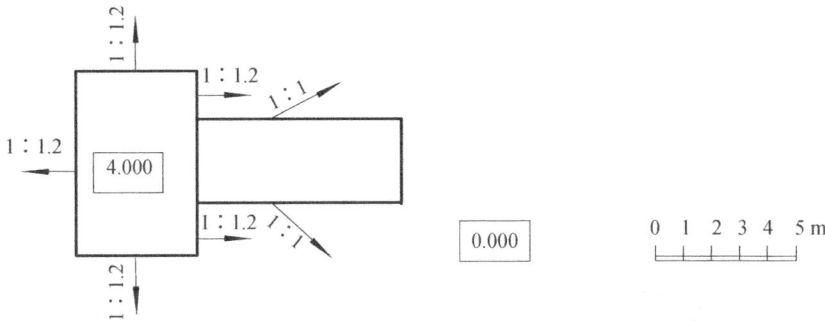

图 2-199

(2) 在高程为 2 m 的地面上开挖一高程为 -1 m 的基坑,挖方边坡如图 2-200 所示,完成其标高投影图(比例为 1∶200)。

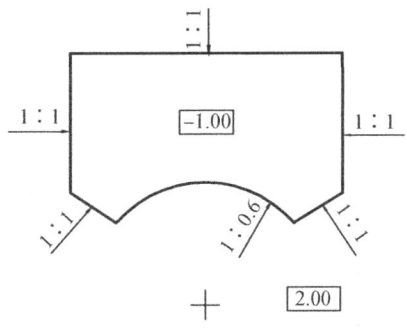

图 2-200

(3) 在高程为 0 m 的地面筑大小两堤,堤顶的高程及两边边坡如图 2-201 所示,完成其标高投影图(比例为 1∶500)。

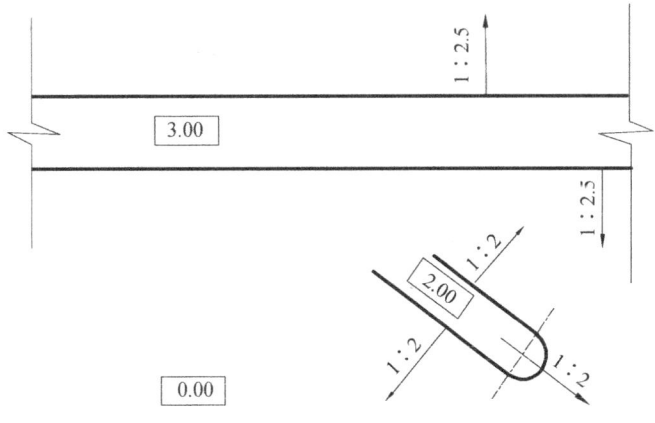

图 2-201

(4) 已知图 2-202 所示地形图,图中示出土坝坝顶和下游马道的位置(土坝是黏土材料)。①求作土坝的平面图。②完成土坝的平面图之后,作 A—A 剖面图。

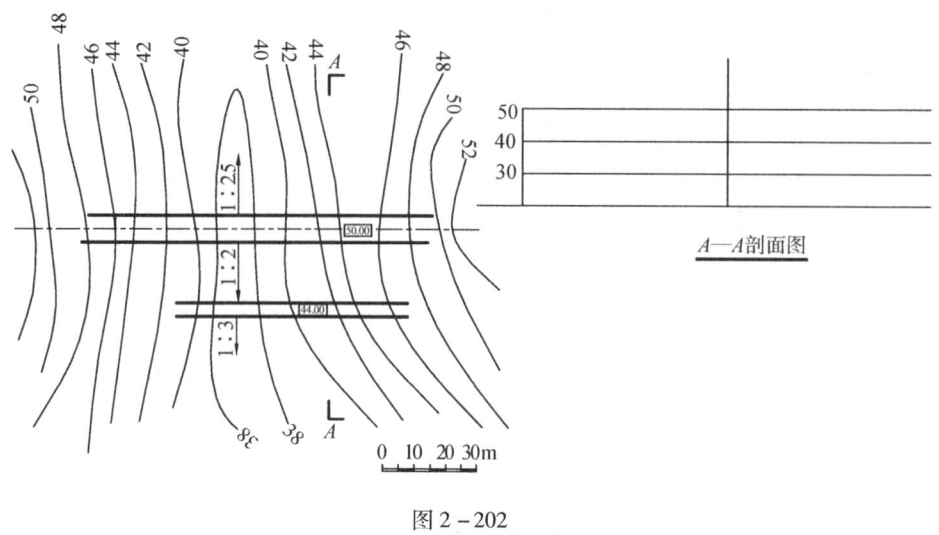

图 2-202

13. 常见曲面作图。

(1) 画出图 2-203 所示方圆渐变面的 1—1 剖面图。

(2) 画出图 2-204 所示扭面过渡段的 1—1、2—2 剖面图。

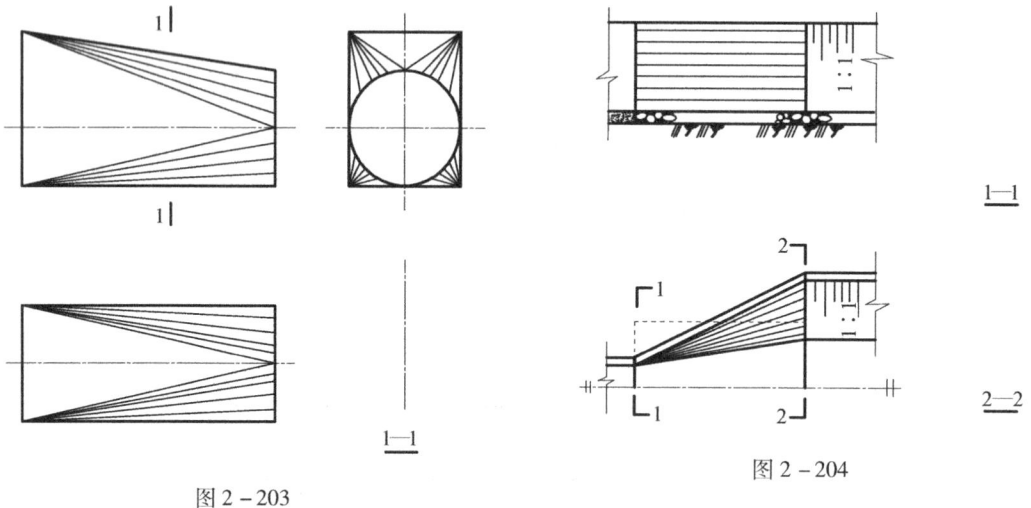

图 2-203

图 2-204

(3) 如图 2-205,由扭面过渡段的轴测图在指定位置画出其主(单一全剖视)、俯、左三视图(材料为浆砌石,比例 1∶10),标注尺寸,并画出正等测图。

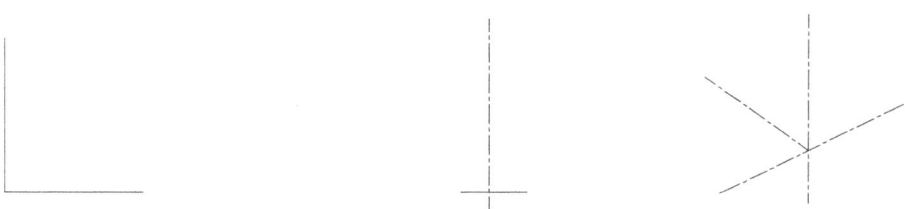

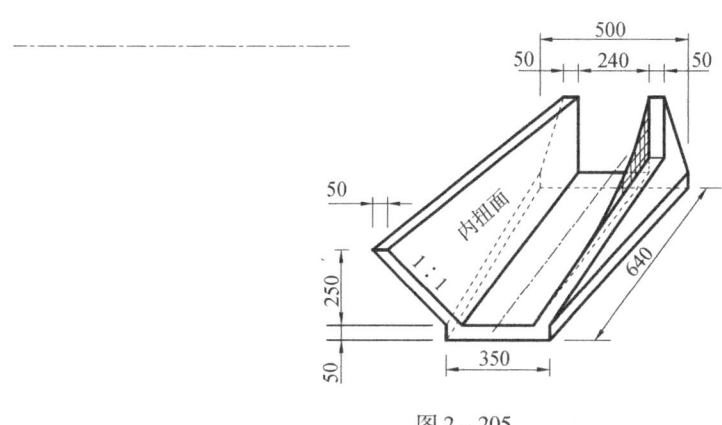

图 2-205

项目三　水利工程图

教学目标

掌握水利工程图的分类、特点、表达方法、尺寸注法；掌握水利枢纽布置图和水工建筑物结构图的图示内容和识读方法。

教学要求

知识要点	能力目标	权重
掌握水利工程图的分类、特点	了解水利工程图的分类、特点	5%
水利工程图的表达方法、尺寸注法；水利枢纽布置图和水工建筑物结构图的图示内容和识读方法	能读懂常见水工建筑物结构图	80%
钢筋图和建筑施工图	了解钢筋图和建筑施工图的基本知识、图示方法	15%

引例

水闸是防洪、排涝、灌溉等方面应用很广的一种水工建筑物。水闸设计图是水利枢纽设计图中的常见建筑物结构图。试分析和识读图3-1所示水闸设计图，想象其结构形状。

提示：分析和读懂相关水利工程图样，必须掌握水利工程图的分类、特点、表达方法、尺寸注法；掌握水利枢纽布置图和水工建筑物结构图的图示内容和识读方法。这些将是本学习项目要学习的主要内容。

基本知识学习

为了利用或控制自然界的水资源而采取的工程措施称为水利工程，工程中的建筑物称为水利工程建筑物，简称水工建筑物。表达水工建筑物的图样称为水利工程图，简称水工图。它是反映设计思想、指导工程施工的重要技术资料。

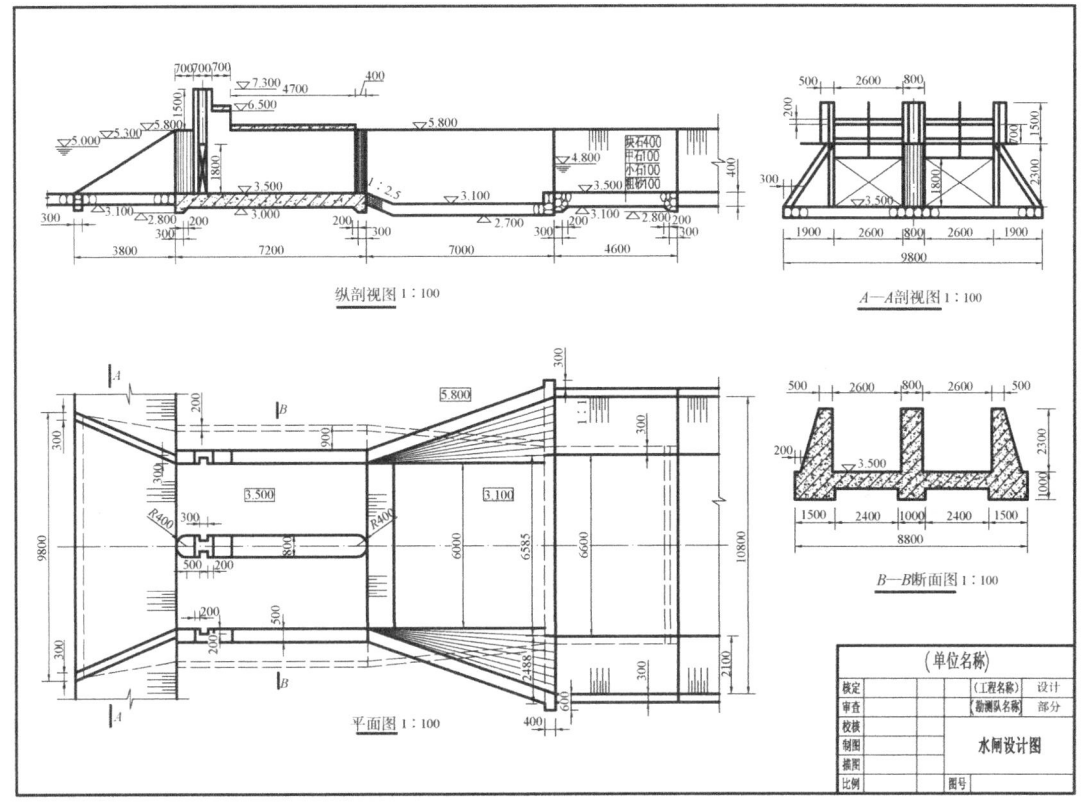

图 3-1 水闸设计图

3.1 水利工程图的分类与特点

3.1.1 水利工程图的分类

水利工程的兴建一般需要经过勘测、规划、设计、施工和验收等五个阶段，每个阶段都要绘制出相应的图样，不同阶段图样的图示内容和表达方法都有所不同。勘测阶段有地形图和工程地质图（由工程测量和工程地质课程介绍）；规划阶段有规划图；设计阶段有枢纽布置图和建筑物结构图；验收阶段有竣工图。下面介绍几种常见的水利工程图样。

1. 规划图

规划图是表达水利资源综合开发全面规划的一种示意图。按照水利工程的范围大小，规划图有流域规划图、水利资源综合利用规划图、灌区规划图、行政区域规划图等。规划图通常绘制在地形图上，采用图例、符号、示意的方式表明整个工程的布局、位置和受益面积等。如图 3-2 所示为广东省东江流域规划图。规划图表示范围大，图形比例小，一般采用比例为 1:5000～1:10000，甚至更小。

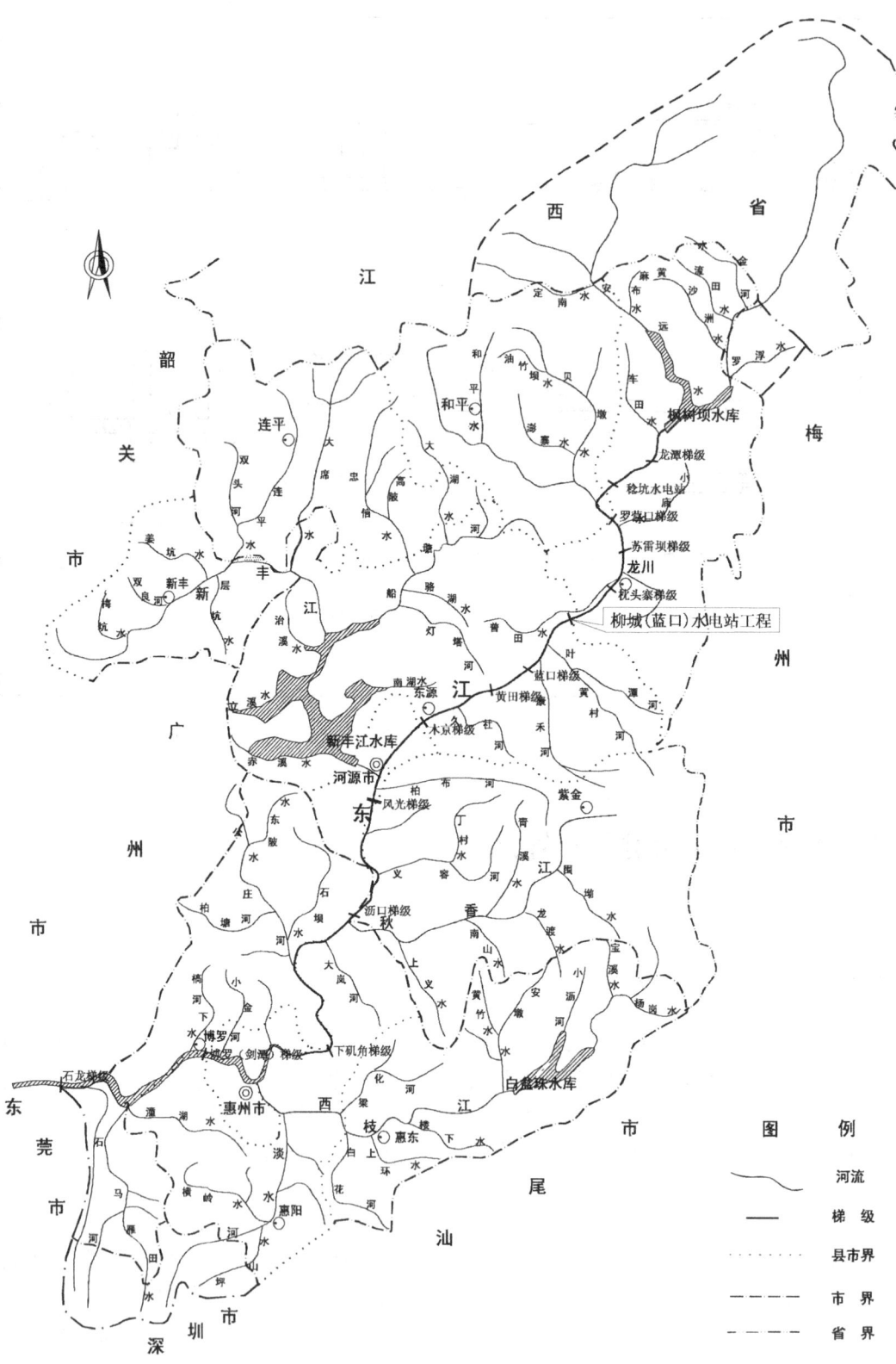

图 3-2　广东省东江流域规划图

2. 枢纽布置图

在水利工程中,由几个水工建筑物有机组合、相互协调工作的综合体称为水利枢纽。将整个水利枢纽的主要建筑物的平面图形画在地形图上,这样的图形就称为水利枢纽布置图。枢纽布置图可以单独画在一张图纸上,也可以和立面图等配合画在一张图纸上,如图3-23所示。枢纽布置图一般包括以下内容:

(1) 水利枢纽所在地区的地形、河流及流向、地理方位(指北针)等。
(2) 各建筑物的平面形状、相应位置关系。
(3) 建筑物与地面的交线、填挖方坡边线。
(4) 建筑物的主要高程和主要轮廓尺寸。

为了使主次分明,结构上的次要轮廓线和细部构造一般省去不画或用示意图表达它们的位置、种类,图中尺寸一般只标注建筑物的外形轮廓尺寸和定位尺寸、主要部位的标高、填挖方坡度等。所以枢纽布置图主要是用来表明各建筑物的平面布置情况,作为各建筑物的施工放样、土石方施工及绘制施工总平面图的依据等。

3. 建筑物结构图

建筑物结构图是以枢纽中某一建筑物为对象的工程图样,包括结构平面布置图、剖面图、分部和细部构造图、混凝土结构图和钢筋图等。主要用来表达水利枢纽中单个建筑物的形状、大小、结构和材料等内容,如图3-1所示水闸设计图。

4. 施工图

施工图是按照设计要求,用于指导施工所画的图样。主要表达施工过程中的施工组织、施工程序和方法等。

5. 竣工图

竣工图是在工程完成后,根据实际建成的建筑物绘制的图样。它详细记载着建筑物在施工过程中经过修改后的有关情况。

3.1.2 水利工程图的特点

水利工程图的绘制,除遵循制图基本原理以外,还根据水工建筑物的特点制定了一系列的表达方法,综合起来水利工程图有以下特点:

(1) 水工建筑物形体庞大,有时水平方向和铅垂方向相差较大,水利工程图允许一个图样中纵横方向比例不一致。
(2) 水利工程图整体布局与局部结构尺寸相差大,所以在水利工程图的图样中可以采用图例、符号等特殊表达方法及文字说明。
(3) 挡水建筑物应表明水流方向和上、下游特征水位。
(4) 水利工程图必须表达建筑物与地面的连接关系。

3.2 水利工程图的表达方法

前面介绍的工程形体表达方法都适用于表达水工建筑物,这里进一步阐述和补充水利工程图表达的一些特点。水利工程图的表达方法分为两类：基本表达方法和特殊表达方法。

3.2.1 基本表达方法

3.2.1.1 视图的名称和作用

1. 平面图

在水利工程图中，平面图（即俯视图）是基本的视图。平面图分表达单个建筑物的平面图及表达水利枢纽的总平面图。表达单个建筑物的平面图主要表明建筑物的平面布置，水平投影的形状、大小及各部分的相互位置关系、主要部位的标高等。

平面图的布置与水有关：对于挡水坝、水电站等建筑物的平面图把水流方向选为自上而下，用箭头表示水流方向，如图 3-3 所示；对于过水建筑物（水闸、渡槽、涵洞等）

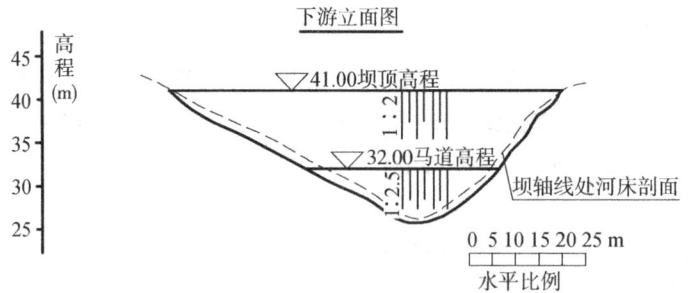

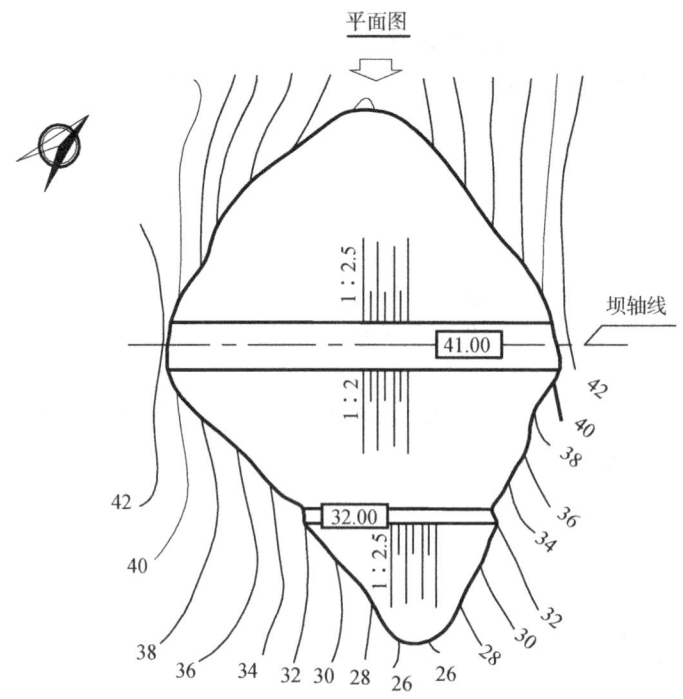

图 3-3 平面图和立面图

则把水流方向选作自左而右。根据《水利水电工程制图标准》规定：视向顺水流方向，左手边为河流左岸，右手边为河流的右岸。

图样中表示水流方向的符号，根据需要可按图3-4所示的形式绘制。枢纽布置图中的指北针符号，根据需要可按图3-5所示的形式绘制，其位置一般画在图形的左上角，必要时也可以画在右上角，箭头指向正北。

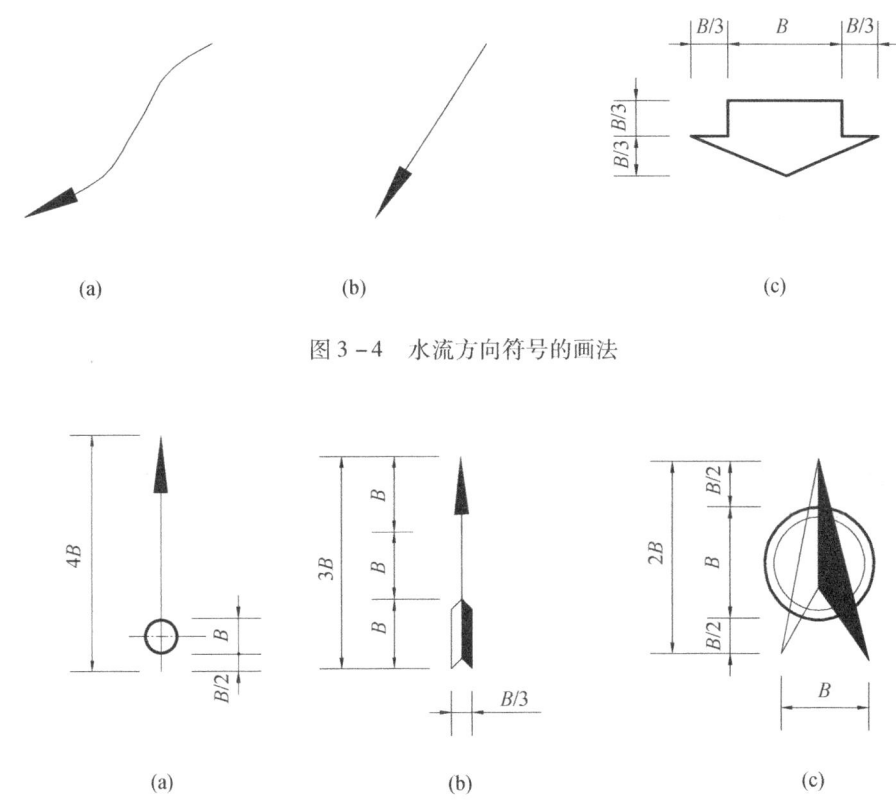

图3-4 水流方向符号的画法

图3-5 指北针符号的画法

2. 立面图

表达建筑物的各个立面的视图叫立面图（即主、左、右、后视图）。水利工程图中立面图的名称与水流有关，视向顺水流方向观察建筑物所得的视图称为上游立面图；视向逆水流方向观察建筑物所得的视图称为下游立面图。立面图主要表达建筑物的外部形状，上、下游立面的布置情况等，如图3-3中的下游立面图。

3. 剖视图、剖面图

水利水电工程图中，当剖切面平行于建筑物轴线或顺河流流向时，称为纵剖视（或纵剖面）图；当剖切面垂直于建筑物轴线或河流流向时，称为横剖视（或横剖面）图，如图3-6、图3-7所示。剖视图主要用来表达建筑物的内部结构形状和各组成部分的相互位置关系，建筑物主要高程和主要水位，地形、地质和建筑材料及工作情况等。剖面图的作用主要是表达建筑物某一组成部分的断面形状、尺寸、构造及其所采用的材料。

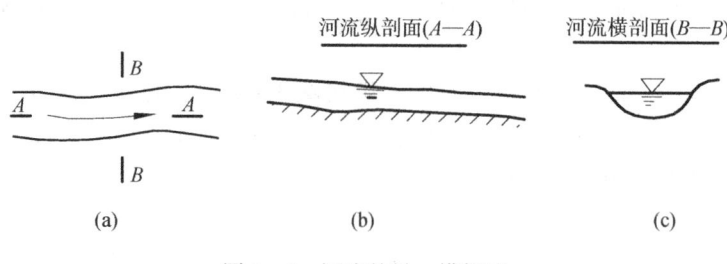

图 3－6　河流的纵、横剖面

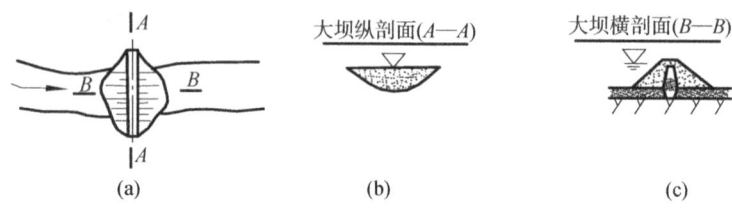

图 3－7　建筑物的纵、横剖面

4. 详图

将物体的部分结构用大于原图的比例画出的图样称为详图。其主要用来表达建筑物的某些细部结构形状、大小及所用材料。详图可以根据需要画成视图、剖视图或剖面图，它与放大部分的表达方式无关。详图一般应标注图名代号，其标注的形式为：把被放大部分在原图上用细实线小圆圈圈住，并标注字母，在相应的详图下面用相同字母标注图名、比例，如图 3－8 所示。

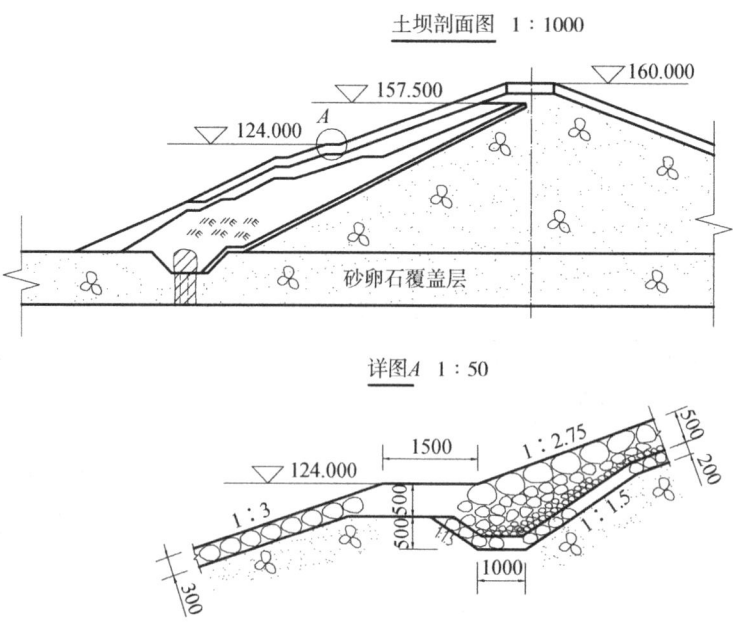

图 3－8　详图

3.2.1.2 视图配置和标注

表达建筑物的一组视图应尽可能按投影关系配置。有时为了合理利用图纸,也可将某些视图不按投影关系配置,对于大而复杂的建筑物,可以将某一视图单独画在一张图纸上。

为了看图方便,每个视图一般均应标注图名,图名统一注在视图的上方或下方,并在图名的下边画一条粗实线,长度以图名长度为准。

3.2.2 特殊表达方法

1. 合成视图

对称或基本对称的图形,可将两个视向相反的视图(或剖视图或剖面图)各画一半,并以点画线为界合成一个图形,分别注写相应的图名,这样的图形称为合成视图,如图3-9中 B—B 和 C—C 合成的剖视图。

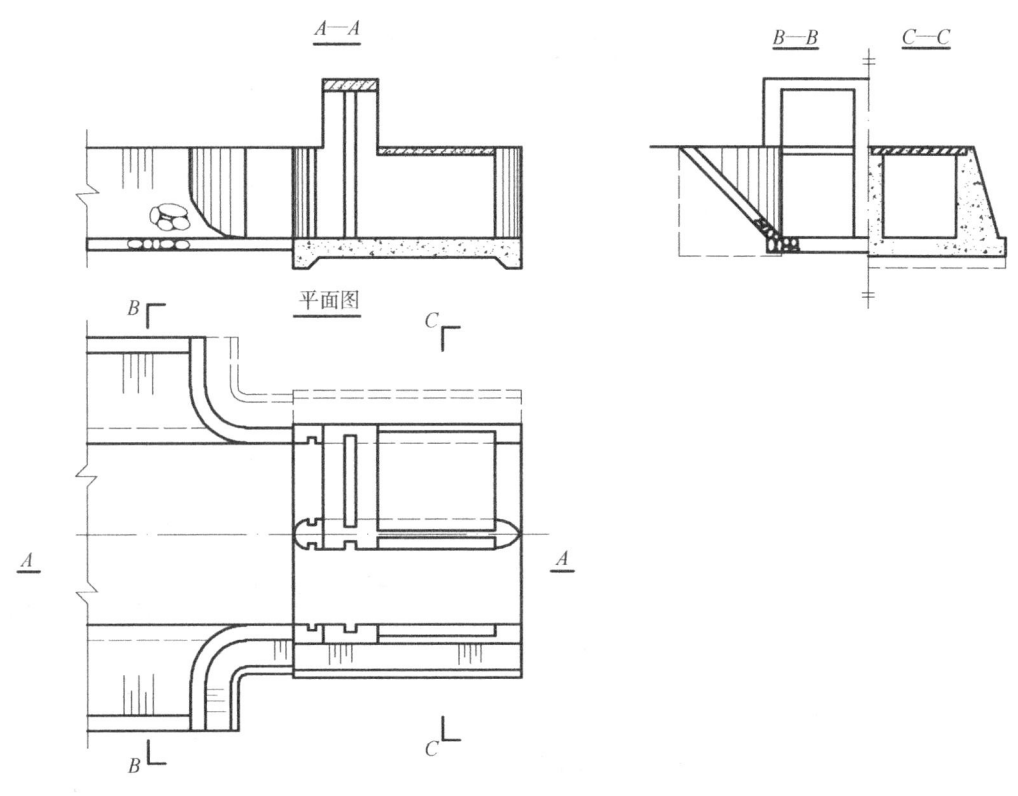

图 3-9 合成视图与拆卸画法

2. 拆卸画法

当视图(或剖视图)中所要表达的结构被另外的结构或填土遮挡时,可假想将其拆掉或掀去,然后再进行投影。如图3-9所示平面图中对称线前半部分将桥面板拆卸,翼墙及岸墙后回填土掀掉后绘制图,因此,翼墙与岸墙背水面轮廓可见,轮廓虚线变成实线。

3. 省略画法

(1) 当图形对称时,可以只画对称的一半,但须在对称线上加注对称符号,如图 3-10 所示涵洞平面图。

(2) 直径相同且成规律分布的孔,可只画出一个或几个,其余只表示其中心位置,但必须注明孔的总数,如图 3-11 所示。

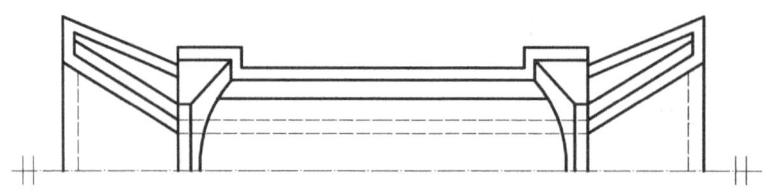

图 3-10 对称图形的省略画法

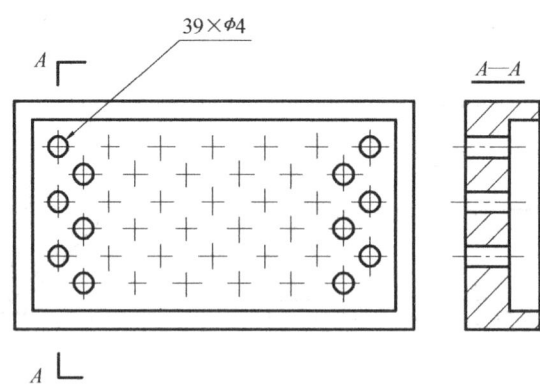

图 3-11 相同孔的省略画法

4. 展开画法

当构件或建筑物的轴线(或中心线)为曲线时,可以将曲线展开成直线后,绘制成视图(或剖视图或剖面图)。这时,应在图名后注写"展开"二字,或写成"展视图",如图 3-12 所示。

5. 不剖画法

当剖切平面沿纵向通过桩、杆、柱等实心构件和实心闸墩、支撑板的对称平面剖切时,这些结构都按不剖处理,用粗实线将其与邻接部分分开,如图 3-13a 中 A—A 剖视图的闸墩和图 3-13b 中 1—1 剖面图中的支撑板。

6. 缝隙的画法

建筑物中有各种缝线,如沉陷缝、伸缩

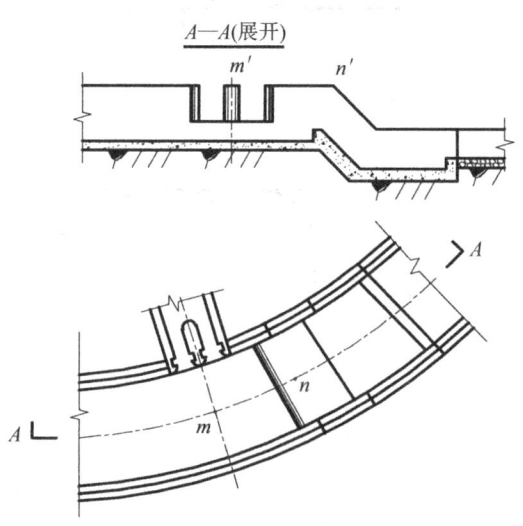

图 3-12 展开画法

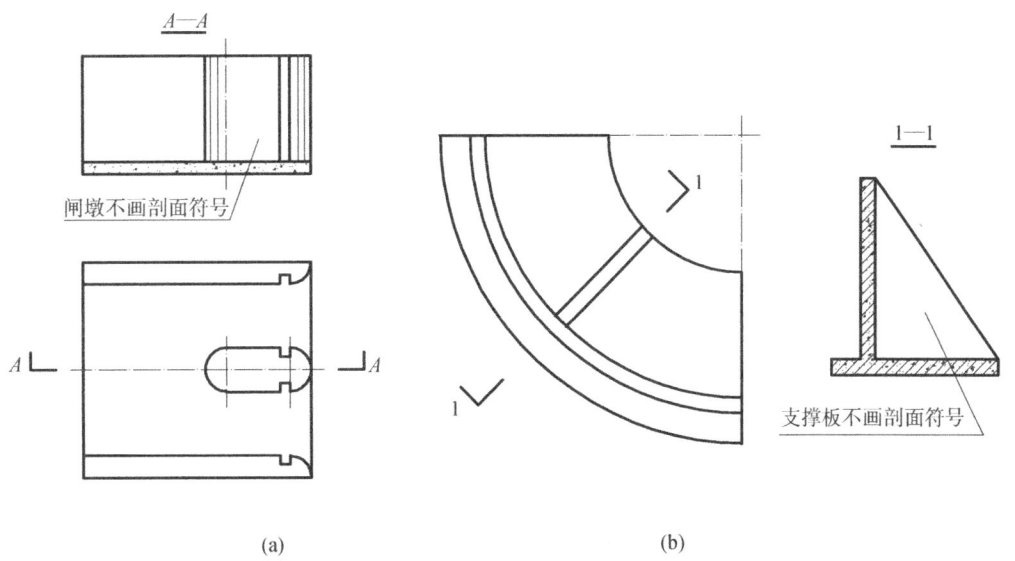

图 3-13 不剖画法

缝、施工缝和材料分界线等。无论缝线两边的表面是否在同一平面内，画图时这些缝隙用粗实线绘制，如图 3-14 所示。

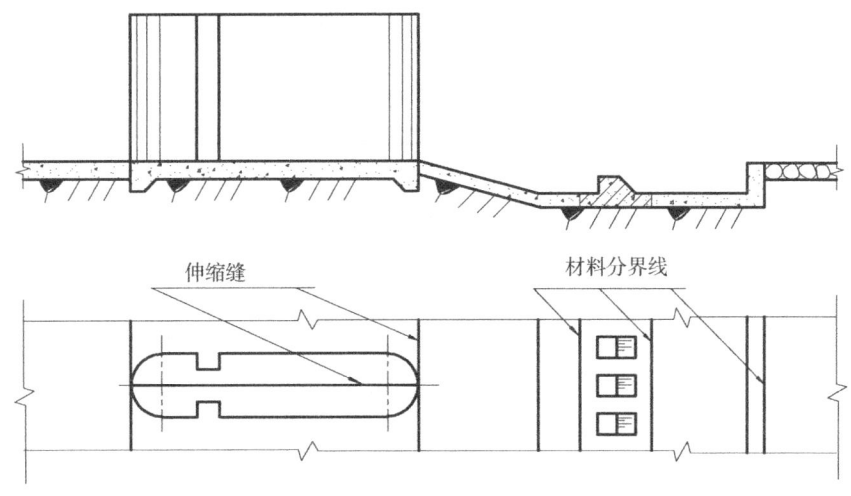

图 3-14 缝隙的画法

7. 连接画法

当图形较长时，允许将其分成两部分绘制，再用连接符号表示相连，并用大写汉语拼音字母编号，如图 3-15 土坝立面图的连接画法。

8. 断开画法

较长构件，当沿长度方向的形状一致，或按一定的规律变化时，可用断开画法绘制，如图 3-16 所示。采用断开画法后，标注尺寸时，仍按构件的实际长度标注。

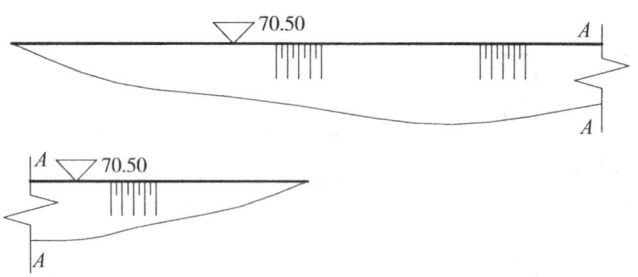

图 3-15 连接画法

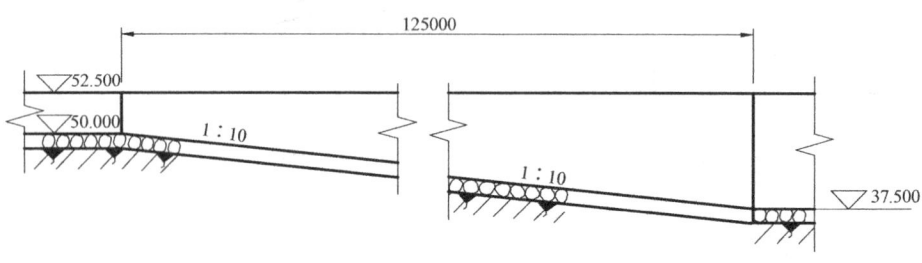

图 3-16 断开画法

9. 分层画法

当结构有层次时,可按其构造层次分层绘制。相邻层用波浪线分界,并用文字注写各层结构的名称,如图 3-17 所示。

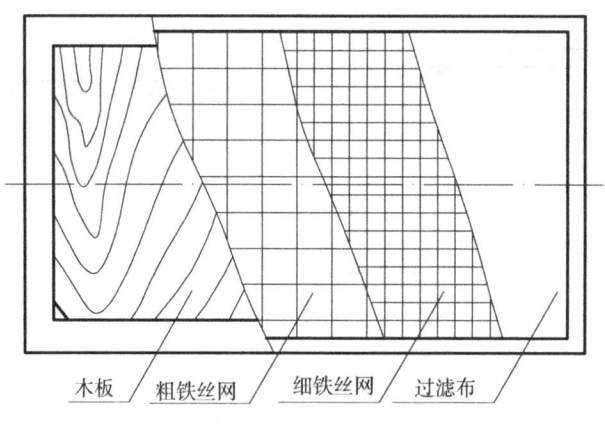

图 3-17 分层画法

10. 示意画法

在规划示意图中,各种建筑物是采用符号和平面图例在图中相应部位表示。这种画法虽然不能表示结构的详细情况,但能表示出它的位置、类型和作用。常见的水工建筑物平面图例如表 3-1 所示。

表3-1　常见水工建筑物平面图例

序号	名称		图例	序号	名称		图例
1	水库	大型		14	泵站		
		小型		15	水文站		
2	混凝土坝			16	水位站		
3	土石坝			17	船闸		
4	水闸			18	升船机		
5	水电站	大比例尺		19	码头	栈桥式	
		小比例尺				浮式	
6	变电站			20	溢洪道		
7	渡槽			21	堤		
8	隧洞			22	护岸		
9	涵洞			23	挡土墙		
10	虹吸			24	防浪堤	直墙式	
						斜坡式	
11	跌水			25	明沟		
12	斗门			26	暗沟		
13	淤区						

续表 3-1

序号	名称		图例	序号	名称	图例
27	灌区			30	渠	
28	分（蓄）洪区			31	运河	
29	道路	公路		32	铁路桥	
		大路		33	公路桥	
		小路		34	便桥 人行桥	

注：①序号 4 为水闸通用符号，当需区别类型时可标注文字，如：分洪闸 进水闸。

②序号 14 为泵站通用符号，当需区别类型时可标注文字，如：机排站 水轮泵站。

3.3 水利工程图的尺寸标注

前面介绍的有关尺寸注法的要求和方法，在水利工程图中也适用。本节根据水利工程图的特点，介绍水利工程图尺寸基准的确定和常用尺寸的注法。

3.3.1 高度尺寸的注法

水工建筑物的高度，除了注写垂直方向的尺寸外，一些重要的部位，如建筑物的顶面、底面、水位等均须标注高程，即标高。常在建筑物立面图和垂直方向的剖视图、剖面图中标注，如图 3-18 所示为标高注法的应用实例。

高程的基准与测量的基准一致，采用统一规定的青岛市黄海海平面为基准。有时为了施工方便，也采用某工程临时控制点、建筑物的底面、较重要的面为基准或辅助基准。

3.3.2 长度尺寸的注法

对于坝、隧洞、渠道等较长的水工建筑物，

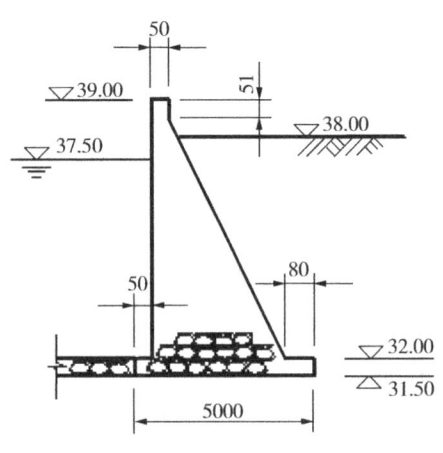

单位：cm
图 3-18 标高的注法

沿轴线的长度方向一般采用"桩号"的注法，标注形式为 $K\pm M$，K 为千米数，M 为米数。起点桩号为 $0+000$，起点桩号之前注成 $K-M$，为负值，起点桩号之后注成 $K+M$，为正值。桩号数字一般垂直于轴线方向注写，且标注在同一侧。当轴线为折线时，转折点的桩号数字应重复标注。当同一图中几种建筑物均采用"桩号"进行标注时，可在桩号数字前加注文字以示区别，如图 3-19 所示，为某隧洞桩号的标注。

水平尺寸的基准一般以建筑物对称线、轴线为基准，不对称时就以水平方向较重要的面为基准。河道、渠道、隧洞、堤坝等以建筑物的进口即轴线的始点为起点桩号。

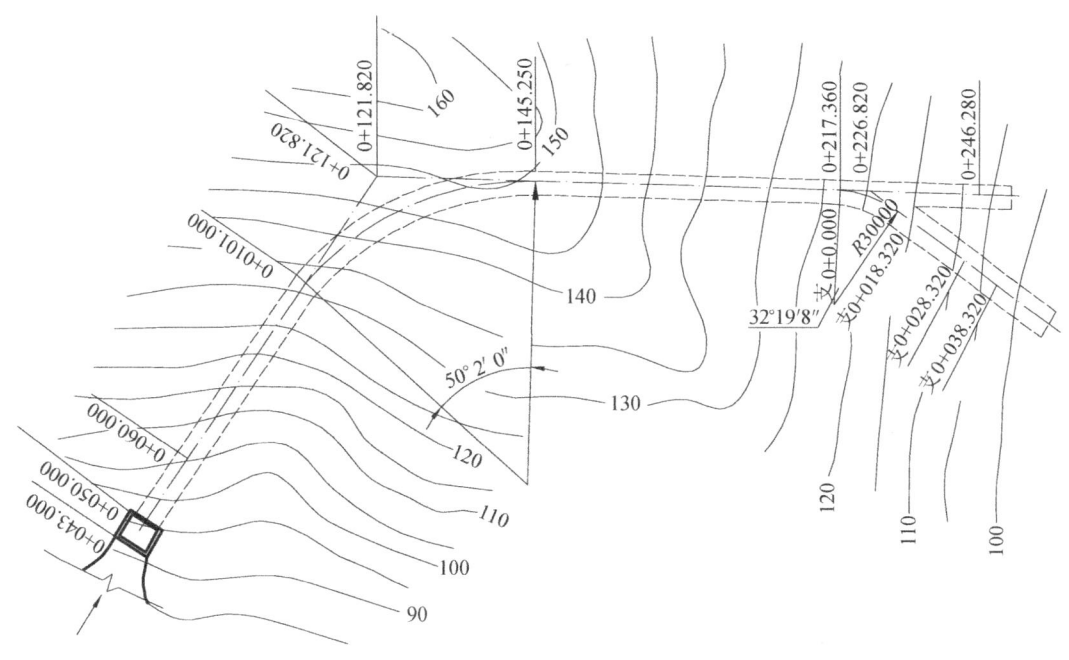

图 3-19 桩号的注法

3.3.3 连接圆弧与非圆曲线的尺寸注法

连接圆弧需注出圆弧半径、圆心角，夹角的两边指向圆弧的端点、切点。根据施工放样的需要，还应注出圆弧的圆心、切点和端点的高程以及它们长度方向的尺寸，如图 3-20 所示。

非圆曲线尺寸的标注一般是在图中给出曲线方程式，画出方程的坐标轴，并在图附近列表给出曲线上一系列点的坐标值，如图 3-20 所示溢流坝面的标注。

3.3.4 简化标注

1. 多层结构尺寸的注法

在水利工程图中，多层结构的尺寸常用引出线引出标注。引出线必须垂直通过被引的各层，文字说明和尺寸数字应按结构的层次注写，如图 3-21 所示。

2. 均布与相同构造的尺寸注法

在水利工程图中，均匀分布的相同构件或构造，其尺寸可按图 3-22a、b、c 所示的方法标注。

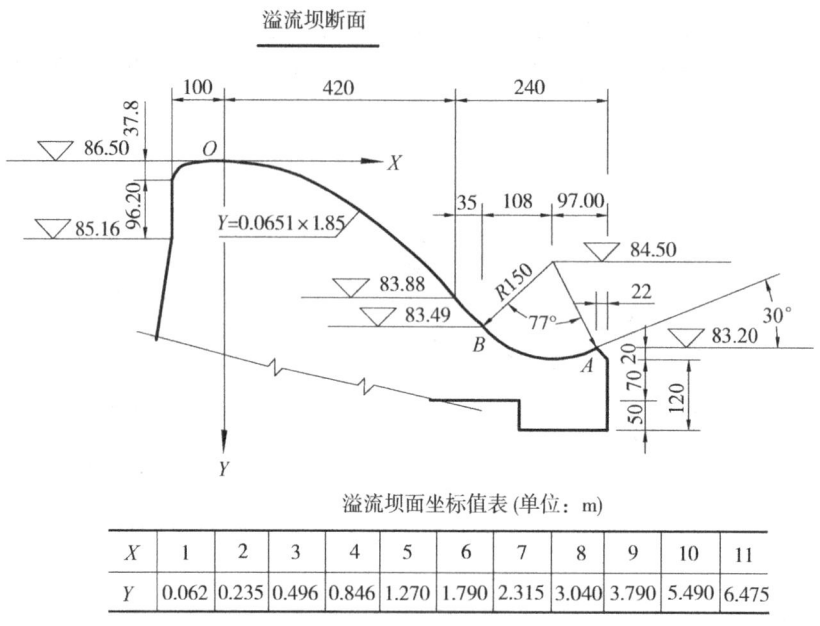

图 3-20　连接圆弧与非圆曲线的尺寸注法

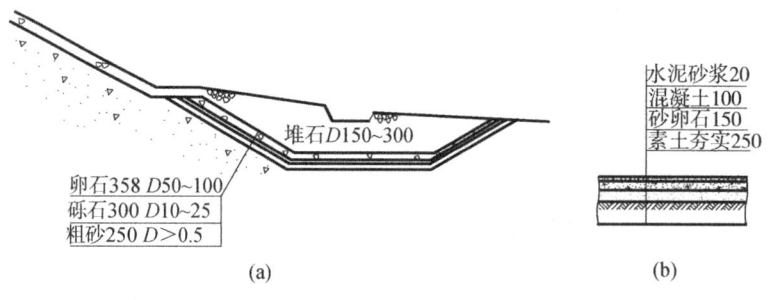

图 3-21　多层结构尺寸的注法

3.3.5　封闭尺寸链与重复尺寸

图样中既标注各分段尺寸又标注总体尺寸时就形成了封闭尺寸链。由于水工建筑物的施工是分段进行的，为便于施工与测量，需要标注封闭尺寸。

若表达水工建筑物的视图较多，难以按投影关系布置，甚至不能画在同一张图纸上，或采用了不同的比例绘制，致使看图时不易找到对应的投影关系，为便于看图，允许标注重复尺寸，但应尽量减少不必要的重复尺寸。

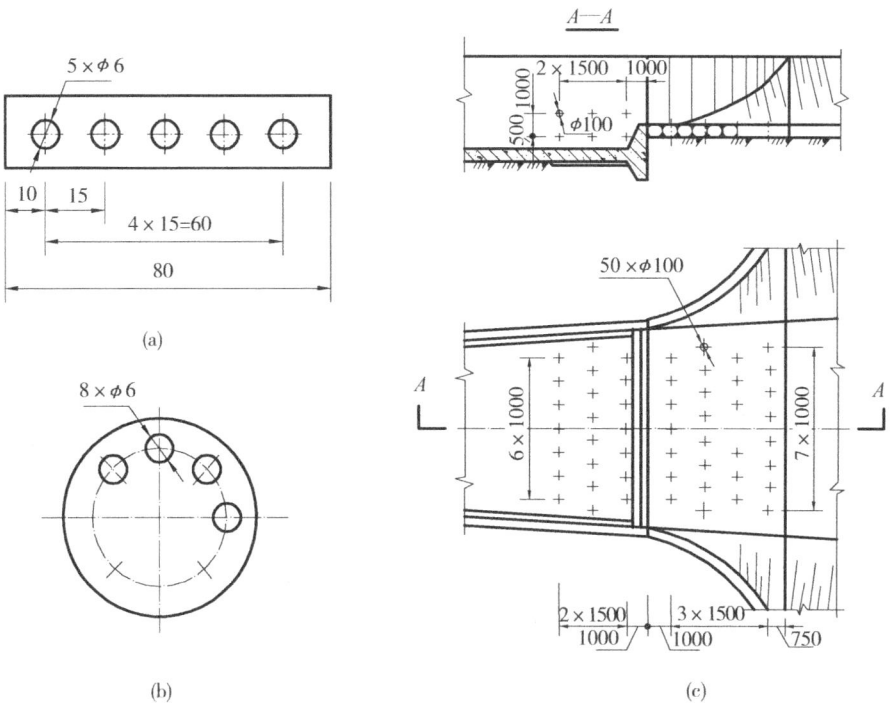

图 3-22　均布与相同构造的尺寸注法

3.4　水利工程图的绘制

绘制水利工程图一般遵循以下步骤：

（1）熟悉设计资料，分析、确定需要表达的主要内容。

（2）选择视图，确定合理的表达方案。

（3）选择适当的绘图比例和图幅。力争在表达清楚的前提下，尽量采用较小的绘图比例。

（4）合理布置视图。按所选取的比例估算各视图所占的图纸幅面，进行合理布置。各视图应尽量按投影关系配置，有联系的视图应尽量布置在同一张图纸内。

（5）画底稿。

①画各视图的作图基准线，如轴线、中心线、主要轮廓线等；

②绘图时，先画大的轮廓，后画细部；先画主要部分，后画次要部分；先画特征明显的视图，后画其他视图；

③标注尺寸和注写文字说明；

④画建筑材料图例。

（6）检查校对，确定无误后加深图线。

（7）填写标题栏，完成全图。

3.5 水利工程图的识读

3.5.1 读图方法和步骤

识读水利工程图一般由枢纽布置图到建筑结构图，按先整体后局部，先看主要结构后看次要结构，先粗后细、逐步深入的方法进行。具体步骤如下：

1. 概括了解

阅读标题栏和有关说明，了解建筑物的名称、作用、比例、尺寸单位等内容。

分析水工建筑物总体和各部分采用了哪些表达方法；找出有关视图和剖视图之间的投影关系，明确各视图所表达的内容。

2. 深入阅读

概括了解之后，还要进一步仔细阅读，其顺序一般是由总体到部分，由主要结构到次要结构，逐步深入。读水利工程图时，除了要运用形体分析法外，还需要知道建筑物的功能和结构常识，运用对照的方法读图，即平面图、剖视图、立面图对照着读，图形、尺寸、文字说明对照着读等。

3. 综合想象整体

通过归纳总结，对建筑物（或建筑物群）的大小、形状、位置、功能、结构特点、材料等有一个完整和清晰的了解。

3.5.2 水库枢纽设计图的识读

【例3-1】 阅读图3-23、图3-24所示水库枢纽设计图。

①概括了解

水库枢纽的功能及组成：枢纽主体工程由拦河坝、溢洪道、输水系统等部分组成。拦河坝采用了土石坝，用于拦截水流、蓄水抬高上游水位。土坝由坝身、心墙、棱体排水和护坡四部分组成，主要用于挡水。该坝身呈梯形断面，用砂卵石材料堆筑，为防止漏水，在坝体内筑有粘土心墙。上、下游坡面为防止风浪、冰凌冲击以及雨水冲刷而设置的保护层，称为护坡。下游坝脚设有棱体排水，其主要作用是排除由上游渗透到下游的水量。为防止带走土粒和堵塞排水棱体，并设有反滤层。输水道布置在大坝的东边，经过隧洞把水引向下游供发电和灌溉用。溢洪道修建在大坝西边山凹处，是水库满蓄期间排泄洪水的建筑物，它可以防止洪水因从坝顶漫溢而引起的溃坝事故。

图形表达：该工程图分为枢纽平面布置图（图3-23）和土坝设计图（图3-24）两部分，其中土坝设计图由坝身最大横断面图、上游护坡详图 A、B 和下游坝脚棱体排水详图 C 等表达。图中较多地采用了示意、简化、省略的表达方法。

②深入阅读

枢纽平面布置图表达了地形、水流方向、地理方位、坝轴线位置、各建筑物的位置、

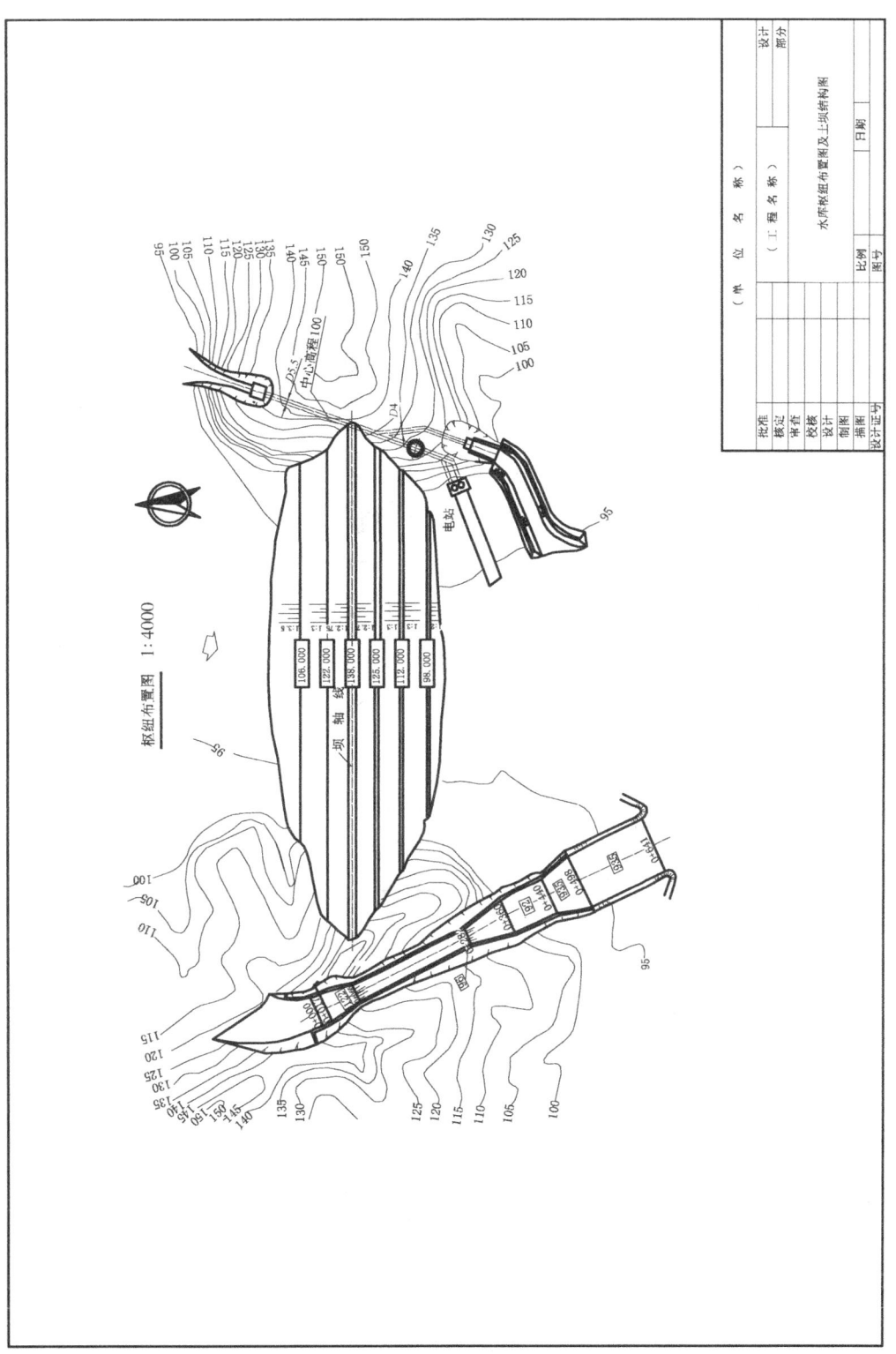

图3-23 水库枢纽布置图

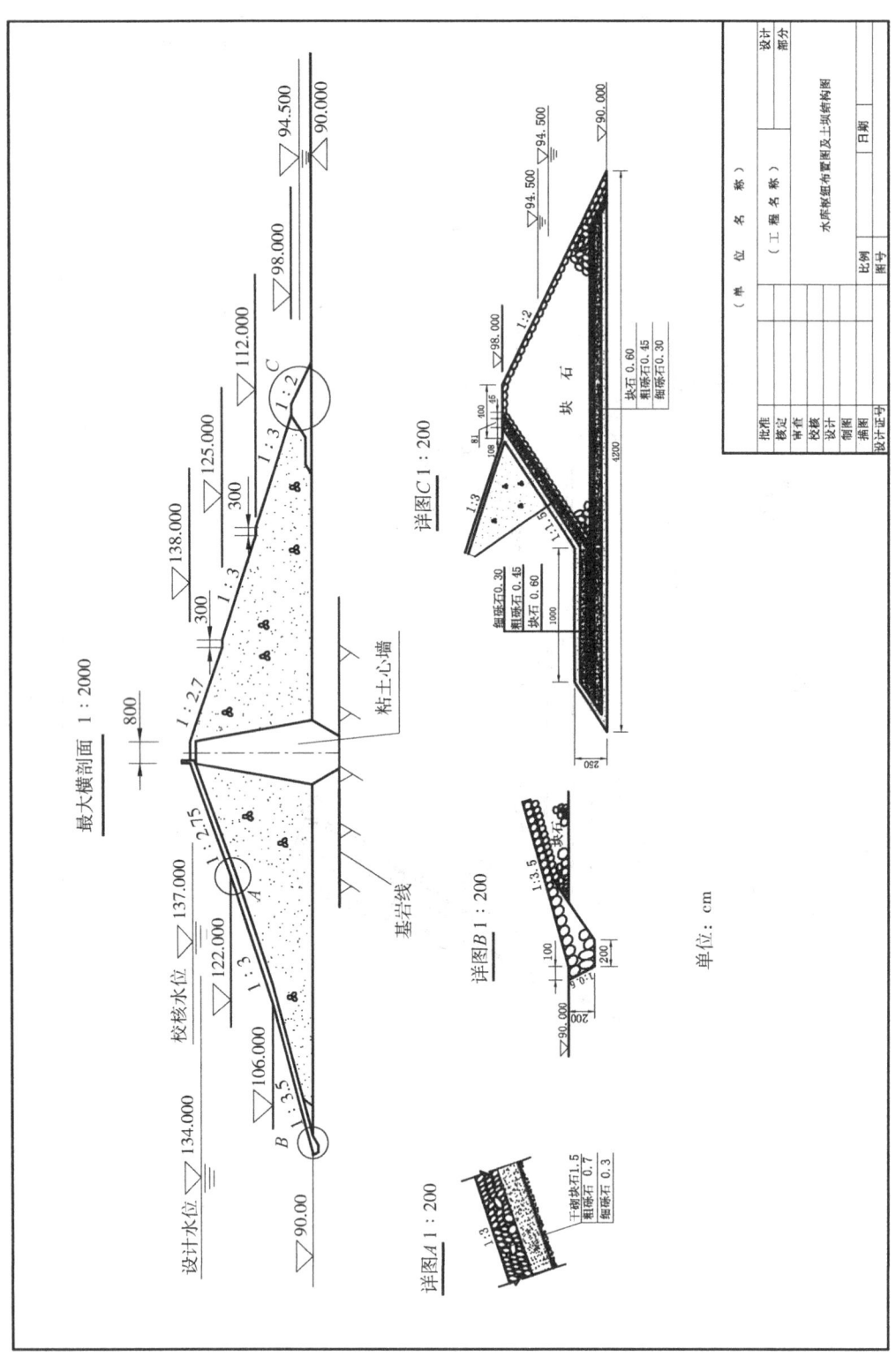

图3-24 土坝结构图

建筑物与地面的交线及主要高程和主要尺寸。

最大横断面图是在河槽位置垂直于坝轴线剖切而得，它表达了坝顶高程为 138 m、宽为 8 m。上游护坡为 1∶2.75、1∶3 和 1∶3.5。下游护坡为 1∶2.7、1∶3、1∶3 和 1∶2，并在 125 m 和 112 m 高程处设有 3 m 宽的马道。剖面图上同时表达了心墙、护坡和棱体排水的位置。上游面标注有设计和校核水位等。中间粘土心墙为直棱柱体，沿坝轴线方向形成一道墙，且上接坝顶防浪墙，下与基岩连接。坝壳为砂石料，上下游采用了砌石护坡。详图 A 表达了土坝上游坝坡的结构和尺寸，由块石、粗砾石、细砾石等三层组成，下面连接砂石料坝壳。详图 B 则表达了土坝上游护坡与坝基连接的详细情况以及尺寸。详图 C 则表达了土坝下游块石棱柱体和反滤层的结构和尺寸。

③综合想象整体

根据土坝最大横断面及三个详图弄清土坝的结构形状和相互关系，根据枢纽平面图所表达的建筑物的相互关系可构想出整个枢纽的空间形状。

3.5.3　混凝土重力坝设计图的识读

【例 3-2】　阅读图 3-25～图 3-27 混凝土重力坝设计图。

①概括了解

枢纽的组成和作用：图 3-25～图 3-27 所示为一个水库枢纽工程。该枢纽主体工程是由溢流坝、非溢流坝组成，全部采用混凝土现场浇注而成。非溢流坝用于拦截河水、蓄水和抬高上游水位，溢流坝在高程 324.0 m 上设有弧形闸门，用于上游发生洪水时开启闸门泄流。由于该坝体是依靠本身重力保持稳定，故名重力坝。

视图表达：本工程由枢纽平面布置图、下游立面图、剖视图（1—1、2—2）以及挑流鼻坎大样图来表达其总体布置及构造。

②深入阅读

枢纽平面布置图表达了地形、地貌、河流、指北针、坝轴线位置及建筑物的布置。下游立面图表达了河谷、溢流坝、非溢流坝布置和主要高程。剖视图表达了溢流坝、非溢流坝的剖面形状和结构布置。闸门、工作桥、启闭机等为坝的附属设备，图中采用示意、省略的表达方法。

由图可知，本挡水重力坝全长 244.0 m，分为非溢流坝段和溢流坝段两部分。

非溢流坝段：从枢纽平面布置图和下游立面图中看出，左岸桩号"坝 0+000.0"至"坝 0+099.5"，右岸桩号"坝 0+146.5"至"坝 0+244.0"两段为非溢流坝；在桩号"坝 0+035.0"至"坝 0+211.5"及非溢流坝和溢流坝之间设伸缩缝，分缝中设有止水铜片。从 2—2 剖面图可以看出坝体的剖面形状，坝内在高程 274.0 m 处设有一条平行坝轴线的灌浆廊道，通过向坝基灌注水泥浆，使坝基与岩石固结为一个整体，形成一道帷幕状的墙以防渗流，故名帷幕灌浆。在右岸挡水坝 2—2 断面位置 277.0 m 高程处设有一条垂直坝轴线的交通廊道，与灌浆廊道连通。在距上游坝面 5 m 处设一排多孔混凝土管，用于坝身排水，渗漏水集中于灌浆廊道，然后抽排到下游河中。灌浆廊道下游侧设有直径为 150 mm 的坝基排水孔以收集坝基渗水，坝基排水孔沿坝轴线方向布置一排，间距为 300 mm。坝基面还设有平行于坝轴线方向的坝基排水管，收集坝基渗水，降低坝基扬压力。

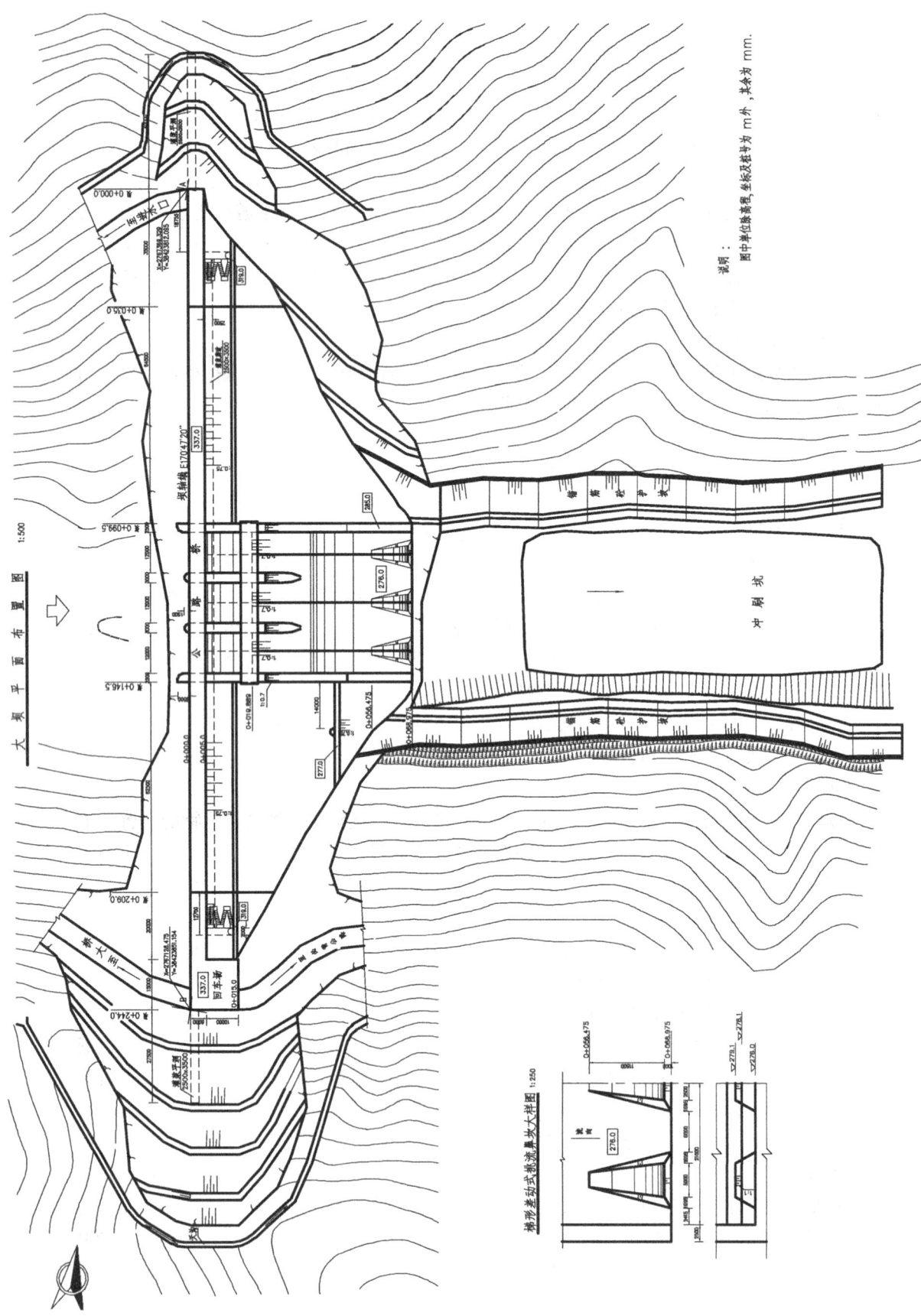

图3-25 碾压砼坝平面布置图

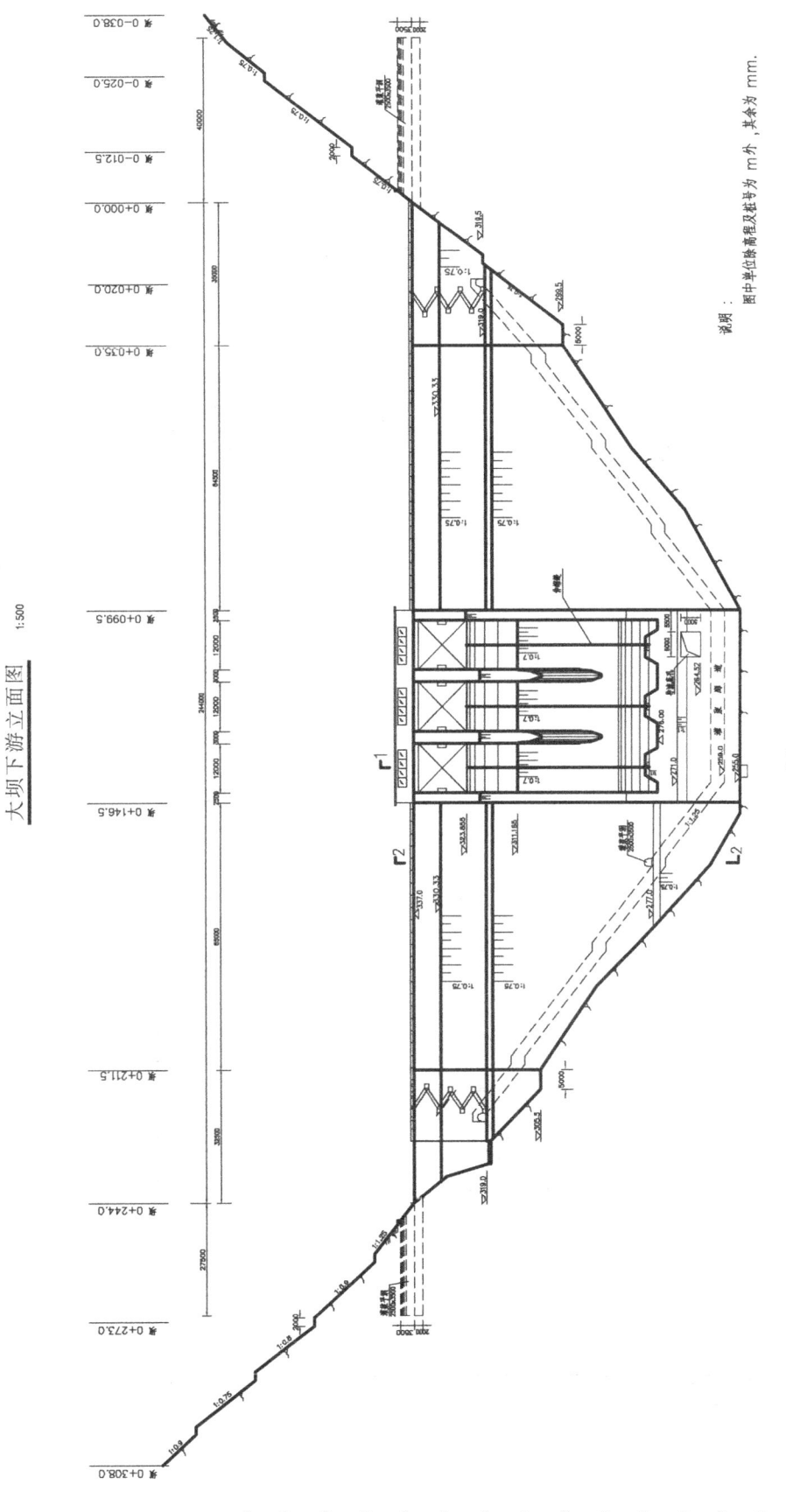

图3-26 碾压砼坝下游立面图

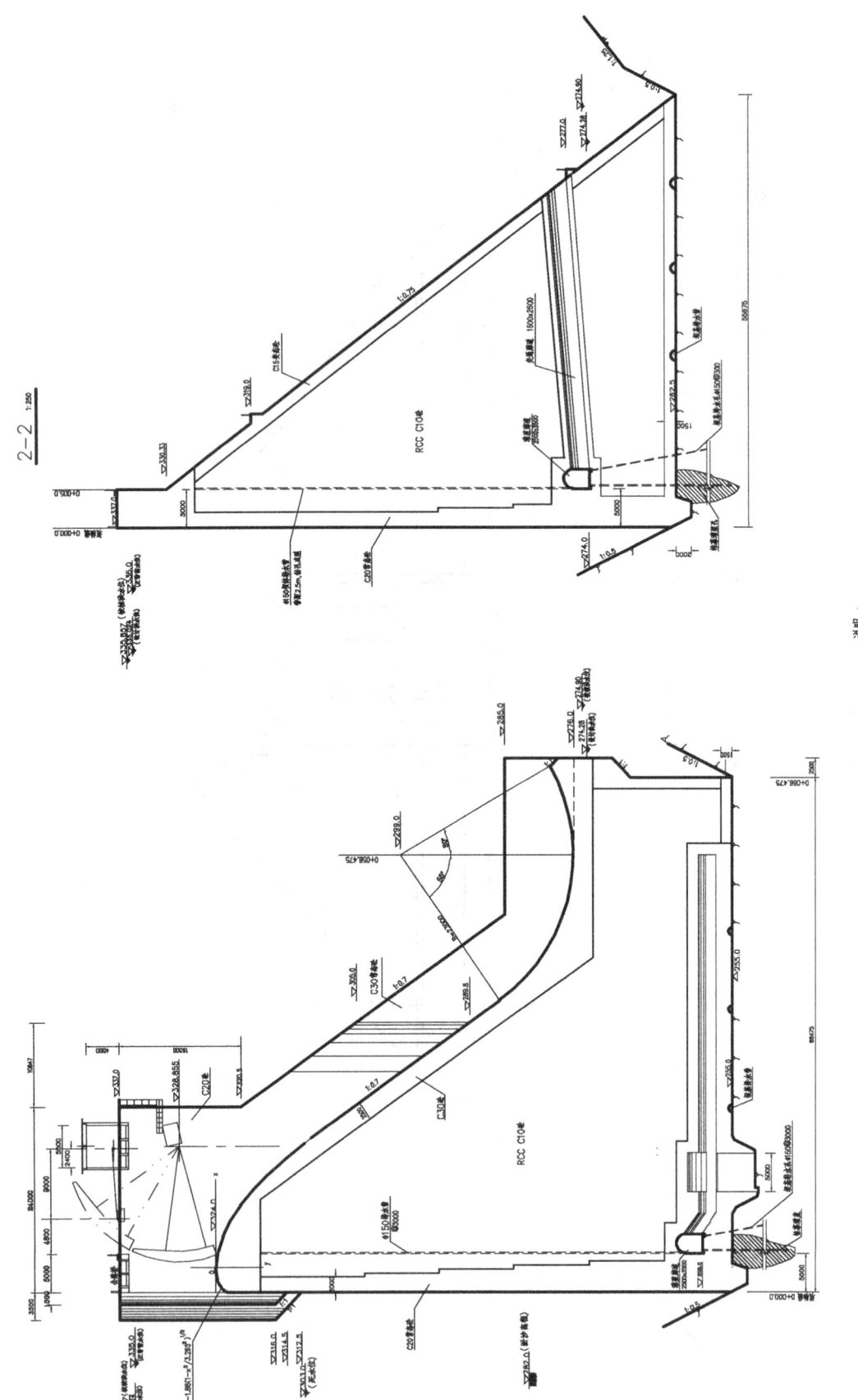

图3-27 碾压砼坝剖面图

坝体上游面、下游面、坝基及廊道周围为常态混凝土，坝内为碾压混凝土。

溢流坝段：从枢纽布置图和下游立面图可看出，溢流坝段设在桩号"坝0+099.5"至"坝0+146.5"之间。共分为三个溢流孔，每孔净宽12.0 m，设有厚度为3.0 m的中间闸墩2个和厚度为2.5 m的边闸墩2个，并将边闸墩向下游延长形成隔水墙，防止水流向两侧扩散。坝段分缝设在闸孔的中间处。从1—1剖视图看出，坝的过水表面做成柱面的导线由顶部幂曲线段、中间直线段和下部圆弧段连接而成，做成挑流式消能。坝上部设有闸墩、弧形闸门、交通桥、工作桥及牛腿。坝内排水系统及廊道布置同非溢流坝。上游坝面采用C20常态混凝土，溢流面采用C30常态混凝土，坝内采用C10碾压混凝土。

③综合想象整体

经过对图纸的仔细阅读和分析，可以想象出该重力坝的整体结构形状。

3.5.4 水闸设计图的识读

【例3-3】 阅读图3-28水闸设计图。

①概括了解

水闸的功能及组成：水闸是防洪、排涝、灌溉等方面应用很广的一种水工建筑物。通过闸门的启闭，可使水闸具有泄水和挡水的双重作用。改变闸门的开启高度，可以起到控制水位和调节流量的作用。

水闸由上游段、闸室段和下游段三部分组成。上游段的作用是引导水流平顺地进入闸室，并保护上游河岸及河床不受冲刷。一般包括上游齿墙、铺盖、上游翼墙及两岸护坡等。闸室段起控制水流的作用。它包括闸门、闸墩（中墩及边墩）、闸底板，以及在闸墩上设置的交通桥、工作桥和闸门启闭设备等。下游段的作用是均匀地扩散水流，消除水流能量，防止冲刷河岸及河床，其包括消力池、海漫、下游防冲槽、下游翼墙及两岸护坡等。

图形表达：本图采用了三个基本视图（纵剖视图，平面图，上、下游立面图）及五个剖面图等图形表达水闸的结构和组成。

②深入阅读

平面图：表达了水闸各组成部分的平面布置、形状、材料和大小。水闸左右对称，采用对称画法；只画出以河流中心线为界的左岸，闸室段工作桥、交通桥和闸门采用了拆卸画法；冒水孔的分布情况采用了省略画法；标注出B—B、C—C、D—D、E—E、F—F剖切位置线。

A—A纵剖视图：其剖切平面沿长度方向经过闸孔剖开得到的剖视图。它表达了铺盖、闸室底板、消力池、海漫等部分的剖面形状和各段的长度及连接形状，图中可以看到门槽位置、排架形状以及上、下游设计水位和各部分的高程。

上、下游立面图：表达了梯形河道剖面及水闸上游面和下游面的结构布置。由于视图对称，故采用各画一半的合成视图表达。

五个剖面图：B—B剖面图表达闸室为钢筋混凝土整体结构，同时还可以看出岸墙处回填黏土的剖面形状和尺寸。C—C、E—E、F—F剖面图分别表达上、下游翼墙的剖面形状、尺寸、材料、回填黏土和排水孔处垫粗砂的情况。D—D剖面表达了路沿挡土墙的剖

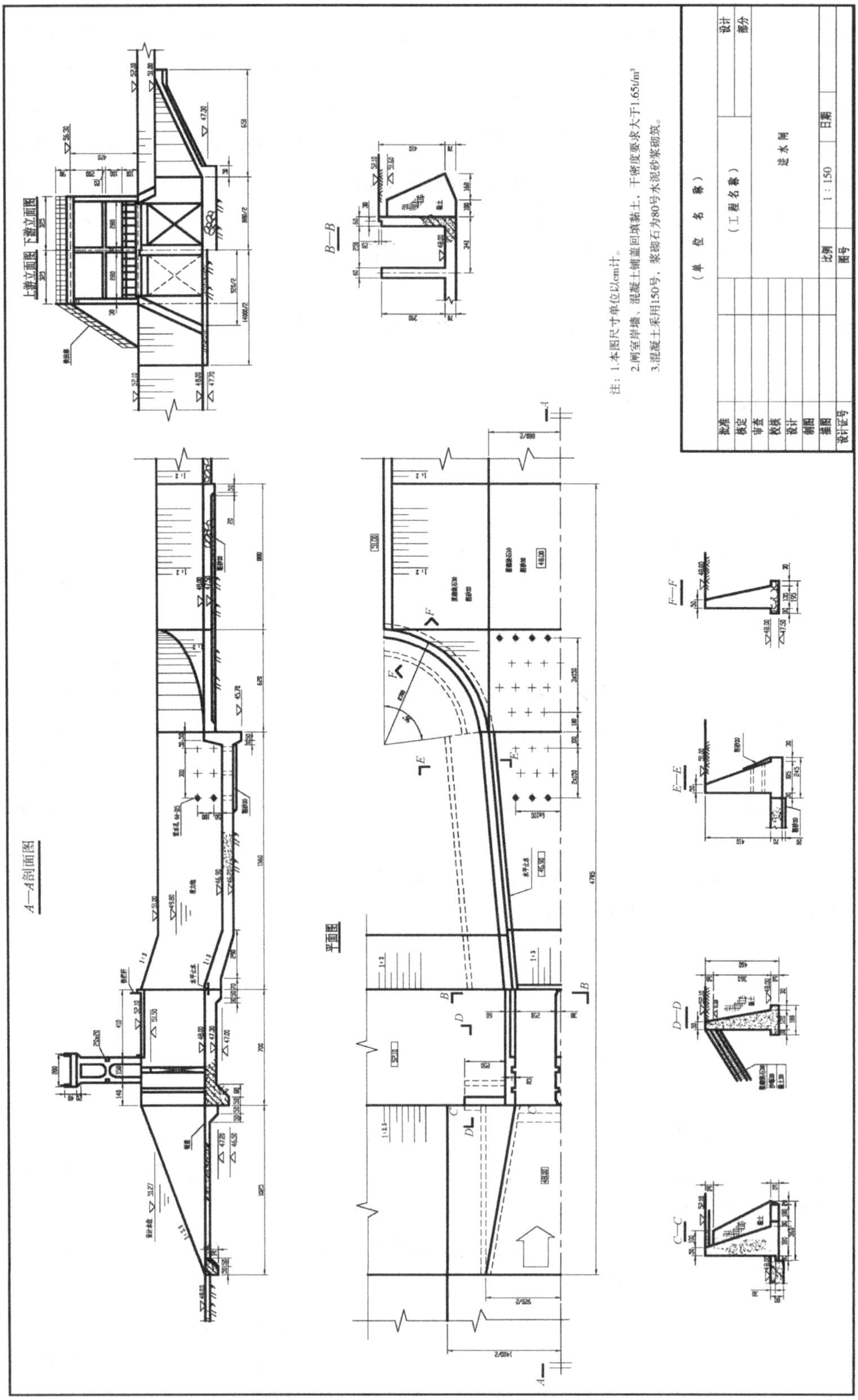

图3-28 水闸设计图

面形状和上游面护坡的砌筑材料等。

③综合想象整体

综合阅读相关视图可知，水闸的上游段、闸室段、下游段各部分的大小、材料和构造。上游段的铺盖底部是黏土层，采用钢筋混凝土材料护面，端部有防渗齿坎。两岸是浆砌块石护坡。翼墙采用斜降式八字翼墙，防止两岸土体坍塌，保护河岸免受水流冲刷。翼墙与闸室边墩之间设垂直止水，钢筋混凝土铺盖与闸室底板之间设水平止水。

水闸的闸室为钢筋混凝土整体结构，由底板、闸墩、岸墙（也称边墩）、闸门、交通桥、排架及工作桥等组成。闸室全长 7 m、宽 6.8 m，中间有一闸墩分成两孔，闸墩厚 0.6 m，两端分别做成半圆形，墩上有闸门槽及修理门槽。闸门为平板门。混凝土底板厚 0.7 m，前后有齿坎，防止水闸滑动。靠闸室下游设有钢筋混凝土交通桥，中部由排架支承工作桥。

在闸室的下游，连接着一段陡坡及消力池，其两侧为混凝土挡土墙。消力池用混凝土材料做成，海漫由浆砌石做成，为了降低渗水压力，在消力池和海漫的混凝土底板上设有冒水孔，为防止排水时冲走地下的土壤，在底板下筑有反滤层。下游采用圆柱面翼墙，与渠道边坡连接，保证水流顺畅地进入下游渠道。

经过对图纸的仔细阅读和分析，可以想象出水闸空间的整体结构形状，如图 3-29 所示。

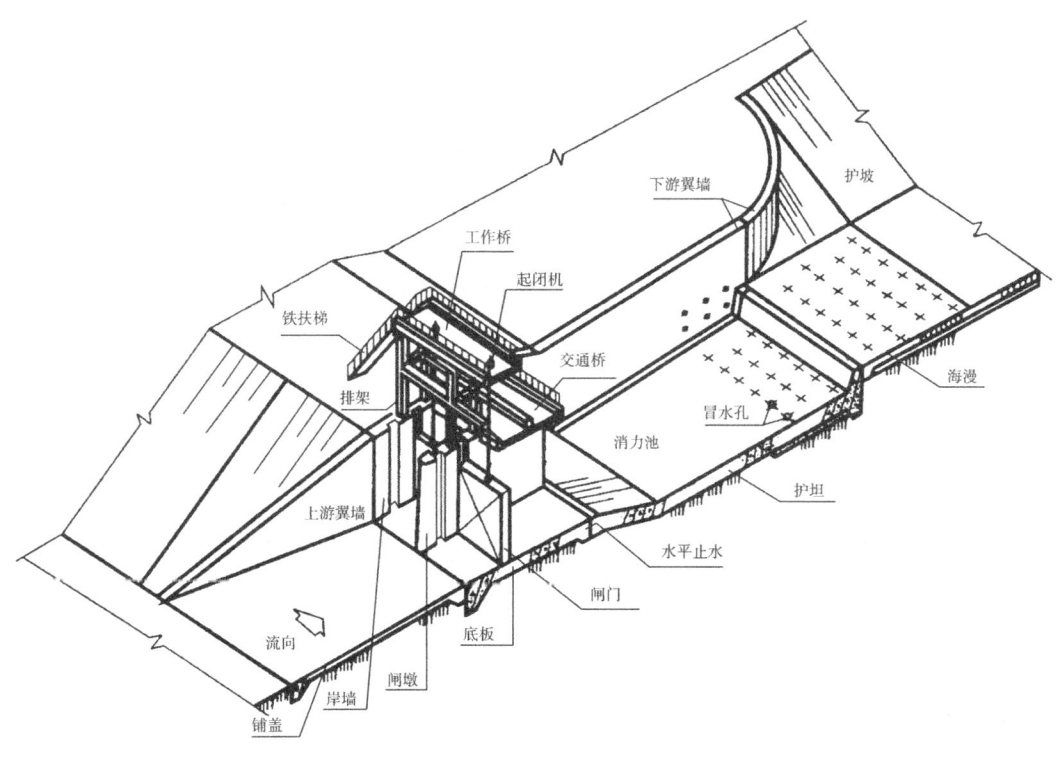

图 3-29　水闸立体示意图

3.6 钢筋混凝土结构图

在水利工程中,很多结构都是由钢筋混凝土构成。混凝土具有较高的抗压强度,钢筋具有良好的抗拉性能。在混凝土中,按照结构受力要求,配置一定数量的钢筋以增强其抗拉能力,这种由混凝土和钢筋两种材料制成的构件称为钢筋混凝土结构。用来表示这类结构的外部形状和内部钢筋配置情况的图样,称为钢筋混凝土结构图,简称钢筋图。

3.6.1 基本知识

1. 钢筋的种类和等级

钢筋按其外观特征可分为光圆钢筋和带肋钢筋。按其生产加工工艺可分为热轧钢筋、冷拉钢筋、钢丝和热处理钢筋。建筑结构中常用热轧钢筋。《GB50010—2002 钢筋混凝土结构设计规范》中规定了常用的热轧钢筋种类和代号,见表 3-2。

表 3-2 热轧钢筋的种类和代号

种 类	代 号	直径 d (mm)
HPB235（Q235）	ϕ	8～20
HRB335（20MnSi）	Φ	6～50
HRB400（20MnSiV、20MnSiNb、20MnTi）	Φ	6～50
RRB400（K20MnSi）	Φ_R	8～40

注：HPB235 为光圆钢筋；HRB335、HRB400 为人字纹钢筋；RRB400 为光圆钢筋或带肋钢筋。

2. 构件中钢筋的分类和作用

配置在钢筋混凝土构件中的钢筋,按其作用和位置可分为以下几种：

(1) 受力筋

受力筋是指在梁、板、柱等构件中主要承受拉力或压力的钢筋。如图 3-30a 钢筋混凝土梁底部的 $2\phi18+\phi20$ 弯起钢筋,图 3-30b 钢筋混凝土板中的 $\phi10@150$ 等钢筋,均为受力筋。

(2) 箍筋

箍筋是指用来固定钢筋位置的钢筋,在构件中主要承受剪力和斜拉应力,多用于梁和柱内,如图 3-30a 钢筋混凝土梁中的 $\phi6@150$ 钢筋。

(3) 构造筋

构造筋是应构件的构造要求和施工安装需要而配置的钢筋,包括架立筋、分布筋、腰筋、拉接筋、吊筋等。

架立筋一般用于梁内,固定箍筋位置,并与受力筋、箍筋一起构成钢筋骨架,如图 3-30a 钢筋混凝土梁中的 $2\phi10$ 钢筋。

分布筋一般用于板、墙类构件中,与受力筋垂直布置,用于固定受力筋的位置,与受力筋一起形成钢筋网片,同时将承受的荷载均匀地传给受力筋,如图 3-30b 中的 $\phi6@$

250钢筋。

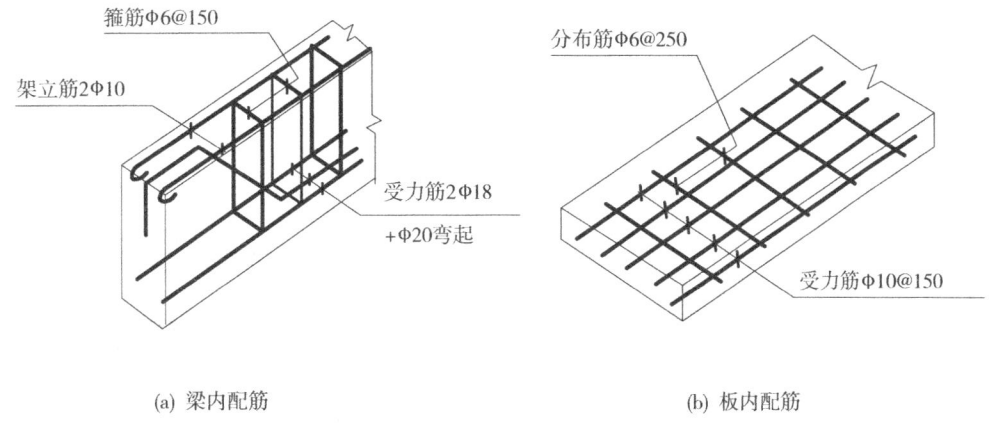

(a) 梁内配筋　　　　　　　　(b) 板内配筋

图 3-30　钢筋混凝土构件的钢筋配置

3. 钢筋的弯钩

光面钢筋为了加强其与混凝土的凝结力，一般在钢筋两端做成弯钩，避免钢筋在受拉时滑动。弯钩的常见形式及画法如图 3-31 所示。

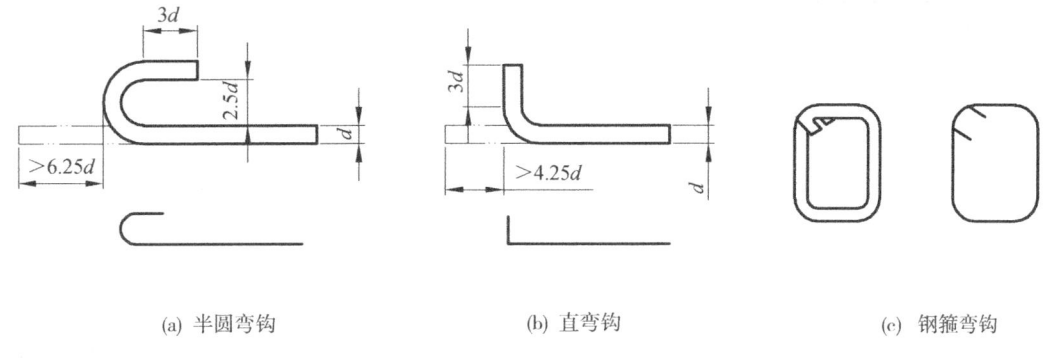

(a) 半圆弯钩　　　　　　(b) 直弯钩　　　　　　(c) 钢箍弯钩

图 3-31　钢筋的弯钩

4. 钢筋的保护层

为防止钢筋锈蚀，钢筋边缘到构件表面应有一定厚度的混凝土，这一层混凝土称为钢筋的保护层。保护层的厚度根据结构薄厚不同而不等，一般在 10～50 mm 之间，具体数值可查《钢筋混凝土设计规范》确定。

3.6.2　钢筋混凝土结构图

钢筋混凝土结构图是加工钢筋和浇筑钢筋混凝土构件施工的依据。它包括钢筋布置图、钢筋成型图和钢筋明细表等，下面以某矩形梁钢筋图为例介绍钢筋混凝土结构图的内容和图示方法。

1. 钢筋布置图

钢筋布置图除表达构件的形状、尺寸大小以外，主要是表明构件内部钢筋的分布情况。钢筋图通常用正立面图和剖面图来表示，一般采用全剖视图，必要时也可采用半剖、阶梯剖或者局部剖等画法。

画图时，一般不画混凝土材料符号。为了突出构件中钢筋的布置情况，钢筋用粗实线，钢筋的截面用小黑圆点，构件的轮廓用细实线表示，如图3-32所示。

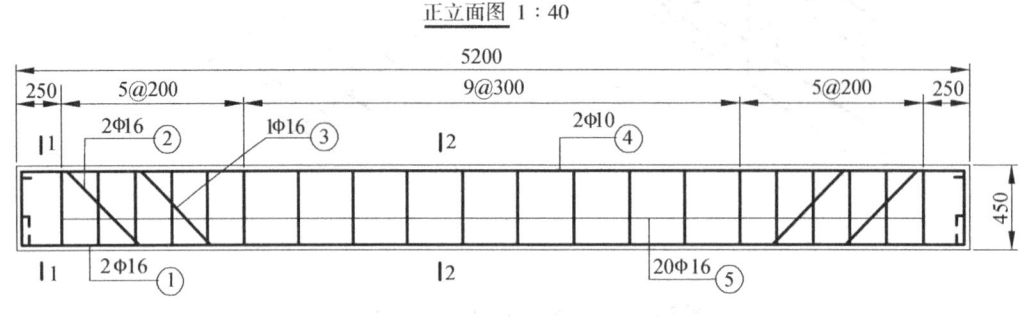

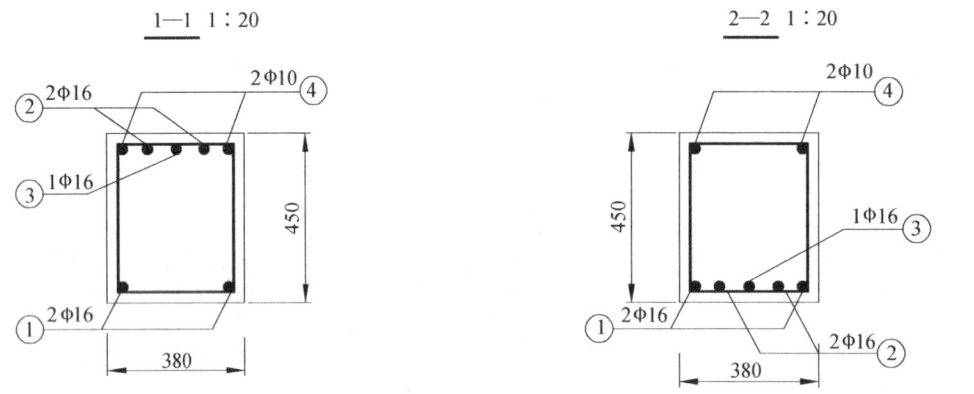

图3-32 矩形梁钢筋图

在钢筋布置图中，为了区别各种类型和不同直径的钢筋及其分布，规定对钢筋应加以编号和标注。每类钢筋（规格、直径、形状、尺寸都相同的钢筋为一类）只编一个号。钢筋编号的顺序应有规律，一般为先受力筋后架立筋、分布筋、箍筋，且垂直方向自下而上，水平方向自左向右。编号字体规定用阿拉伯数字，编号写在直径6 mm的小圆内，用指引线指到相应的钢筋上，圆圈和引出线均为细实线，引出线上注明钢筋的根数、直径以及钢筋间距，如图3-32所示。

钢筋的标注方法有以下两种：

①钢筋的根数、级别和直径的标注，如图3-33a所示。

②钢筋级别、直径和相邻钢筋中心距离的标注，主要用来表示分布钢筋与箍筋，标注方法如图3-33b所示。

2. 钢筋成型图

钢筋成型图是表明构件中每种钢筋加工成型后的形状和尺寸的图形。在图上直接标注钢筋各部分的实际尺寸，并注明钢筋的编号、根数、直径以及单根钢筋的断料长度，它是钢筋断料和加工的依据，如图3-34所示。

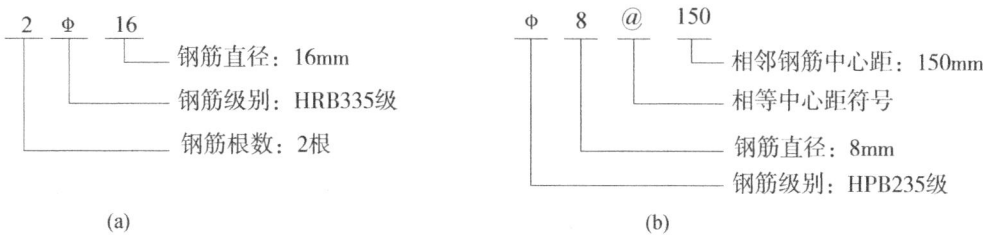

图 3-33 钢筋的标注方法

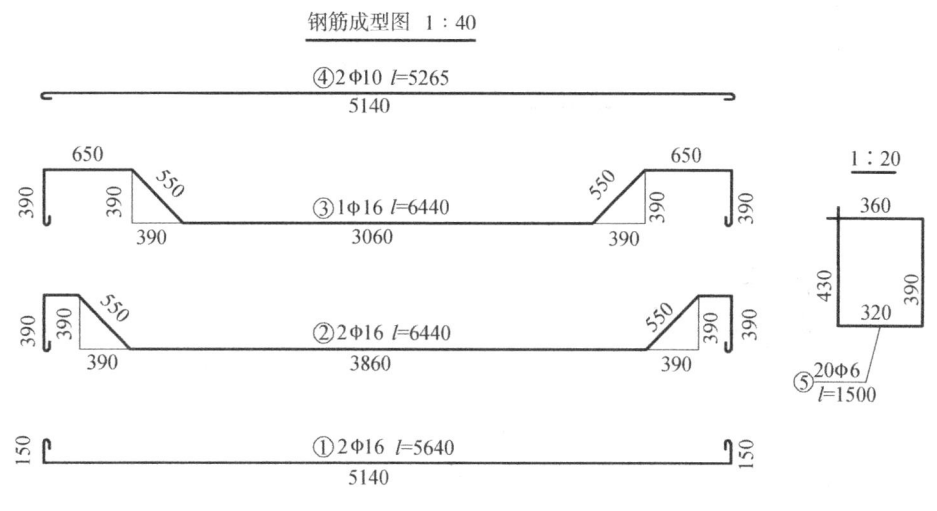

图 3-34 钢筋成型图

为了简化作图,可以将成型图缩小,示意地画在钢筋明细表中的型式栏中。

3. 钢筋明细表

钢筋明细表就是将构件中每种钢筋的编号、型式、规格、单根长度、根数、总长度等列成表格,作为备料、加工以及材料预算的依据,见表 3-3。

表 3-3 钢筋明细表

编号	规格 (mm)	型 式	单根长 (mm)	根数	总长 (m)	备注
1	φ16		5640	2	11.28	
2	φ16		6440	2	12.88	
3	φ16		6440	1	6.44	
4	φ10		5265	2	10.53	
5	φ6		1500	20	30.00	

3.6.3 钢筋图的简化画法

（1）对于规格型式长度间距都相同的钢筋，可只画出其第一根和最末一根，用标注的方法表明其根数、规格和间距，如图 3-35a 所示。

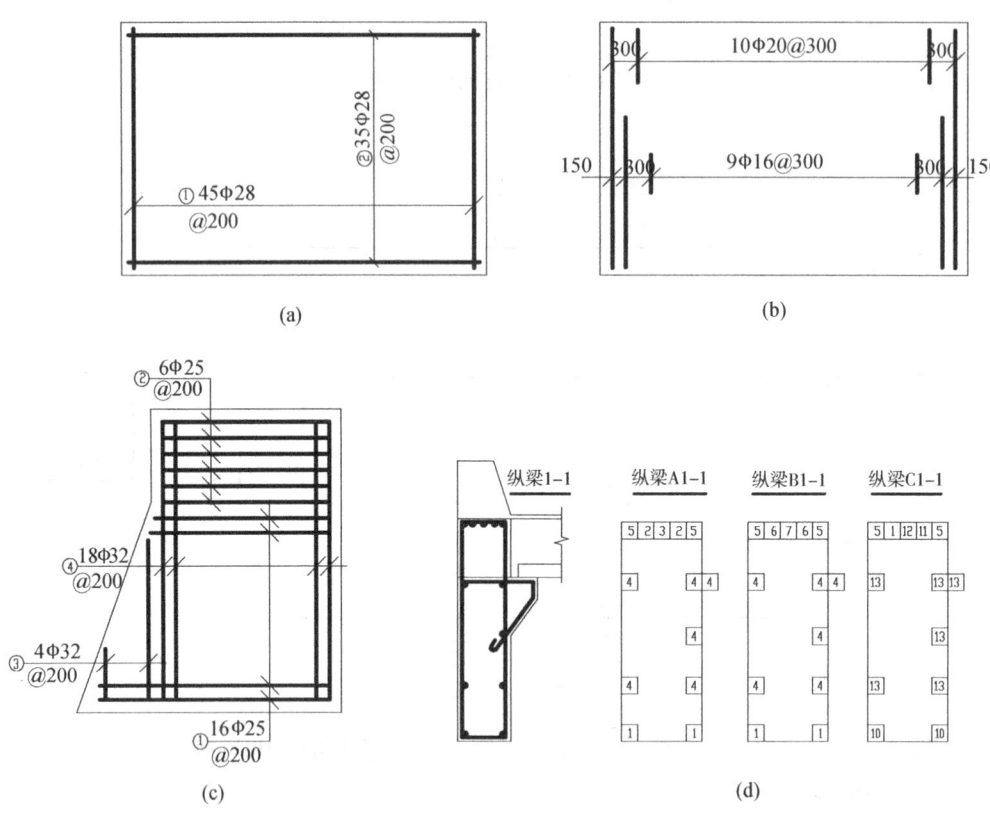

图 3-35 钢筋图的简化画法

（2）两组钢筋，其规格、长度不同，但间距相同，且为相互间隔排列时，可分别只画出每组的第一根和最末一根的全长，再画出相邻的一根粗短线表示间距，并用标注的方法表明其根数、规格和间距，如图 3-35b 所示。

（3）钢筋的型式和规格相同，而其长度不同，但为一等差数 a，如图 3-35c 中的①、③号钢筋，可只编一个号，并在钢筋表"型式"栏内加注："$\triangledown = a$"。"$\triangledown$"即相邻钢筋的长度增量，表示变化规律。

（4）当若干构件的剖面形状、大小和钢筋布置方法均相同，仅钢筋编号不同时，可采用图 3-35d 所示的画法，并在钢筋表中注明各不同编号的钢筋型式、规格和长度。

3.6.4 钢筋混凝土结构图的识读

阅读钢筋图时，首先要了解构件名称、作用和外形。在阅读钢筋图时，还必须根据钢筋混凝土图的图示特点和尺寸注法的规定，着重看懂构件中每一类型钢筋的位置、规格、直径、长度、数量、间距以及整个钢筋骨架的构造。

【例 3-4】 阅读图 3-32 所示钢筋混凝土梁的钢筋图。

①概括了解

从图 3-32 可知。该钢筋混凝土梁的外形及钢筋布置由正立面图和 1—1、2—2 两个剖面图来表达，从图中可知，梁的外形尺寸为长 5200 mm、宽 380 mm、高 450 mm。

②深入阅读

按照钢筋编号，将立面图与剖面图及明细表对照阅读，弄清楚构件中各钢筋的位置、规格、形状、数量等。从图中可知，梁的下部共有 5 根受力钢筋，编号分别为①②③，其中②③号钢筋分别在支座处弯起，以满足斜截面强度，①②③号钢筋的直径均为 16 mm。由正立面图可知各弯起钢筋弯起位置不同，且在梁的两端弯到底部。梁顶部两角各有 1 根编号为④的架立钢筋，直径为 10 mm。编号为⑤的钢筋为箍筋，共 20 根，直径为 6 mm，靠梁两端的箍筋间距为 200 mm，梁中间的箍筋间距为 300 mm。从直径符号可知 5 种编号的钢筋均为Ⅰ级钢筋。从钢筋表中型式栏中可知各钢筋的形状和尺寸。

③检查核对

将读图结果与钢筋表对照，逐个逐项地检查核对，并综合想象构件的钢筋构造。

3.7 建筑施工图

3.7.1 房屋建筑图的基本知识

3.7.1.1 房屋建筑的组成及其作用

一幢房屋建筑一般由基础、墙或柱、楼地面、屋顶、楼梯和门窗等组成，如图 3-36 所示。

（1）基础

建筑物地面以下的承重构件，承受建筑物的全部荷载并传给地基。

（2）墙或柱

房屋的主要承重构件，外墙起围护作用，内墙起分隔作用。

（3）楼地面

房屋的水平承重构件，具有承重和分隔楼层的作用。

（4）屋顶

建筑物顶部的承重和围护构件，由面层和结构层组成。其面层起围护作用，防止风、沙、雨、雪和阳光的侵蚀，并具有保温、隔热的功能；其结构层起承重作用，承受房屋顶部的荷载。

（5）楼梯

上下楼层之间的垂直交通设施。

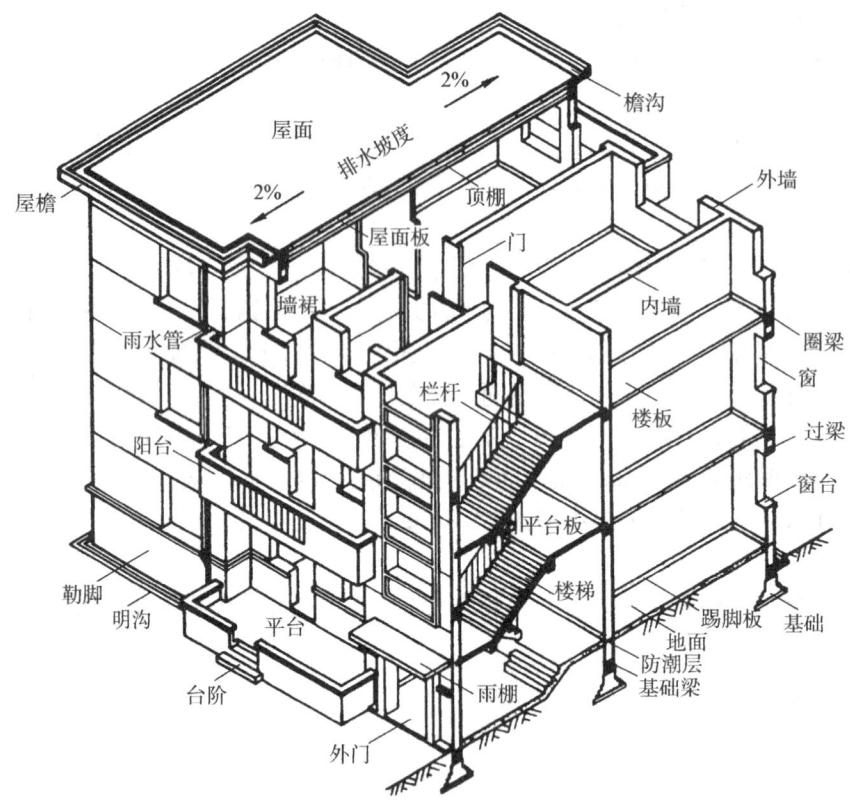

图 3-36 房屋建筑的组成

(6) 门窗

门具有分隔室内外的交通联系功能,窗具有采光和通风的功能。

除上述基本组成部分外,房屋结构中还包括阳台、雨棚、台阶、勒脚、散水、雨水管、天沟等建筑构配件。

3.7.1.2 房屋建筑图的分类

房屋建筑图是指导房屋施工、设备安装的技术文件。一套房屋施工图一般包括下列内容:

(1) 首页图:包括图纸目录及工程的总说明,如工程设计的依据、设计标准、施工要求等。

(2) 建筑施工图(简称建施):主要表示建筑物的内部布置、外部形状以及构造、装修、施工要求等。基本图纸有总平面图、平面图、立面图、剖视图、构造详图(如墙身详图、楼梯详图)等。

(3) 结构施工图(简称结施):主要表示建筑承重结构的布置、构件的类型、大小以及内部构造的做法等。基本图纸有基础平面图、楼层结构平面图、屋面结构平面图及构件详图(如基础、梁、板、柱、楼梯的详图)等。

(4) 设备施工图(简称设施):主要表示给水、排水、采暖、通风、电气等管线的布置、构造、安装要求等。基本图纸有各种管线的平面布置图、系统图,还有构造和安装详图等。

本节只介绍建筑施工图的内容及阅读施工图的方法。

3.7.1.3 建筑施工图的有关规定

房屋建筑施工图的绘制，应遵循《房屋建筑制图统一标准》《建筑制图标准》等规定。

1. 比例

建筑施工图中各种图样的常用比例，应符合表3-4的规定。

表3-4 建筑施工图的比例

图 名	比 例
总平面图	1:500　　1:1000　　1:2000
平面图、立面图、剖面图	1:50　　1:100　　1:200
详图	1:1　1:2　1:5　1:10　1:20　1:50

2. 图线

建筑专业制图采用的各种线型，应符合表3-5的规定。

表3-5 建筑施工图中的图线

图线名称	图线型式	图线宽度	主要用途
粗实线	———	d	平面图、剖面图及详图中被剖切的主要轮廓线；立面图中的外轮廓线及构配件中的可见轮廓线；剖切线
中粗实线	———	$0.5d$	平面图、立面图和剖面图中建筑物构配件的轮廓线；平面图、剖面图中被剖切到的次要建筑结构（包括构配件）的轮廓线；构配件详图中的一般轮廓线
细实线	———	$0.25d$	尺寸线、尺寸界线、索引符号、标高符号、门窗分格线、图例线、粉刷线等
中虚线	- - - - -	$0.5d$	不可见轮廓线；拟扩建的建筑物轮廓线
细点画线	—·—·—	$0.25d$	中心线、对称线、定位轴线
粗点画线	—·—·—	d	起重机（吊车）轨迹线
折断线	—/\—/\—	$0.25d$	不需画全的断开界线
波浪线	～～～	$0.25d$	不需画全的断开界线；构造层次的断开界线

注：地平线的线宽可用1.4d。

3. 定位轴线符号

建筑的定位轴线是建筑施工图的一个重要内容，但它不是建筑物投影的内容，不属于建筑物内部的任何内容。它只是为方便制图与识图而在图纸上增加的辅助线。这些辅助线是用来确定建筑物承重构件位置的基准线，也是施工放线的依据。

定位轴线在施工图中用细单点长画线绘制，端部的圆圈用细实线绘制直径为 8 mm，在详图中可增加至 10 mm。定位轴线的编号填写在圆圈中，横向定位轴线的编号应用阿拉伯数字，从左向右依次编写。竖向定位轴线编号应用大写拉丁字母，从下至上顺序编写，不得采用 I、O、Z 以避免与 1、0、2 混淆，如图 3-37 所示。

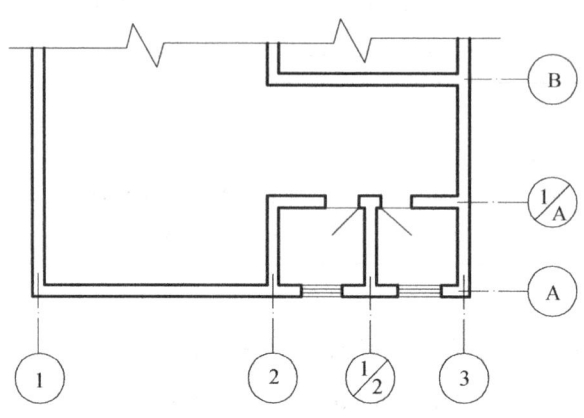

图 3-37 定位轴线及编号方法

对一些次要构件一般用附加定位轴线，其编号用分数表示。分母表示附加轴线的前一轴线的编号，分子表示附加轴线的编号。附加轴线的编号用阿拉伯数字依次编写。分母为 01、0A 的分别表示 1 轴线和 A 轴线之前的附加轴线，如图 3-38 所示。

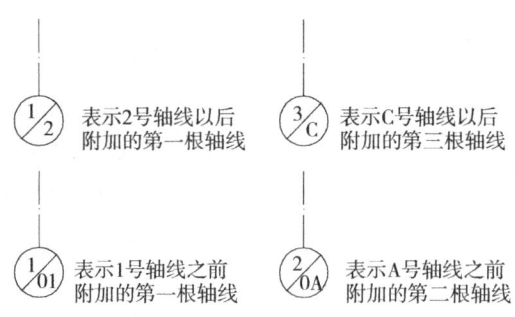

图 3-38 附加轴线的编号

4. 标高符号

表示建筑物某一部位的高度时，要用标高符号。各施工图中所用标高符号应按照图 3-39a 所示形式绘制。具体画法如图 3-39b 所示，标高符号用细实线的等腰直角三角形表示，总平面图上的室外标高符号宜用涂黑的三角形表示。标高数值以米为单位，一般注写至小数点后三位（总平面图为两位）。以底层室内地面定为相对标高的零点（总平面图中用以黄海平均海平面为零点的绝对标高）。零点处的标高应注写成"±0.000"，零点以上不注"+"号，零点以下注写"-"号。标高的注写形式如图 3-39c 所示。

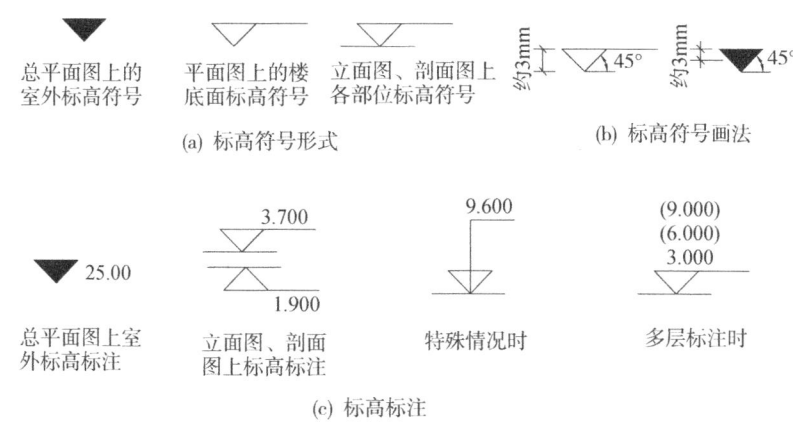

图 3-39 标高符号

5. 详图索引符号与详图符号

在建筑图中，对某些局部或构件，常需画出详图。为了方便施工时查阅，用索引符号加以标明，并在详图上注明详图符号。详图索引符号及详图符号的标注方法如图 3-40 所示。

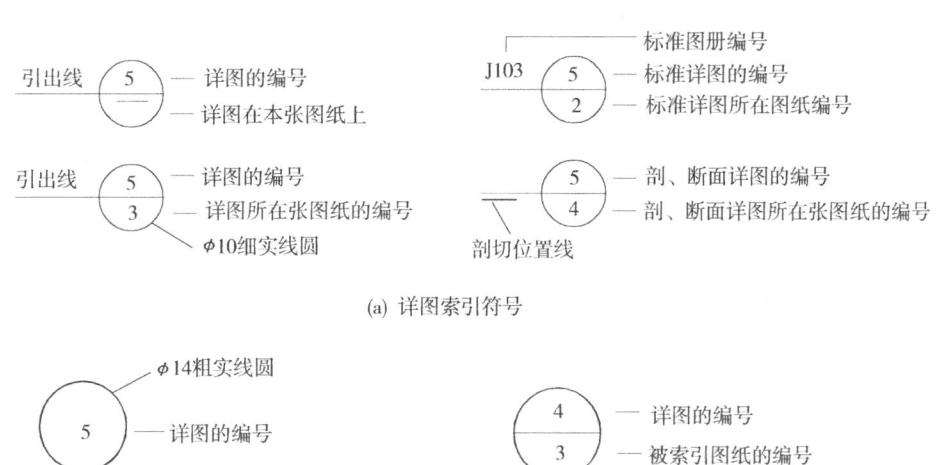

图 3-40 详图索引符号与详图符号

6. 图例

由于房屋的平面图、立面图、剖视图所采用的比例较小，许多复杂的构造和配件可用简化的图形或用规定的符号代替，常用构造配件图例如表 3-6 所示。

建筑总平面图的常用图例如表 3-7 所示。

表 3-6 常用构件及配件图例

名称	图例	说明	名称	图例	说明
单扇门（包括平开式单面弹簧）	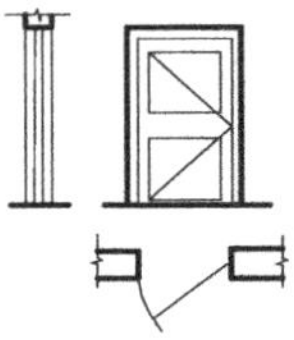	①门的名称代号用 M 表示 ②剖面图上左为外、右为内，平面图下为外、上为内 ③立面图上开启方向线交角的一侧为安装合页的一侧，实线为外开，虚线为内开 ④平面图上的开启弧线及立面图上的开启方向线在一般设计图上不需表示	楼梯图	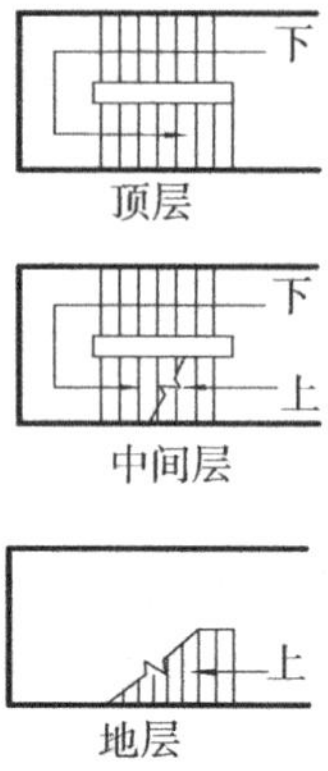 顶层 中间层 地层	①它们是梯平面图图例 ②楼梯的形式和步数应按实际情况绘制
双扇门	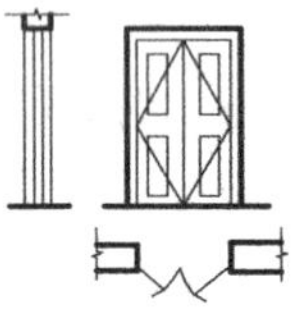				
单层外开平开窗	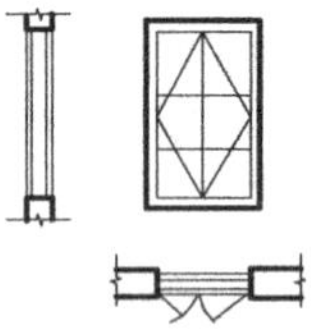	①窗的名称代号用 C 表示 ②立面图中的斜线表示窗的开关方向，实线为外开，虚线为内开；开启方向线交角的一侧为安装合页的一侧，一般设计图中可不表示 ③平、剖面图上的虚线仅说明开关方式，在设计图中不需表示	通风道	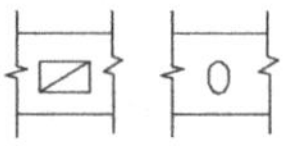	平面图图例
			污水池	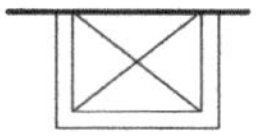	平面图图例
单层外开上悬窗	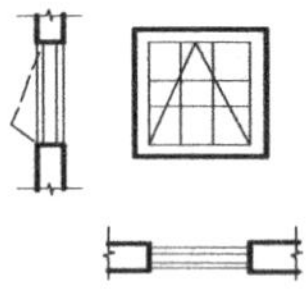		洗脸盆	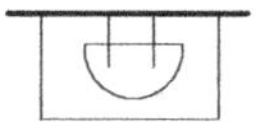	平面图图例
			浴盆	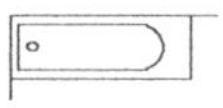	平面图图例
空门洞	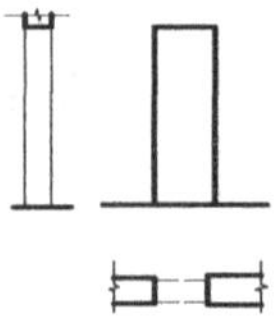		坐式大便器	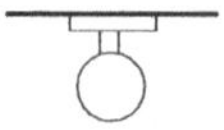	平面图图例
			花格窗		平面图图例

表 3-7 总平面图常用图例

名 称	图 例	名 称	图 例
新建的建筑物	右上角用点数或数字表示层数	原有的建筑	
拆除的建筑物		台阶	箭头表示向上
围墙及大门		填挖边坡	
新建的道路	▼15.00　　R5	阔叶灌木	
原有的道路		指北针	直径24mm，尾部宽3mm

3.7.1.4 建筑施工图的识读方法和步骤

在识读整套图纸时，应遵循先整体后局部，先文字说明后图样，先图形后尺寸、各类图纸联系起来看的原则，按照"总体了解、顺序识读、前后对照、重点细读"的读图方法进行识读。

其读图的步骤及目的如下。

（1）阅读总平面图：了解房屋所在地区地形、地物、标高和房屋的总长、总宽和定位情况。

（2）阅读建筑平面图：了解单个建筑物的占地面积；各房间的分布和使用情况；楼梯、卫生设备等的布置；内部隔墙、门窗洞的位置，墙、柱的位置、尺寸和材料等。

（3）阅读建筑立面图：了解房屋的外观，外墙装修及材料做法等。

（4）阅读建筑剖面图：了解房屋内部分层结构，墙身、地面、楼面、屋面和楼梯的材料和构造及内部装修的要求等。

（5）阅读建筑详图：了解房屋的细部或构配件的详细构造、材料和尺寸等。

阅读建筑施工图，应将建筑平、立、剖面图及详图对照阅读，不能孤立地看一个图。例如，要了解门窗的类型、数量、尺寸时，需要根据平、立、剖面图，结合门窗统计表才能知道。

3.7.2 建筑施工图

3.7.2.1 建筑总平面图

建筑总平面图表明新建房屋所在地的总体布置，反映新建、拟建、原有和拟拆除的建筑物、构筑物等的位置和朝向，室外道路、绿化等布置及地形、地貌标高及其与原有环境的关系等。

建筑总平面图是房屋及其他设施施工的定位，土方施工及绘制水、暖、电等管线总平面图和施工总平面图的依据，如图3-41所示。

建筑总平面图主要应包括以下内容：
(1) 该建筑场地所处的位置与大小。
(2) 新建房屋在场地内的位置及其与邻近建筑物的距离。
(3) 新建房屋的方位用指北针表明，有时用风玫瑰图表示常年的风向频率与方位。
(4) 新建房屋首层室内地面与室外地坪及道路的绝对标高。
(5) 场地内的道路布置与绿化安排。
(6) 扩建房屋的预留地等。

如图3-41是某宿舍楼总平面图。粗实线表示拟建宿舍，该宿舍右上角3个黑点表示该建筑为三层，尺寸20.24 m和10.14 m分别为该建筑的总长度、总宽度，总平面图左上

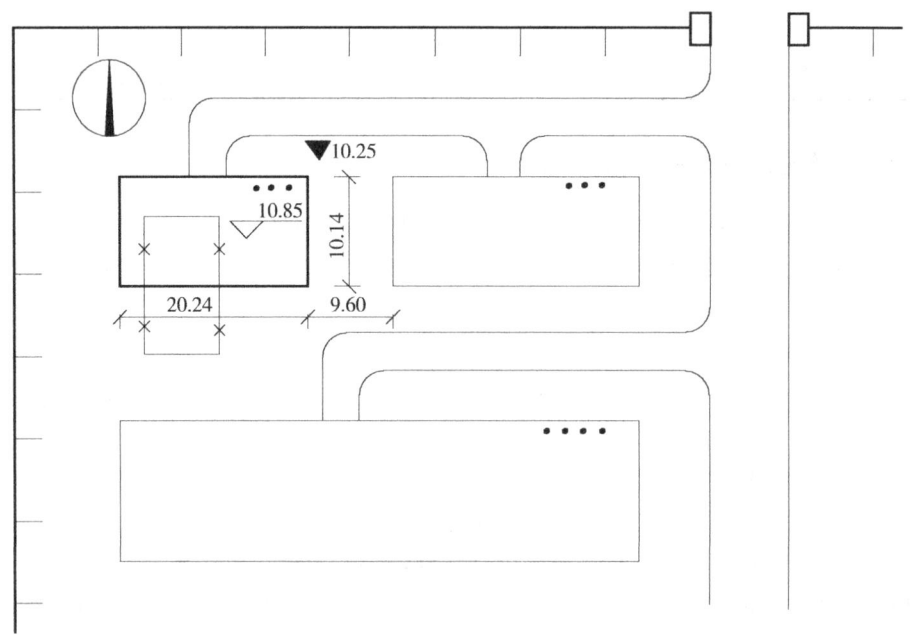

图3-41 总平面图（比例1:500）

角指北针显示该建筑坐北朝南。室外地坪标高 10.25 m,室内地坪标高 10.85 m,均为绝对标高,室内外高度差 600 mm,建筑物东面、南面有两栋宿舍楼等。

3.7.2.2 建筑平面图

1. 表达方法

建筑平面图是沿建筑物门窗洞口位置作水平剖切并移去上面部分,将余下部分向下投影所形成的全剖面图,是建筑施工图的基本图样。它反映房屋的平面形状、大小和房屋布置,墙(或柱)的位置、尺寸和材料,门窗洞口尺寸和位置等。

一般房屋有几层,就应画出几个平面图,并在图的下方注明图名和比例,若中间几层平面布置完全相同,可用一个平面图表示,称标准层平面图。

建筑平面图一般有:底层平面图(表示第一层房间的布置、建筑入口、门厅及楼梯等)、标准层平面图(表示中间各层的平面布置情况)、顶层平面图(表示房屋最高层的平面布置情况)、屋顶平面图(屋顶平面的水平投影,表示屋面排水情况等)。

2. 主要内容

(1) 建筑物及其各个组成房间的名称、尺寸、定位轴线和墙厚。

(2) 走廊、楼梯间位置及尺寸。

(3) 门窗位置、尺寸、编号及其开启方向和门窗表。门的代号是 M,窗的代号是 C。

(4) 台阶、阳台、雨棚、散水的位置及其细部尺寸。

(5) 各层地面的相对标高。首层地面标高一般为 ±0.000,有坡度要求的房间应注明地面坡度。建筑平面图应标注三道尺寸:最里面一道尺寸为细部尺寸,即门窗洞口宽度及窗间墙宽度尺寸;中间一道尺寸为定位尺寸,即房间的开间或进深尺寸,即轴线尺寸;最外面一道为总尺寸,即建筑物的总长度和总宽度尺寸。三道尺寸的总量尺寸必须相等。

(6) 底层平面图应画出剖切位置线和有关的索引符号。

(7) 屋顶平面图应表明排水情况(如排水分区、天沟、屋面坡度、下水口位置等)和突出屋面的电梯机房、水箱间、天窗、管道、烟囱、检查口、屋面变形缝等的位置。

3. 读图实例

图 3-42 为某宿舍底层平面图,绘图比例 1:100,由指北针方向了解该房屋纵轴为东西向,横轴为南北向,主要出入口朝北。

该房屋为每层一单元,中间为楼梯间,左右各一户,每户有四室、一过厅、一厨房、一厕所,各室有门通往过厅,过厅有门通往楼梯间,设有南北阳台。从定位轴线可知,南向大居室的开间为 3600 mm,进深为 5100 mm;南向小居室的开间为 2800 mm,进深为 3600 mm;朝北小居室的开间为 4000 mm,进深为 3400 mm。从图中可知墙厚,门窗洞位置及洞口宽度,卫生间位置、尺寸、标高等。

3.7.2.3 建筑立面图

1. 表达方法

建筑立面图是建筑物外墙面的正投影图,简称立面图。

立面图主要用来表示建筑物的外部形状、主要部位高程及立面装修要求等。其中,反映主要出入口或比较显著地反映出房屋外貌特征的立面图称为正立面图,其余立面图相应

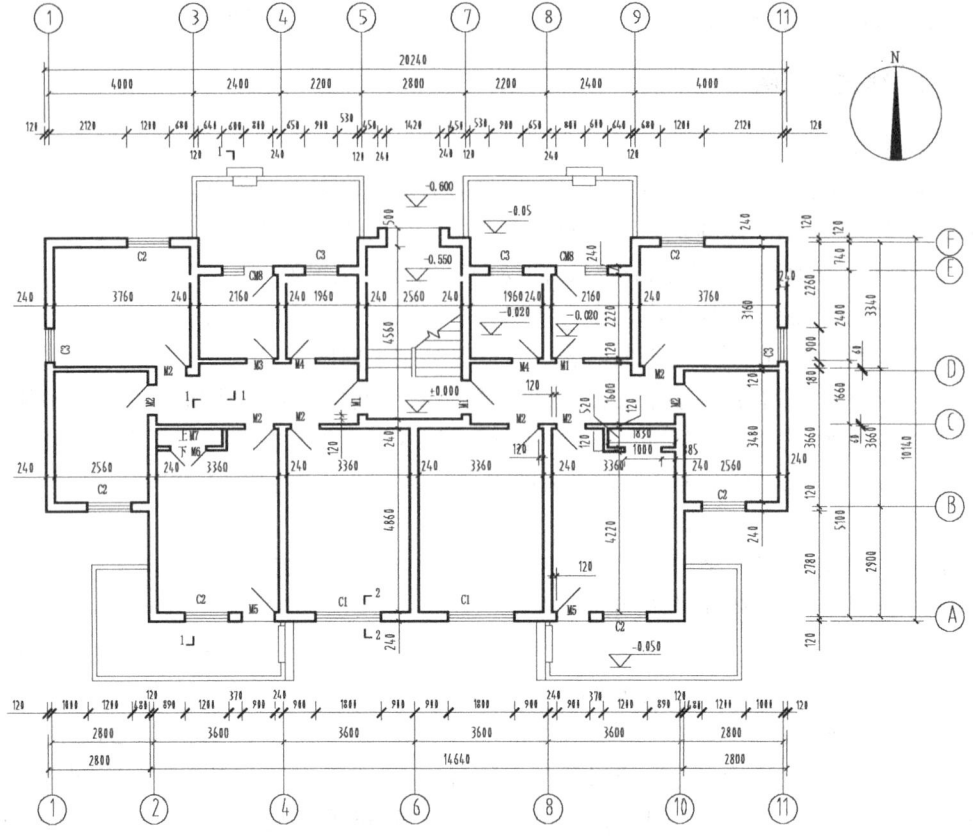

图 3-42 底层平面图（比例 1∶100）

地称为背立面图和侧立面图。立面图也可以按房屋的朝向来命名，如南立面图、北立面图、东立面图和西立面图等；还可按轴线编号来命名，如①~⑩立面图或Ⓐ~Ⓔ立面图等。

2. 主要内容

（1）建筑物的外观特征及凹凸变化。如室外地坪、台阶、门窗、雨棚、阳台；室外楼梯、墙、柱；檐口、屋顶、雨水管、墙面分格线或其他装饰构件等。

（2）建筑物各主要部分的标高。如室外地面、台阶、窗台、门窗顶、阳台、雨棚、檐口、屋顶等处的建筑标高。

（3）建筑物两端或分段的轴线及编号。

（4）各部分构造、节点详图的索引符号。用图例、文字或列表说明外墙装饰材料及做法。

3. 读图实例

图 3-43 为某宿舍正、背立面图，绘图比例 1∶100，图中可了解到该房屋的立面形状，对照平面图可进一步了解屋面、门窗、阳台、檐口、台阶、雨水管等细部的形状和位置。该宿舍为三层平屋顶，单元北面中间有一大门通往楼梯间，顶层阳台设有雨棚，底层阳台与室外地坪设有 3 级台阶踏步。图中用文字说明外墙各部分的装修做法，如外$_1$、外$_2$、

外墙装饰材料及做法可查阅有关设计说明。室外地面、窗台、门窗顶、檐口、屋顶等处的建筑标高及高度尺寸均可从图中读出。

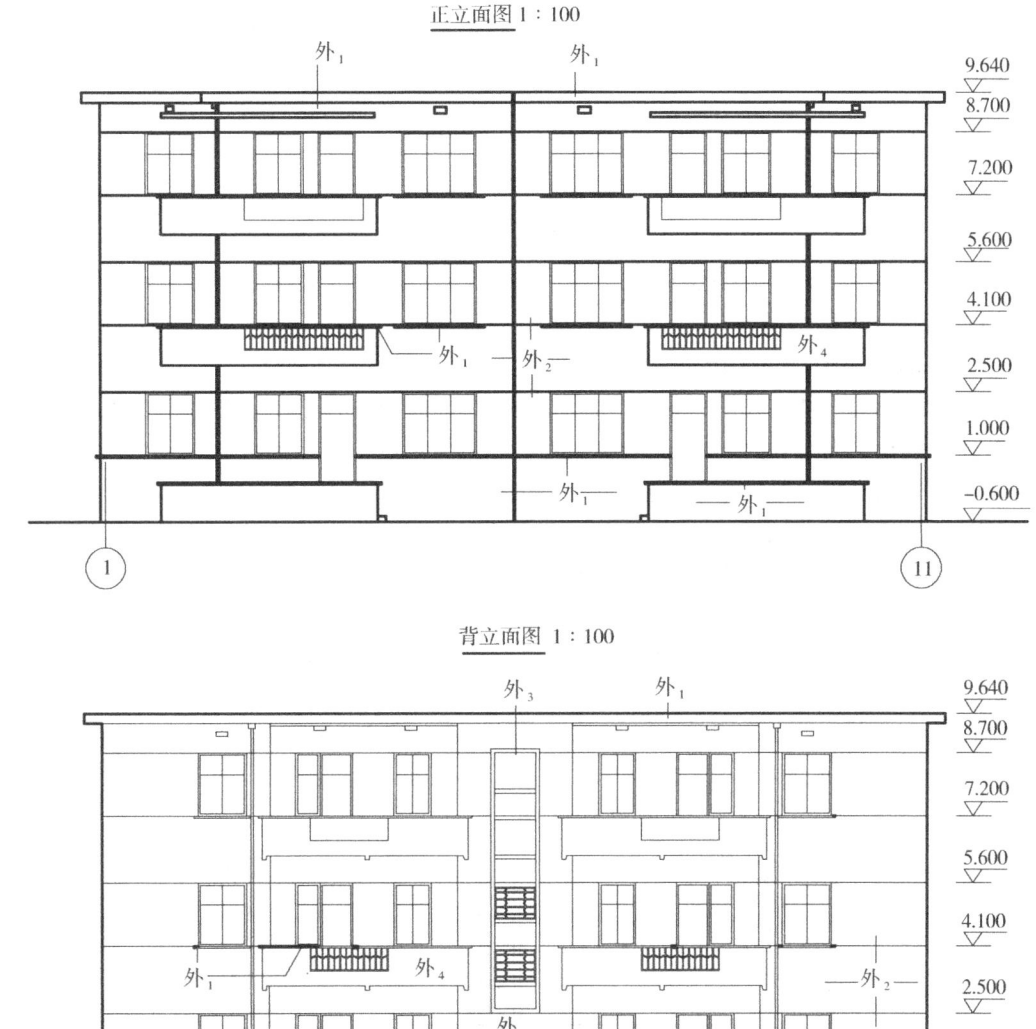

图3-43 建筑立面图

3.7.2.4 建筑剖面图

1. 表达方法

假想用一个或多个铅垂剖切面将房屋剖开所得的投影图，称为建筑剖面图，简称剖面图。剖面图用以表达房屋内部的结构或构造形式、分层情况、各部位之间的联系和材料、高度等,是与平面图、立面图相互配合的不可缺少的重要图样之一。

剖面图的数量是根据房屋的具体情况和施工需要而决定的。剖切面一般为横向,即平行于侧面投影（W 面）,必要时也可为纵向,即平行正面投影（V 面）,其位置应选择在能反映出房屋内部构造和比较典型复杂的部位,并应通过门窗洞口位置。若为多层房屋,应选择在楼梯间或层高不同、层数不同的部位。剖面图的图名应与平面图上标注剖切符号的编号一致。

2. 主要内容

（1）剖切到的各部位的位置、形状及图例。如室内外地面、各层楼面、屋顶（包括檐口、女儿墙、隔热层或保温层等）、内外墙及门窗、梁、楼梯及平台、阳台、雨棚等。

（2）未剖切到的可见部分,如门、窗、踢脚线、台阶、水池等。

（3）墙、柱及其轴线。

（4）各部分完成面的标高和高度方向尺寸。

剖面图的标高尺寸需注明：室内外地面、各层楼面与楼梯平台、檐口或女儿墙顶面、高出屋面的水池顶面、烟囱顶面、楼梯间顶面、电梯间顶面等处的标高。

剖面图的高度尺寸需注明：门窗洞口（包括洞口上部和窗台）高度,层间高度及总高度（室外地面至檐口或女儿墙顶面的高度）。

剖面图的标高尺寸和高度尺寸,应与立面图和平面图的尺寸一致。

3. 读图实例

图 3-44 为某宿舍 1—1 剖面图。图中 1—1 剖面是按图 3-42 底层平面图中 1—1 剖切位置绘制的。

看图可知,该剖面图表达了大居室、过厅、厨房的内部结构以及楼层、内外墙、阳台

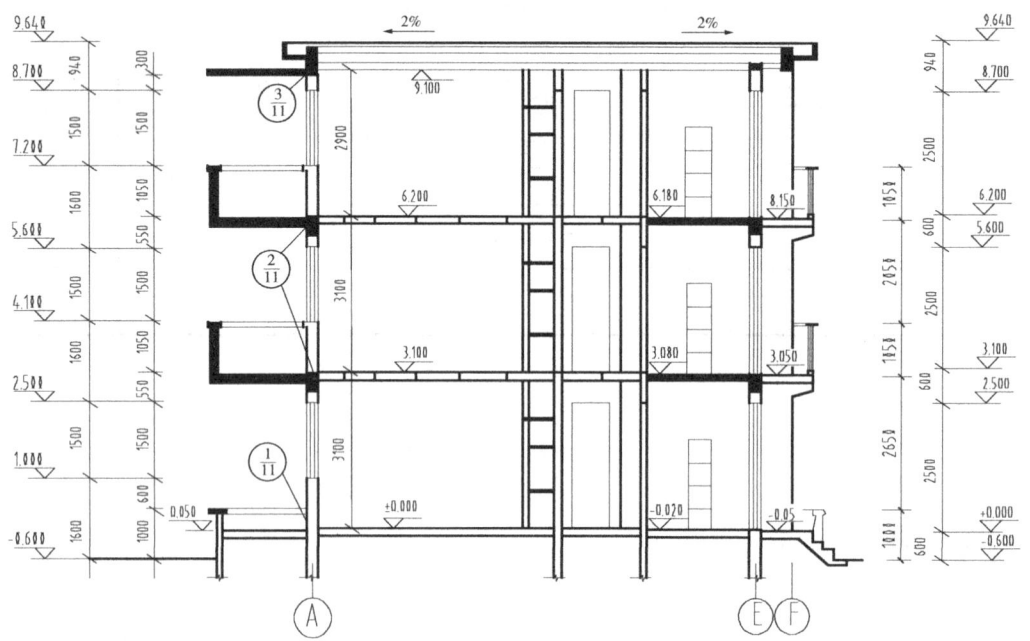

图 3-44　1—1 剖面图（比例 1∶100）

等结构形式。该宿舍楼为砖混结构,屋面、底层地面为现浇混凝土结构,楼板为预制钢筋混凝土空心板,天沟、楼梯板、圈梁、过梁(图中涂黑者)均为钢筋混凝土构件,墙身为砖砌。室外地坪相对标高为 -0.600 m,楼层高分别为 3.1 m 与 2.9 m,檐口标高为 9.640 m,屋面对称向两侧排水,排水坡度为 2%。

3.7.2.5 建筑详图

由于房屋的平面图、立面图和剖面图的绘图比例小,一些构、配件(如门窗、楼梯、檐口等)的细部构造和尺寸不能表达清楚,因此必须另外用较大的比例画出这些细部结构、配件的形状、大小、材料和做法的图样,这种图称为建筑详图,简称详图。

建筑详图是建筑平、立、剖面图的补充。按其内容的不同,详图分为局部构造详图(外墙身详图,楼梯、台阶、门窗、消防梯等详图);房屋设备详图(实验室、卫生间、厨房内固定设备、预埋件等详图);房屋装修详图(吊顶、花饰等详图)。

详图可以采用视图、剖视图或剖面图表示。为了便于看图,弄清楚各视图之间的关系,凡是视图上某一部分(或某一构件)另有详图表示的部位,必须注明详图索引符号,并在详图上注明详图符号,如图 3 - 46b、c。

1. 外墙身详图

外墙身详图是建筑剖面图的局部放大图,它表示房屋的屋面、楼面、地面和檐口等处的构造及楼板与墙的连接、门窗顶、窗台、勒脚、散水等处的构造情况,是建筑外墙施工的重要依据。

外墙身详图一般用较大比例画出。多层房屋若各层的情况一样时,可只画底层和顶层并加一个中间层来表示。

图 3 - 45 为某建筑外墙身详图。自下而上阅读:

(1)底层节点。底层节点表明墙体的内外装修情况、室内地面和室外明沟的做法。该房屋采用防水砂浆防潮层,水泥砂浆踢脚。

(2)中间层节点。中间层节点表明该建筑的圈梁、窗顶钢筋混凝土过梁和楼面做法。楼板采用预制钢筋混凝土空心板,楼面面层用细石混凝土层和水泥砂浆抹面层。标高 3.100、6.200 分别表示二层、三层的楼面标高。

(3)顶层节点。顶层节点表明该建筑的屋顶、檐口、屋面吊顶的构造。该屋顶承重结构为预制钢筋混凝土空心板,其上依次有水泥砂浆找平层、二毡三油防水层、细石混凝土层和防水砂浆抹面层。屋顶圈梁与天沟为钢筋混凝土整体结构。该屋面吊顶为吊筋搁栅下钉灰板条,再刷纸筋灰浆、纸筋灰粉面刷白。

2. 楼梯详图

楼梯是多层房屋上下交通联系的主要设施,它由楼梯段、休息平台、楼层平台、栏板或栏杆等组成。楼梯详图主要表示楼梯的类型、结构形式、各部位尺寸及装修做法,是楼梯施工的依据。

楼梯详图一般包括平面图、剖面图及踏步、栏板详图等,其平面图、剖面图比例应一致,以便对照阅读,如图 3 - 46 所示。

(1)楼梯平面图

多层房屋,若中间各层的楼梯位置及其梯段数、踏步数和尺寸都完全相同时通常只需

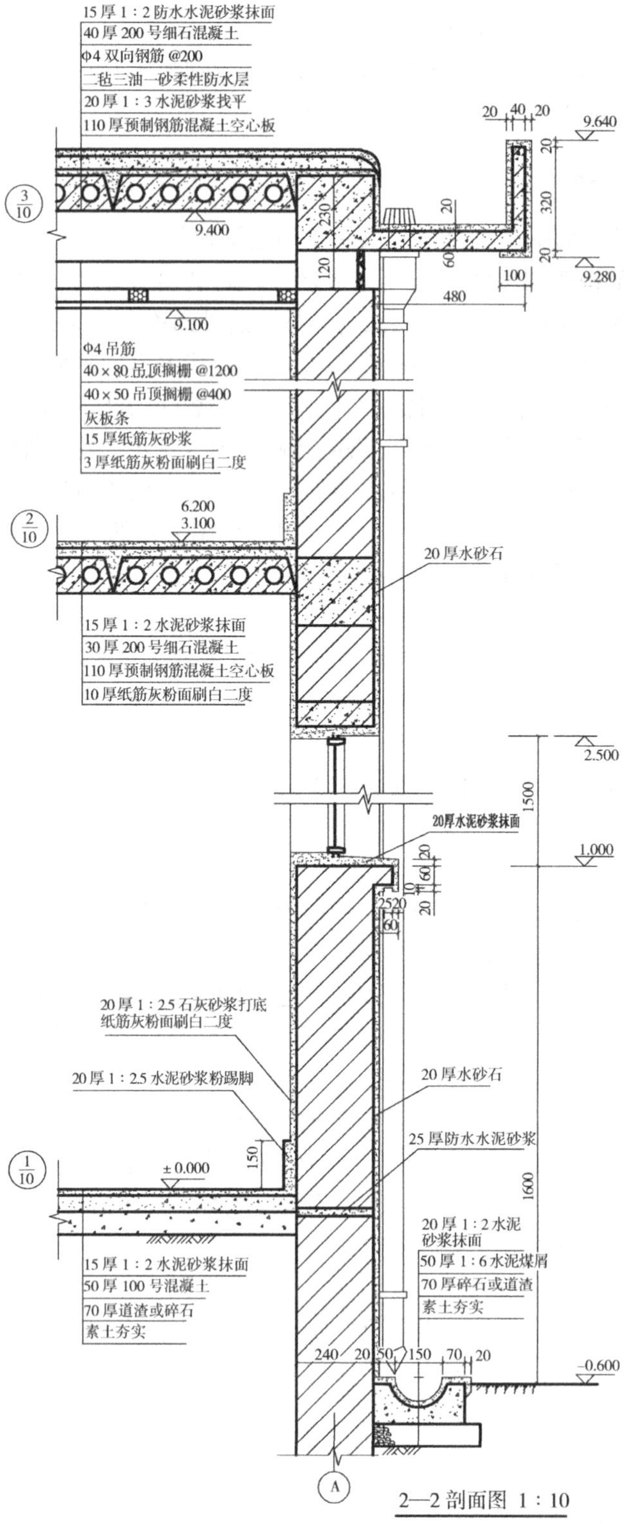

图 3-45 外墙身详图

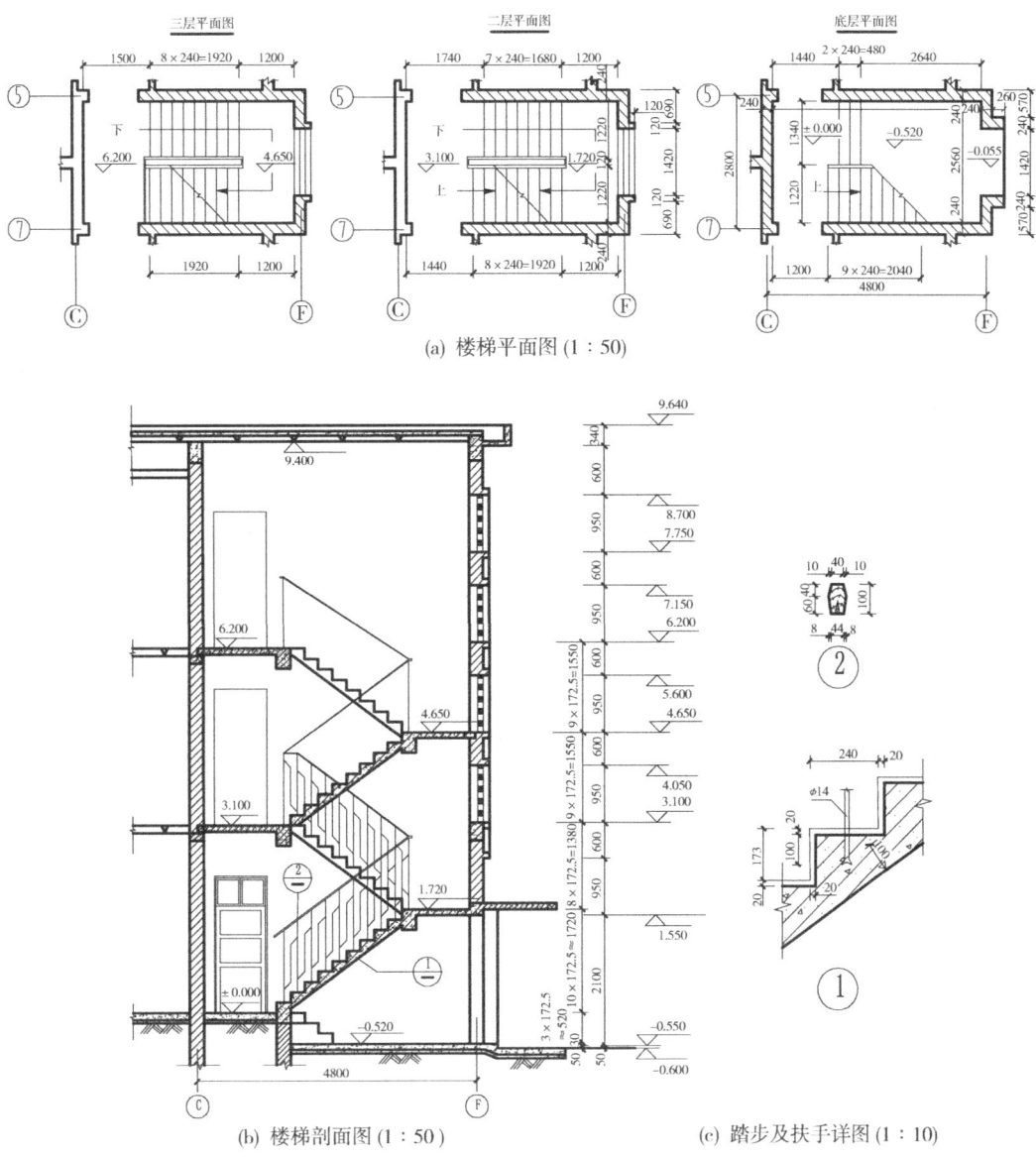

图 3-46 楼梯详图

画出楼梯的底层、中间层和顶层三个平面图。

楼梯平面图的剖切位置，应在该楼层平面第一梯段的任一位置处。各层被剖切到的梯段，均应在平面图中以一根 45°折断线表示。在每一楼层平台的梯段处画一长箭头，并注写"上"或"下"字和级数，表示从该层楼（地）面走多少步级可以到达上（或下）一层的楼（地）面。各层平面图中应标出该楼梯间的轴线，底层平面图还应注明楼梯剖面图的剖切位置。需要指出的是，各层平面图上所画的每一分格表示梯段的一级踏面，因梯段最高一级踏面与休息平台面或楼层平台面重合，因此平面图中每一梯段的踏面数总比步级数少1。

楼梯平面图中，除需标注楼梯间的开间尺寸和进深尺寸、楼层平台和休息平台的标高尺寸外，还需要标注其细部的详细尺寸。通常把梯段长度尺寸与踏步面、踏步宽的尺寸并写在一起。

（2）楼梯剖面图

假想用一个通过楼梯各层的一个梯段和门窗洞口的铅垂面将楼梯剖开，向另一个未剖到的梯段方向投影，所作的剖面图即为楼梯剖面图。楼梯剖面图应能完整、清晰地表示出各梯段、休息平台、楼层平台、栏板等的构造及其相互关系情况。多层房屋中，若中间各层的楼梯构造相同时，则剖面图可只画出底层、中间层和顶层剖面，中间用折断线分开（与墙身详图处理方法相同）。

剖面图能表达出房屋的层数、梯段数、踏步级数及楼梯的类型及其结构形式。应注明地面、休息平台、楼层平台的标高和梯段、栏板的高度尺寸。梯段高度尺寸标注方法与楼梯平面图中梯段标注长度方法相同，需要说明的是，在高度尺寸中需标注的是步级数而不是踏面数。

图 3-46 为某宿舍楼梯详图。从图中可以看到，该楼梯为双跑式，楼梯间开间尺寸为 2800 mm，进深尺寸为 4800 mm，踏步宽为 240 mm，踏步高为 172.5 mm，休息平台宽度为 1200 mm，楼层踏步数为 18 级。

引例分析

通过学习项目三，初步掌握了水利工程图的分类、特点、表达方法、尺寸注法，以及水利枢纽布置图和水工建筑物结构图的图示内容和识读方法。水工设计图主要是枢纽布置图和水工建筑物结构图，除前述工程形体的表达方法和尺寸注法适用于表达水工建筑物外，水工图表达还有自身的一些表达特点，即基本表达方法和特殊表达方法以及尺寸注法。识读水工图一般由枢纽布置图到建筑结构图，按先整体后局部，先看主要结构后看次要结构，先粗后细、逐步深入的方法进行。引例图 3-1 所示水闸设计图的分析和识读方法可参考例 3-3 的步骤和方法完成。

技能训练

1. 读图 3-1 水闸设计图，完成以下内容：

（1）图中采用了哪些视图表达，每个视图表达了哪些内容？

（2）水闸由上游进口段、闸室段和下游出口段（消力池和海漫）等几部分组成，读懂这几部分的结构形状和所用材料。

（3）用 A3 图幅，图示比例抄绘该水闸设计图。

2. 参观或观察当地水利枢纽与水利工程建筑物，并对照实物查看其施工图纸，撰写参观与读图报告。

3. 读图 3-47 钢筋结构图，完成以下内容：

（1）画出 2—2、3—3 剖面图。

（2）填写钢筋表内的内容。

4. 读图 3-48 建筑施工图，回答下列问题：

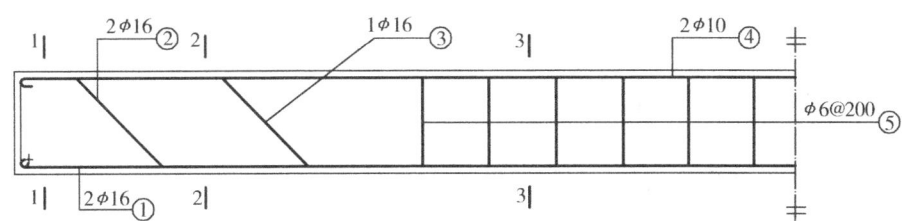

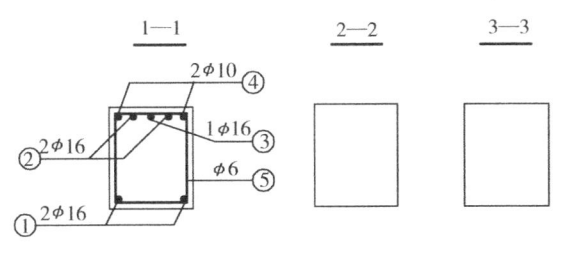

图3-47 钢筋图

（1）该建筑施工图三个图形的名称分别是_____、_____、_____。

（2）建筑平面图（除屋顶平面图外）是沿建筑物_____位置作_____剖切并移去上面部分，将余下部分向下投影所形成的_____视图。它反映建筑物_____。

（3）建筑平面图外墙一般有三道尺寸：内侧一道尺寸为_____尺寸，表示_____；中间一道尺寸为_____尺寸，表示_____；最外面一道为_____尺寸，表示_____。

（4）为了便于看图，弄清楚各视图之间的关系，凡是视图上某一部分（或某一构件）另有详图表示的部位，必须注明_____，并在详图上注明_____。

（5）定位轴线编号圆应以_____线绘制，直径为_____mm；索引符号圆应以_____线绘制，直径为_____mm；详图符号圆应以_____线绘制，直径为_____mm；指北针的圆应以_____线绘制，直径为_____mm；指北针尾部的宽度为_____mm。

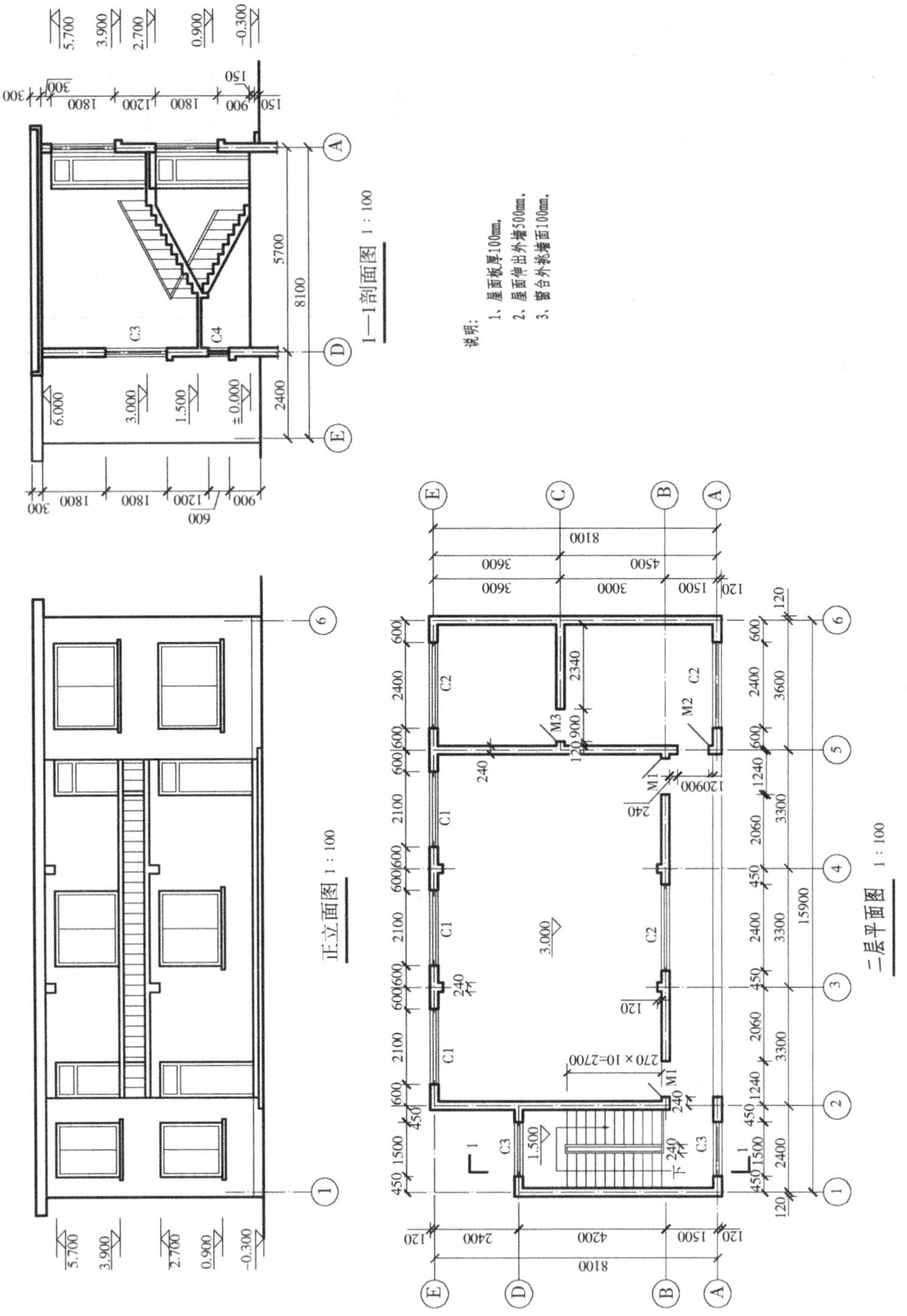
1—1剖面图 1：100
正立面图 1：100
二层平面图 1：100
说明：
1、屋面板厚100mm。
2、屋面伸出外墙500mm。
3、窗台外挑墙面100mm。
5.700
3.900
2.700
0.900
-0.300
6.000
3.000
1.500
±0.000
5700
8100
2400
15900
270×10=2700
C1
C2
C3
C4
M1
M2
M3

图3-48 建筑施工图

项目四 AutoCAD 绘图

教学目标

熟悉 AutoCAD 的用户界面，掌握绘图环境基本设置；掌握 AutoCAD 的基本绘图命令和编辑命令；掌握 AutoCAD 绘制水利工程图和建筑施工图的方法和技巧。

教学要求

知识要点	能力目标	权重
AutoCAD 基本操作及常用命令的使用	能正确设置绘图环境，掌握 AutoCAD 的基本绘图命令和编辑命令及应用技巧	40%
水利工程 CAD 图的绘制方法	能绘制常见的水利工程 CAD 图	30%
建筑平面图、立面图、剖面图和详图的画法	能用 AutoCAD 绘制简单的建筑施工图	30%

引例

AutoCAD 软件是目前在工程领域普遍应用的工程图样绘制软件，掌握 AutoCAD 软件的操作技能是每个工程技术人员必须具备的基本能力。

图 4-1 所示为某水工结构图，该图样如何用 AutoCAD 软件绘出？基本绘图步骤是怎样的？如何执行 CAD 绘图规定？这些都是本项目学习需要解决的问题。

基本知识学习

4.1 AutoCAD 绘图基础

4.1.1 AutoCAD 学习说明

"CAD"是"Computer Aided Design"的缩写，含义为"计算机辅助设计"。AutoCAD 是国际上最流行的绘图软件之一，该软件由美国 Autodesk 公司开发研制，并于 1982 年 11

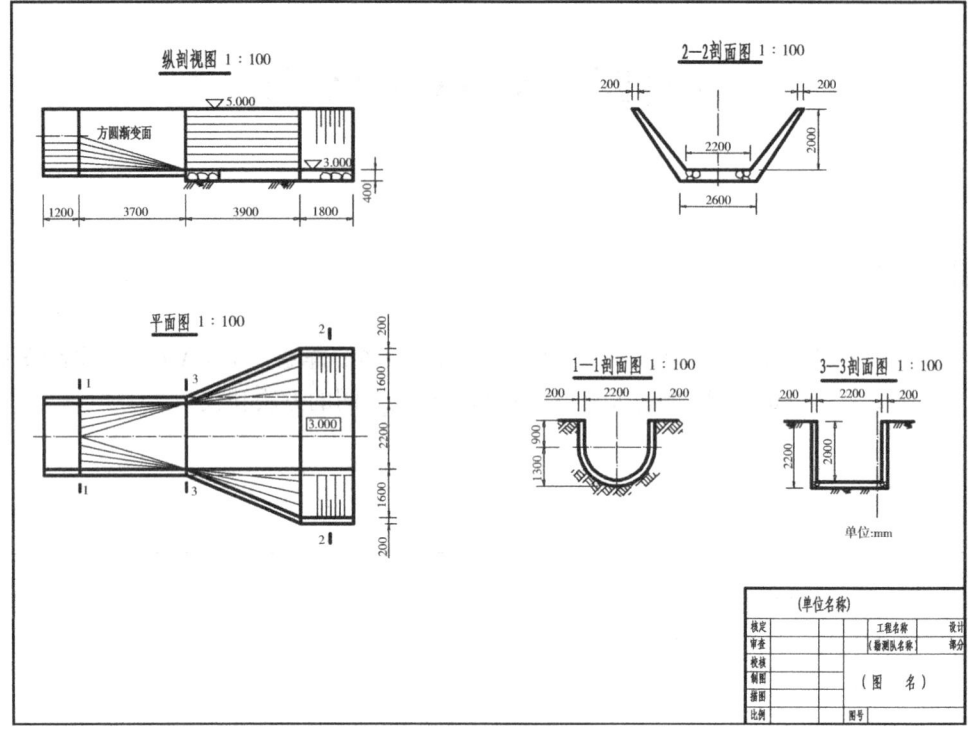

图 4-1 某水工结构图

月正式发行。经过近三十年的发展和版本升级,其功能也日趋完善,在工程领域得到广泛应用。掌握 AutoCAD 软件的操作技能是每个工程技术人员必须具备的基本能力。本课程采用最新的 AutoCAD 2012 中文版进行学习。

4.1.1.1 AutoCAD 基本功能

AutoCAD 的基本功能有:①二维绘图;②图形编辑;③辅助工具与图形显示;④三维造型;⑤AutoCAD 设计中心;⑥二次开发等。

4.1.1.2 AutoCAD 的课程性质和目标

本项目 AutoCAD 课程的主要培养目标是提高学生的计算机绘图技能,达到国家中级绘图员水平。

4.1.1.3 AutoCAD 的学习内容和方法

(1) 具备 Windows 的基本操作技能,如键盘和鼠标的使用,功能键和快捷键,快捷图标和快捷菜单,文件夹和文件的管理等。

(2) 会针对图样进行绘图环境设置,会使用常用二维绘图和编辑命令,能绘制平面图形和专业图样。

(3) 教学从水利工程图和建筑施工图绘制的实际出发,以"必须、够用、实用"为原则。

(4) 融入中级绘图员职业技能鉴定标准，结合专业特点，实施"教、学、做"一体化的案例教学。

4.1.2 AutoCAD 的用户界面

AutoCAD 绘图的一般过程为：启动软件—基本设置—分析图形，确定绘图步骤和方法及相关命令—切换图层，开始绘制（包括画图框、标题栏；布图画基准线；绘制和编辑图形等）—检查—保存—退出。

4.1.2.1 AutoCAD 的启动

完成 AutoCAD 2012 软件的安装后，Windows 桌面就会显示 AutoCAD 2012 图标（见图 4-2）。

进入 AutoCAD 主窗口的方式：

★方法1：双击桌面图标 ；
★方法2：将鼠标箭头指向图标并单击右键，在弹出的快捷菜单中选择"打开"。

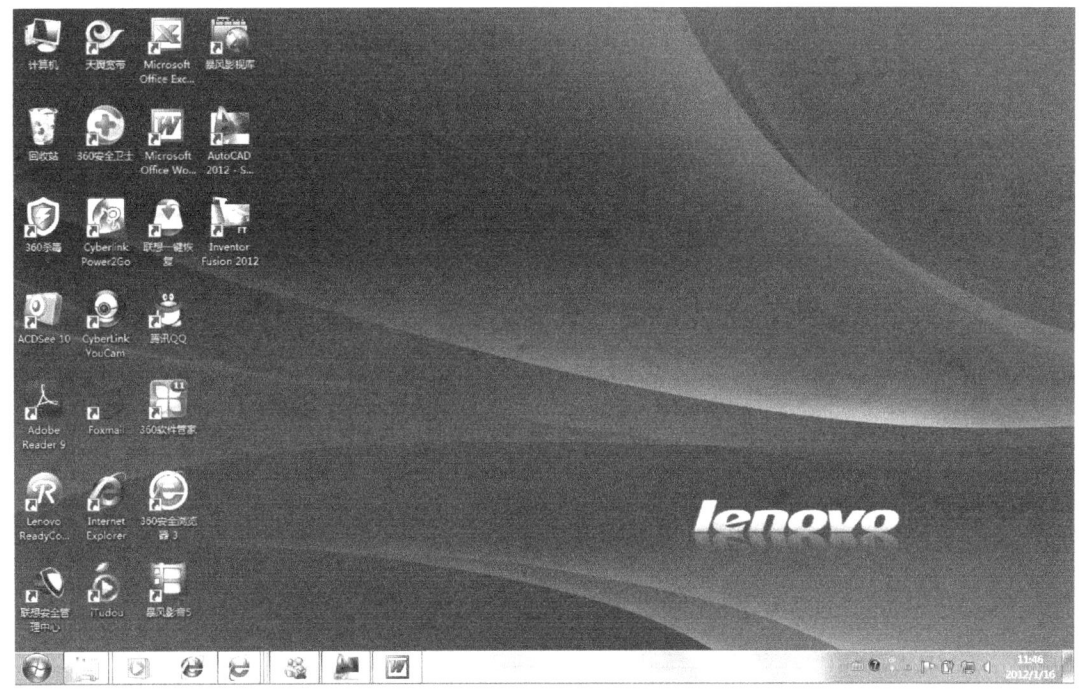

图 4-2　Windows 的桌面

4.1.2.2 AutoCAD 的工作界面

AutoCAD 2012 会随着工作空间的切换而呈现不同的工作界面，分别有草图与注释、AutoCAD 经典、三维基础和三维建模四种工作空间，不同工作空间的切换方法有两种，熟练地切换工作空间能给绘图带来很大方便。

切换工作空间的方式：

★方法1：用鼠标左键点击"草图与注释"旁边的黑色小三角形符号，选择所要的工作空间（图4-3）。

图4-3　AutoCAD 2012 工作界面切换方法1

★方法2：用鼠标左键点击 按钮，选择所要的工作空间（图4-4）。

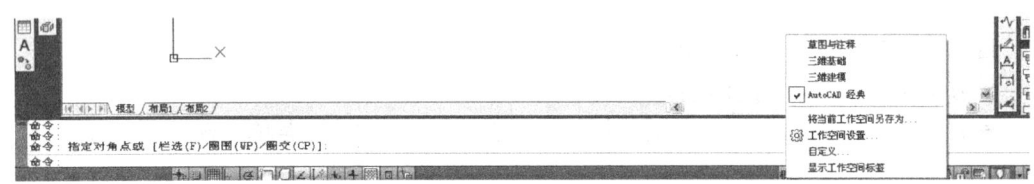

图4-4　AutoCAD 2012 工作界面切换方法2

AutoCAD 2012 在不同工作空间的工作界面见图4-5～图4-8。

特别说明：本教材以"AutoCAD 经典"工作空间为例来介绍 AutoCAD 2012 软件的运用。

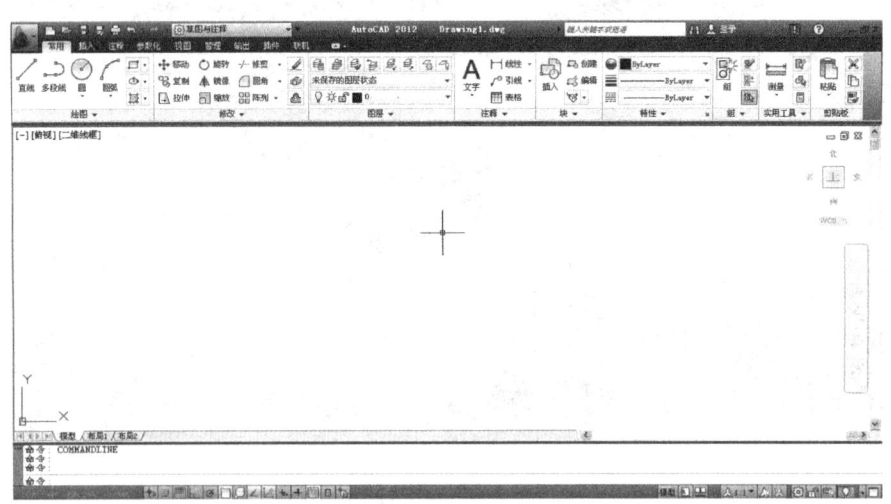

图4-5　AutoCAD 2012 工作界面1（草图与注释）

AutoCAD 2012 的工作界面包括标题栏、菜单栏、工具栏、绘图区、命令行、状态栏等元素，如图4-9所示。

1. 标题栏

AutoCAD 标题栏显示软件的名称和当前操作的图形名称。

项目四　AutoCAD 绘图

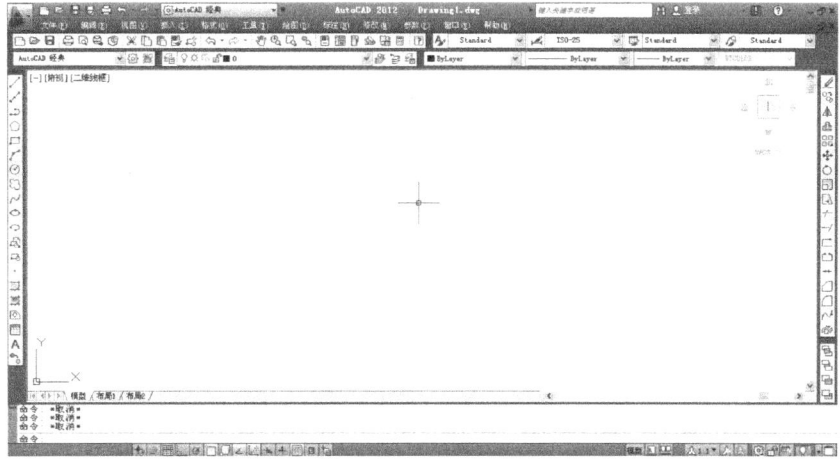

图 4-6　AutoCAD 2012 工作界面 2（AutoCAD 经典）

图 4-7　AutoCAD 2012 工作界面 3（三维基础）

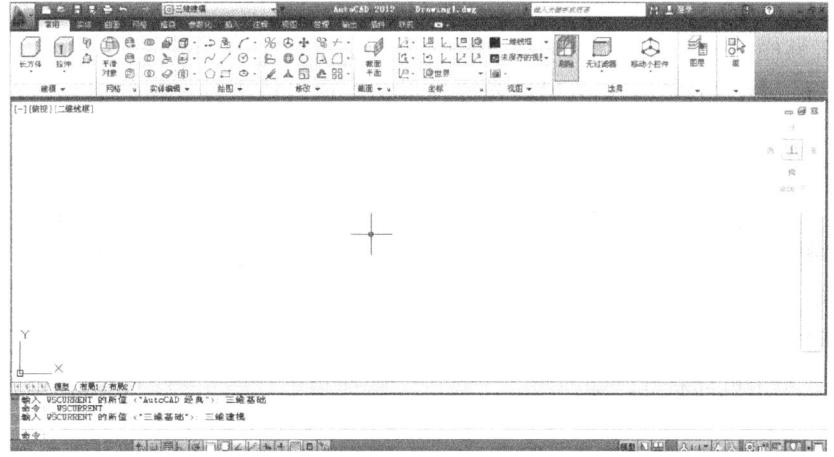

图 4-8　AutoCAD 2012 工作界面 4（三维建模）

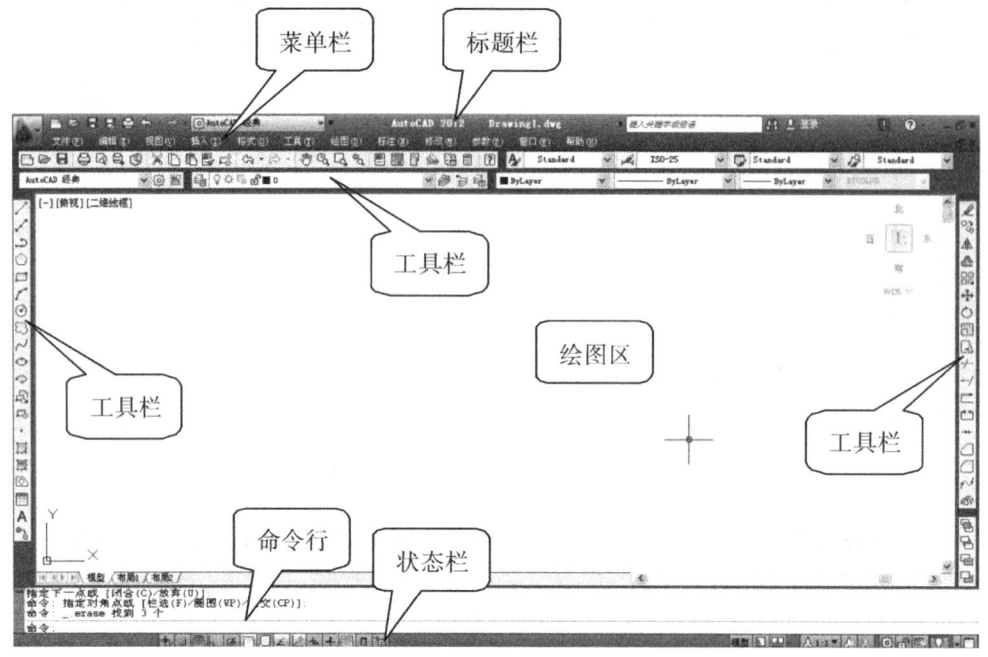

图 4-9　AutoCAD 2012 工作界面（AutoCAD 经典）

2. 菜单栏

AutoCAD 2012 的菜单栏在不同工作空间会有所不同，在 AutoCAD 经典工作空间中包括【文件】、【编辑】、【视图】、【插入】、【格式】、【工具】、【绘图】、【标注】、【修改】、【参数】、【窗口】和【帮助】等菜单，点击每一个菜单可得其下拉子菜单，其中带黑色小三角符号的子菜单可以继续展开其下一级子菜单。

3. 工具栏

一般情况下，AutoCAD 2012 的用户界面显示的工具栏有【标准】、【绘图】、【修改】、【图层】、【样式】等。用户通过点击工具栏上相应的图标启动命令。对工具栏的操作有以下几个方面。

（1）工具栏按钮的光标提示

将鼠标移到某个图标上，会出现光标提示，显示出该工具按钮的名称、作用，如图 4-10 所示。

（2）嵌套式按钮

有些工具按钮下面带有黑色小三角符号，表示它是由一系列相关命令组成的嵌套式按钮，将光标指向该按钮并按住鼠标左键，便可展开该按钮组，如图 4-11 所示。

（3）显示、关闭及锁定、解锁工具栏

①显示工具栏的快捷方法：使鼠标箭头进入任一已显示在屏幕上的工具栏边缘（如标准工具栏），单击鼠标右键，即弹出"工具栏"快捷菜单（图 4-12），选择要调用的工具栏。工具栏在屏幕上的位置可随意调整，方法是将鼠标箭头移至工具栏边缘并按住左键，将其拖动到屏幕上合适的位置再松手。

②关闭工具栏：将屏幕上已经存在的工具栏拖到绘图区域的任意位置，使其变成浮动

项目四　AutoCAD 绘图

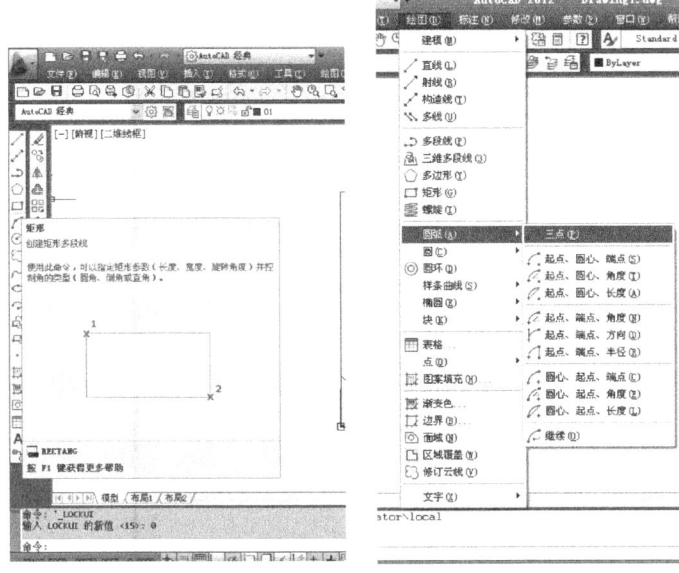

图 4-10　工具栏按钮的光标提示　　图 4-11　嵌套式按钮　　图 4-12　"工具栏"快捷菜单

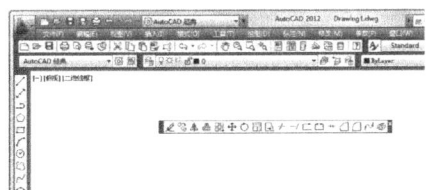

图 4-13　关闭工具栏

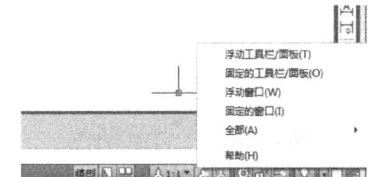

图 4-14　锁定、解锁工具栏

状态后，单击工具栏右上角的关闭按钮即可关闭该工具栏，如图 4-13 所示。

③锁定、解锁工具栏：初学者由于鼠标操作不熟练，易出现工具栏弄丢的现象，这时可以考虑将工具栏锁定。锁定、解锁工具栏有两种方法。

★方法 1：将光标指向状态栏右侧的锁定图标并单击鼠标右键，显示工具栏和窗口的控制菜单，选择【固定的工具栏】选项可以将屏幕所显示的全部工具栏锁定或解锁。当工具栏锁定时不能关闭工具栏，只有解锁后才能将工具栏关闭，如图 4-14 所示。

★方法 2：选择菜单栏中的【窗口】➩【锁定位置】命令，也可以进行工具栏的锁定、解锁操作，如图 4-15 所示。

4. 绘图区

绘图区是用户绘制及编辑图形的区域，其大小是可以改变的，在绘图区可以显示整张图纸，也可以显示图

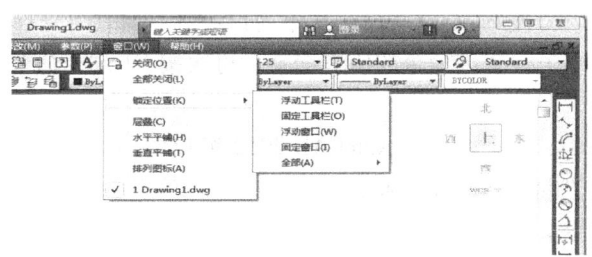

图 4-15　锁定、解锁工具栏

纸的局部。

绘图区的背景颜色和十字光标大小可以通过"选项"对话框进行修改，具体方法是点击【工具】菜单栏⇨"选项"⇨"显示"选项卡，如图4-16所示。

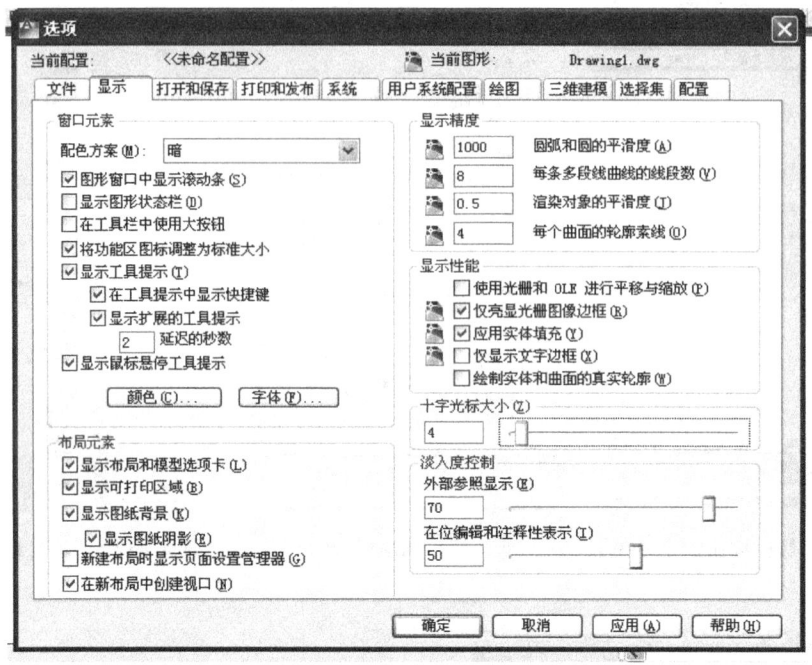

图4-16 "选项"对话框中的"显示"选项卡

（1）更改绘图区背景颜色

如图4-16，单击"颜色"按钮，弹出"图形窗口颜色"对话框，如图4-17所示，从"颜色"下拉列表中选择一种颜色后点击"应用并关闭"按钮，就可以改变绘图区的背景颜色。

（2）更改十字光标大小

如图4-16，移动"十字光标大小"滑块，就可以通过改变十字线的长短来改变十字光标的大小，显示的百分数越大，十字光标越大。

5. 命令行

命令行是绘图窗口下端的文本窗口，它的作用主要有两个：一是显示命令的步骤，提示用户下一步要干什么，实现人-机对话；二是可以通过命令行的滚动查询历史命令记录。

按F2键可将命令文本窗口激活（如图4-18所示），可以帮助用户查找更多的信息，更方便查询命令的历史记录。再次按F2键，命令文本窗口消失。

6. 状态栏

状态栏位于AutoCAD 2012窗口的最下端，如图4-19所示。在状态栏的左边，显示当前光标所处位置的坐标值，坐标值过后是一些"开关键"，把鼠标移到这些"开关键"上会依次显示【推断约束】、【捕捉模式】、【栅格显示】、【正交模式】和【极轴追踪】等绘图辅助工具，这些绘图辅助工具可以自动约束画线方向、提供画线信息、捕捉对象特征点，使得用户快速、精确地绘图成为可能。

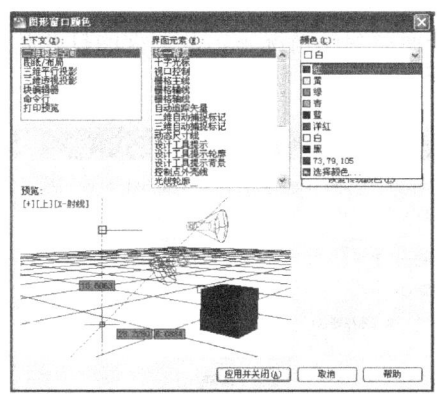

图 4-17 "图形窗口颜色"对话框

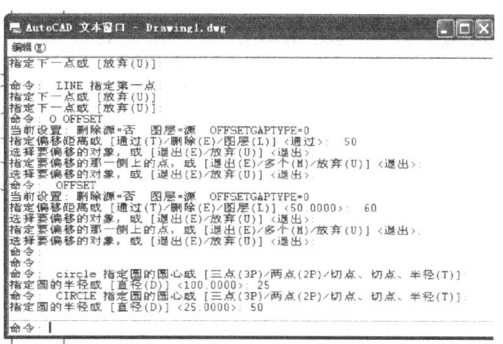

图 4-18 命令文本窗口

图 4-19 状态栏

特别提示：状态栏上的【捕捉模式】等作图辅助工具按钮凹进去为打开状态，凸出来为关闭状态，就像电灯开关一样，按一下打开，再按一下关闭，即为"开关键"。

状态栏上的作图辅助工具的开关还可以通过快捷键进行操作，F1～F12 快捷键的作用见表 4-1。

表 4-1 F1～F12 快捷键作用

功能键	组合键	用 途
F1		打开"帮助主题"窗口
F2		显示或隐藏"文本窗口"
F3	Ctrl + F	当没有选择任何对象捕捉类型时，打开"草图设置"中的"对象捕捉"选项卡；当已选择某些对象捕捉类型时，控制"对象捕捉"按钮的开关转换
F4		控制"三维对象捕捉"按钮的开关转换
F5	Ctrl + E	当采用正等轴测光标时，控制三个正等轴测平面的转换
F6	Ctrl + D	控制"动态 UCS"按钮的开关转换
F7	Ctrl + G	控制"栅格"按钮的开关转换
F8	Ctrl + L	控制"正交"按钮的开关转换
F9	Ctrl + B	控制"捕捉"按钮的开关转换
F10	Ctrl + U	控制"极轴"按钮的开关转换
F11	Ctrl + W	控制"对象追踪"按钮的开关转换
F12		控制"动态输入"按钮的开关转换

绘图辅助工具可以在命令执行前,也可以在命令执行中间任何时候打开或关闭,其功能只有在命令执行过程中才能反映出来。在没有响应任何命令的情况下,开关键的打开和关闭不会引起屏幕显示的变化,也不会对光标起约束作用。

对于栅格捕捉、对象捕捉、自动追踪等绘图工具,有时需要先设置,后使用。设置方法有两种。

★方法1:从标准工具栏的【工具】项中选取"草图设置",分别进入"捕捉和栅格"、"极轴追踪"和"对象捕捉追踪"选项卡,设置相应的参数,如图4-20所示。

★方法2:以右键单击状态栏中除"正交"、"线宽"和"模型"外的任一按钮,在弹出的快捷菜单中选取"设置",可直接进入对应的选项卡。采用"对象捕捉追踪"时,追踪的极轴对齐路径取决于极轴角设置,与状态栏中的"极轴"按钮是否打开无关。

图4-20 "草图设置"对话框

4.1.3 AutoCAD 的基本操作

4.1.3.1 AutoCAD 命令的操作方法

1. 激活新命令

AutoCAD 软件中激活一个新命令通常有如下三种方法:

★方法1:单击工具栏上的图标来启动命令。

★方法2:运用菜单栏上的下拉菜单。

★方法3:在命令行键入命令对应的快捷字来激活命令。

下面以绘制直线为例介绍命令的三种激活方法。

(1) 要绘制直线时,单击【绘图】工具栏上的 图标可启动"直线"命令。

(2) 要绘制直线时,点击【绘图】菜单栏⇨"直线"。

(3) 要绘制直线时,在命令行输入"L"(LINE 的快捷字)后按 Enter 键即可启动绘制直线命令。

特别提示:在命令行输入快捷字时应关闭中文输入法,输入的字母不分大小写。

2. 激活刚使用过的命令

AutoCAD 软件中激活刚刚使用过的命令的方法也有三种。

★方法1:在绘图区内单击鼠标右键,通过快捷菜单启动刚刚使用过的命令,如图4-21所示。

★方法2:在命令行为空的状态下,按 Enter 键或空格键会自动重复执行刚刚使用过

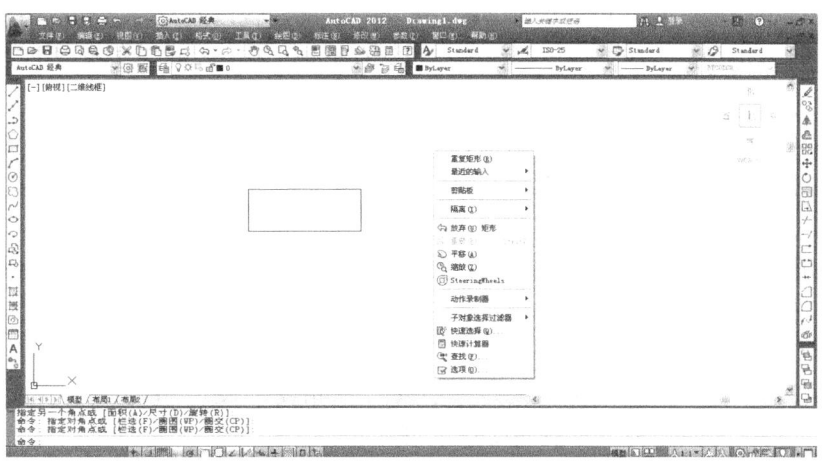

图 4 – 21　通过快捷菜单来启动刚刚使用过的命令

的命令。

★方法 3：如果预先设置好鼠标右键，则在完成前一个命令后，按鼠标右键会自动重复执行刚刚使用过的命令。

鼠标右键的设置方法如下：

点击【工具】菜单栏⇨"选项"⇨"用户系统配置"⇨"自定义右键单击"，弹出如图 4 – 22 所示对话框，做如图设置即可。

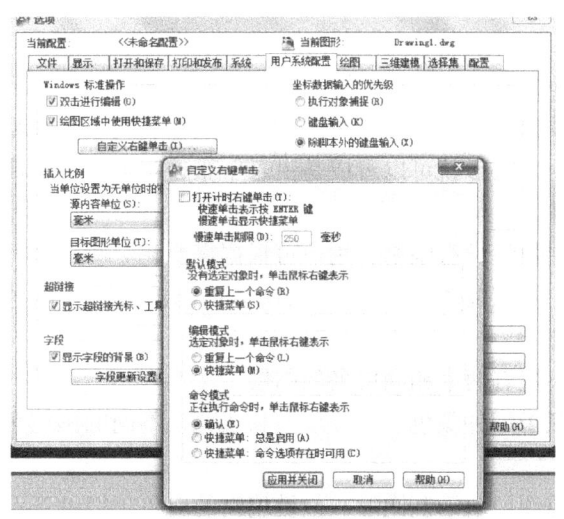

图 4 – 22　"自定义鼠标右键"设置

特别提示：在 AutoCAD 命令操作中，一般情况下，空格键等同于 Enter 键。

4.1.3.2　绘图环境设置与图幅、标题栏的绘制

为了使 AutoCAD 软件绘出的图形更加规范，符合国家制图标准，方便不同用户之间的交流，首先应掌握 AutoCAD 的绘图环境的初步设置，主要包括绘图前的单位设置，图形界

限设置，图层、线型、颜色和线宽的设置，文字样式的设置以及符合本行业的图框和标题栏的绘画，用户可以把这些共性设置作为样板保存下来，在需要时直接调用即可，以节省绘图时间。

打开 AutoCAD 软件，要完成好图幅、单位、图层、线型、文字样式、标注样式等基本设置，通常采用"格式"菜单设置。

1. 单位（Units）

设置绘图单位类型以及单位精度，方便用户以真实通用单位按实际尺寸绘制图形。

(1) 命令输入：【格式】菜单⇨"单位"，弹出"图形单位"对话框，如图 4-23 所示；

(2) 设置参数："长度"类型设为"小数"，"精度"设为 0.0000；"角度"类型为"十进制度数"，精度设为 0；"插入时的缩放单位"设为"毫米"；

(3) 单击"确定"。

2. 图幅（Limits）

改变绘图区域边界的大小。

(1) 命令输入：

①下拉菜单：【格式】菜单⇨"图形界限"。

②命令行：LIMITS

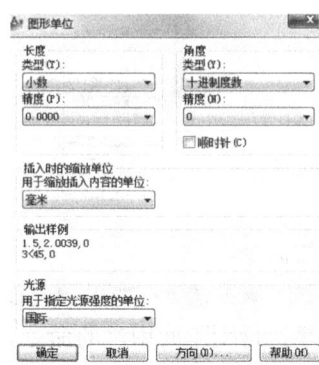

图 4-23 "图形单位"对话框

(2) 设置参数：按命令行提示分别输入 0，0 和 420，297，以确定 A3 图幅。

3. 图层（La）、线型（Lt）及比例

(1) 图层的特性

图层是使图形实体具有特定属性的透明层。对于一张含有不同颜色、不同线型和不同线宽且由多个图形实体构成的图形，如果把同一种颜色、同一种线型和线宽的图形实体放到同一张透明纸上，这个图形就可以看成是由若干张透明纸叠加而成的。

图层具有以下特性：

①一幅图中的图层数量没有限制，用户可根据需要建立图层。

②创建一张新图，0 层是系统默认的图层，不能被删除，颜色是"白色"，线型是"连续线"，线宽是"默认"。

③同一张图中，不能有两个相同层名的图层。

④每个图层只能赋予一种颜色、一种线型和线宽，不同的图层可以有相同的颜色、线型和线宽。

⑤用户只能在当前图层上绘制图形，但被编辑的对象可以处于不同的图层（包括当前层）。

⑥图层可以打开或关闭。打开的图层上的图样可以显示或打印；关闭的图层上的图样仍然存在，但不可见也不可打印。

⑦除当前层外，其他图层可以被冻结，被冻结图层上的图样不可见。

⑧当前层和其他图层均可以被锁定，被锁定的图层上的图样可见但不可编辑。

(2) 创建新图层

①输入命令有三种方式：

图标：

下拉菜单：【格式】菜单⇨"图层"

命令行：La

进行上述操作后，会显示"图层特性管理器"对话框（图4-24）；

②单击"新建图层"按钮；

③输入层名；

④在"详细信息"一栏中单击对应项目的翻页箭头，弹出颜色、线宽和线型列表，对新层的特性进行设置。

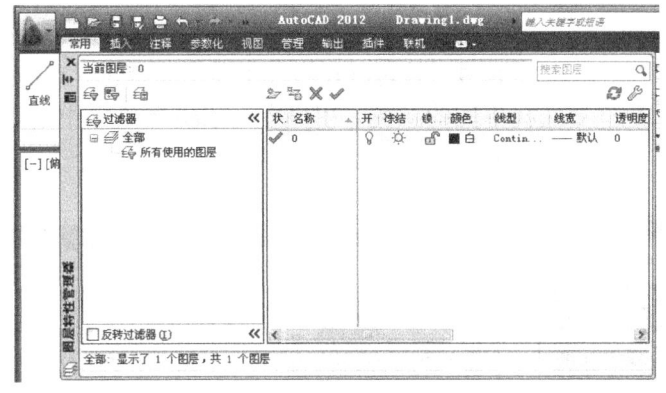

图4-24 "图层特性管理器"对话框

（3）有关图层的操作

①新建图层

默认情况下，AutoCAD只有一个图层即0层，用户要组织自己的图形，需要先新建图层。单击"图层特性管理器"对话框中的"新建"按钮，可新建一个图层。新图层在未进行设置之前，各参数均使用默认值，其中颜色为白色，线型为CONTINUOUS，不冻结，使用默认的线宽和打印样式（图4-24）。新建图层的名称、颜色、线型、线宽等都可以根据需要进行修改。用户可以根据要求新建所有的图层。更改新建图层的名称时，用鼠标左键双击当前图层名，将它改名，比如将"图层1"改为"01"，"图层2"改为"02"等。更改新建图层的颜色、线型、线宽在后面讲述。

②删除图层

对于已有的图层，如果不需要，可以将其删除。在"图层特性管理器"对话框的图层表中选择要删除的图层，然后单击对话框中的"删除"按钮即可。

③设置当前图层

设置当前图层是将某一图层设置为当前的绘图层，在其后绘制的新图形都将绘制在该图层上。在"图层特性管理器"对话框的图层列表框中选择要设置为当前的图层，然后单击对话框中的"当前"按钮即可，如图4-24所示。

设置当前图层的另一个简便方法是通过"图层"工具栏的"图层"下拉列表框来实现，如图4-25所示，该下拉列表框列出了当前图形的所有图层，包括各个图层的状态，把要设置为当前的图层选中即可。

④设置图层颜色

图层的颜色指该层上所有图样的颜色。在"图层特性管理器"对话框中,"颜色"一列所对应的各小方块图标的颜色就反映该图层的颜色。如果要改变某一图层的颜色,单击对应的图标,将弹出如图4-26所示的"选择颜色"对话

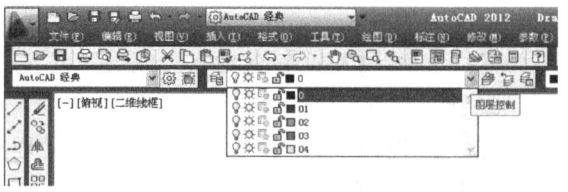

图4-25 设置当前图层

框,在此对话框中有三个选项,分别是"索引颜色"、"真彩色"和"配色系统"。AutoCAD系统提供的颜色最多共有255种,分别用1到255的整数表示颜色号,前面7个颜色号已经赋予标准颜色,分别是:1号,红色(red);2号,黄色(yellow);3号,绿色(green);4号,青色(cyan);5号,蓝色(blue);6号,粉红色(magenta);7号,白色(white)。用户可根据需要选择不同的颜色。用户在"索引颜色"中选择颜色时,可直接单击对应颜色的小方块,也可直接输入颜色名称或颜色号。

(a)"索引颜色"

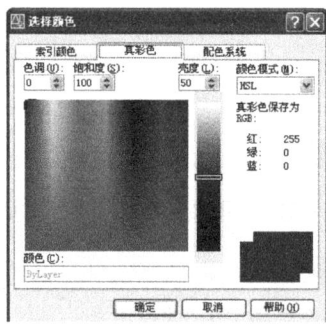

(b)"真彩色"

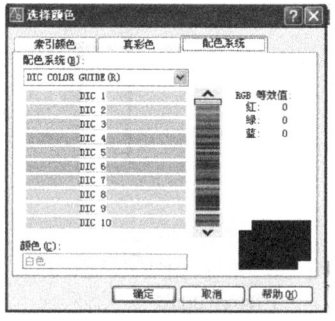

(c)"配色系统"

图4-26 "选择颜色"对话框

⑤设置图层线型

图层的线型指每一个图层上设置一种线型,不同的图层可以设置相同的线型。在"图层特性管理器"对话框中,要改变某一图层的线型,单击该图层的线型名称,将弹出如图4-27所示的"选择线型"对话框,从中选择所需线型即可。

如果"选择线型"对话框中没有需要的线型,单击该对话框的"加载"按钮,弹出"加载或重载线型"对话框,如图4-28所示,从中选取绘图所要用到的线型,用户可以一种一种地选择,也可以按住键盘上的Ctrl键,同时选取多种线型进行加载。

对线形的设置可用"线型"命令,命令输入:

下拉菜单:【格式】菜单⇨"线型"

可弹出图4-29"线型管理器"对话框。

在"线型管理器"对话框中,有两个选项是用于控制当前图形中非连续线型的长短缩放的。其中"全局比例因子"表示对当前图形中所有已生成或将要生成的非连续线型的长短画进行缩放。"当前对象缩放比例"表示对当前将要生成的某种非连续线型的长短画进行缩放。要使画出的非连续线基本上满足我国国标的要求,可设定全局比例因子为0.35(假设绘图比例为1∶1)。

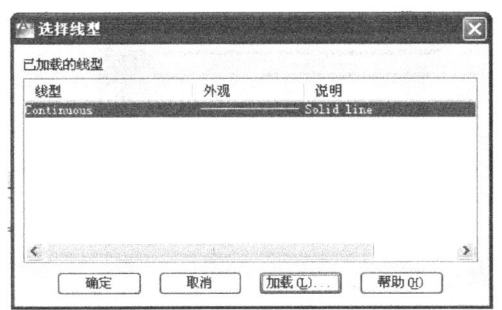

图4-27 "选择线型"对话框

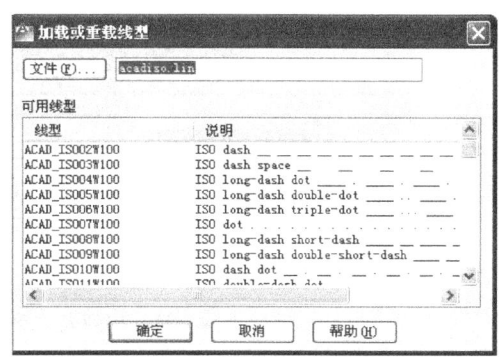

图4-28 "加载或重载线型"对话框

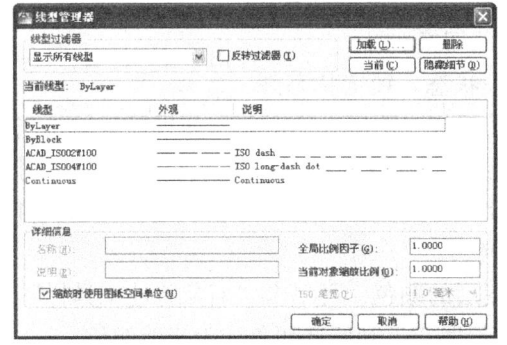

图4-29 "线型管理器"对话框

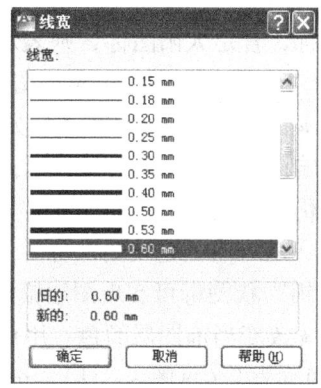

图4-30 "线宽"对话框

⑥设置图层线宽

如果要改变某一图层的线宽,单击该图层的线宽名称,将弹出如图4-30所示的"线宽"对话框,系统提供了从0～2.11 mm的共24种线宽值,用户可从中选择适当的线宽值。

我国国家标准GB/T 17450中规定粗线、中粗线、细线的宽度比为4∶2∶1,假如定义粗线的宽度为0.6 mm,中粗线的宽度为0.3 mm,细线的宽度就为0.15 mm。具体绘图时,用户可根据需要设置线宽组。

⑦图层的管理

★打开与关闭:是指图层处于打开或关闭状态。如果图层打开,该图层上的图形可以在显示器上显示,也可以在输出设备上打印;如果图层关闭,该图层上的图形不能显示,也不能打印输出。在"图层特性管理器"对话框中,在打开状态下,灯泡的颜色为黄色,在关闭状态下,灯泡的颜色为灰色,可单击层列表(图4-31)中"灯泡"图标实现图层打开与关闭的切换。

在关闭当前图层时,系统将显示一个消息框,警告正在关闭当前层,如图4-32所示。

★冻结与解冻:是指图层处于冻结或解冻状态。如果图层被冻结,该图层上的图形对

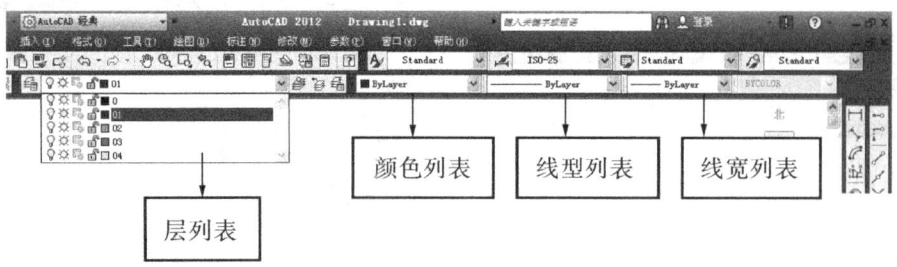

图4-31 层列表、颜色列表、线型列表和线宽列表

象不能被显示出来，也不能打印输出，而且不参加图形之间的操作；被解冻的图层则刚好相反。在"图层特性管理器"对话框中，若图层为冻结状态，则"在所有视口冻结"一列对应的是雪花图标，若是太阳图标，则表示该图层没有被冻结。单击图4-31中"光源"状图标可实现图层冻结与解冻的切换。

图4-32 "警告"对话框

★锁定与解锁：是指图层处于锁定或解锁状态。锁定状态并不影响该图层上图形对象显示，但用户不能编辑锁定图层上的对象。如果锁定的是当前图层，仍可在该层上绘图。在"图层特性管理器"对话框中，若图层为锁定状态，则"锁定"一列对应的是关闭图标；若是打开图标，则表示该图层没有被锁定。单击图4-31中"锁"状图标可实现图层锁定与解锁的切换。

★改变当前图层颜色：用户要改变当前图层的颜色，可单击"对象特性工具栏"中的"颜色列表"（见图4-31），选定某种颜色并拾取它，则所选颜色成为当前颜色。

★改变当前图层线型：用户要改变当前图层的线型，可单击"对象特性工具栏"中的"线型列表"（见图4-31），选定某种线型并拾取它，则所选线型成为当前线型。

★改变当前图层线宽：用户要改变当前图层的线宽，可单击"对象特性工具栏"中的"线宽列表"（见图4-31），选定某种线宽并拾取它，则所选线宽成为当前线宽。

特别提示：当用户设置好图层、颜色、线型和线宽时，在绘图过程中，最好不要随意修改当前图层的颜色、线型和线宽，避免图层混乱，用户只需将要用到的线型所在的图层设置为当前图层即可画图。

4. 绘制图幅与标题栏

利用AutoCAD 2012绘制工程图时，应执行国家关于图幅的规定，以便制作出符合国家制图标准的工程图纸。《建筑制图标准》对图纸幅面大小定出了5种不同的基本幅面，如表4-2所示。标题栏的格式因专业不同而不同，在本教材中采用两种格式的标题栏，一种是制图作业的标题栏（图4-33），另一种是绘图员考证的标题栏（图4-34）。

表4-2 图纸幅面和图框尺寸   mm

图幅尺寸 图幅代号	A0	A1	A2	A3	A4
$b \times l$	841×1189	594×841	420×594	297×420	297×210
c	10			5	
a	25				

其中，b、l 分别为图纸的短边和长边，a、c 为图框线到图幅线之间的宽度。图纸幅面一般采用横式，即长边横向。参见 1.1.1 节图纸幅面及其格式。

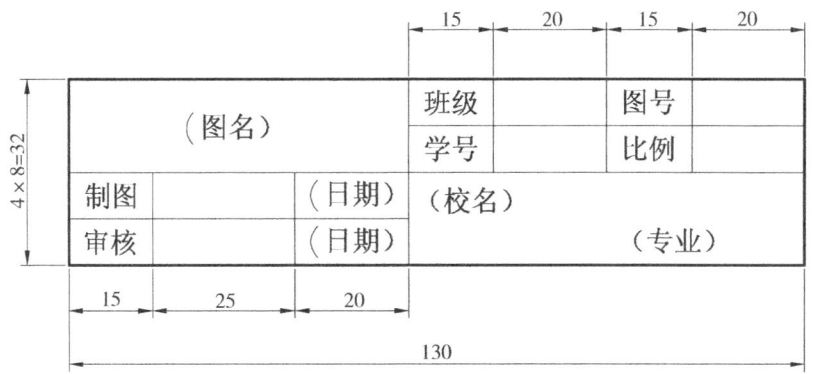

图 4-33　制图作业的标题栏

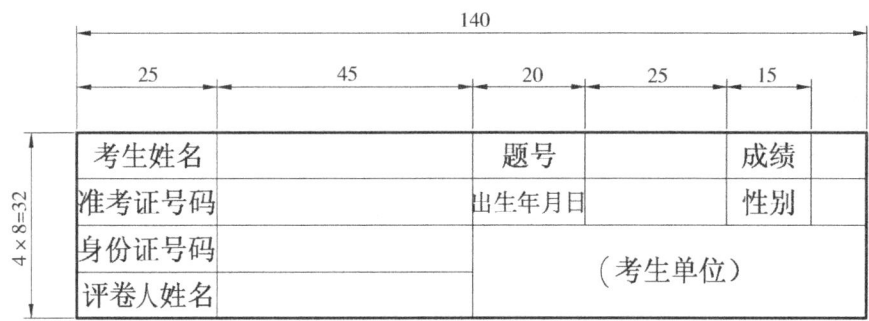

图 4-34　绘图员考证的标题栏

4.1.3.3　图形显示的方法

在绘图过程中经常会用到视图的缩放、平移等控制图形显示的操作，以更方便、更准确地绘制图形。

1. 缩放（zoom）

在屏幕上对图形进行放大或缩小，但并不改变图形的实际尺寸，方便用户更清楚地观察或修改图形。

（1）范围缩放

使用【范围缩放】命令可以将图形文件中所有的图形居中并占满整个屏幕。

（2）窗口缩放

使用【窗口缩放】命令可以显示矩形窗口指定的区域以达到放大局部图形的目的。

（3）上一个

使用【上一个】命令可以使视图回到上一次的视图显示状态，AutoCAD 最多可以恢复此前的 10 个视图。

（4）实时缩放

使用【实时缩放】命令可以将图形任意地放大或缩小。

（5）动态缩放

使用【动态缩放】命令后，视图中显示出的蓝色虚线框标注的是图形的范围，当前视图所占的区域用绿色的虚线显示，实线黑框是视图控制区，可通过改变视图控制框的大小和位置来实现移动和缩放命令。

2. 实时平移（Pan）

在不改变图形缩放比例的情况下移动全图，使图面位置随意改变，方便用户观察当前视图。

当用户发出"实时平移"命令后，屏幕上的十字光标变成一只小手，按住左键拖动鼠标，当前视窗中的图形将向光标移动方向移动。

退出"实时平移"与"实时缩放"的操作方法，可单击右键弹出快捷菜单，移动箭头指向"退出（Exit）"并单击左键或回车。

特别提示：

鼠标在缩放功能中的作用：①上下滚动中轮，图形动态缩放；②按住中轮，可拖动（平移）图形；③双击中轮，可实现图形全部缩放。

4.1.3.4 选择对象的方法

使用 AutoCAD 绘图，经常需要对图形进行选择后再执行编辑修改命令，比如复制、移动、旋转和修剪等。AutoCAD 选择对象的方法有很多种，下面介绍常用的几种。

1. 拾取

拾取是用小方块形状的光标分别单击要选择的对象，每点击一次选中一个对象。

2. 窗选

从左向右为窗选（左上至右下或左下至右上），执行窗选操作后，包含在窗口内的对象被选中，与窗口相交的对象则不被选中。

3. 交叉选

从右向左为交叉选（右上至左下或右下至左上），执行交叉选操作后，包含在窗口内的对象以及与窗口相交的对象都被选中。

4. 全选

执行【全选】命令后，所有图形对象均被选中。

5. 栅选

【栅选】命令是在绘图区域拉出虚线，虚线和谁相交，谁就被选中。

特别提示：若需取消被选中的对象，可用 shift ＋选择需取消被选对象。

4.1.3.5 AutoCAD 图形的保存

AutoCAD 2012 图形文件的保存分为"保存"和"另存为"两种，命令执行方式有：

★点击 旁边的黑色小三角形，得相应的命令。

★直接点击"保存"图标 或"另存为"图标 。

★在命令行输入命令。

特别提示：

①在绘制图形时，需要经常保存已经绘制的图形文件，避免因断电、死机等原因导致文件丢失。

②可以预先设置好"自动保存"的时间，具体方法如图 4-35 所示，在【选项】对话框的【打开和保存】选项卡中选择【自动保存】复选框，在【保存间隔分钟数】文本框中输入设定值。自动保存的文件的路径可在【选项】对话框的【文件】选项卡中找到，如图 4-36 所示的 c: \ users \ use \ appdata \ local \ temp \ 。如果所画文件不小心被删除了，可以按照此路径找到 Temp 临时文件，把该临时文件的后缀 .bak 改为 .dwg，就可以找到丢失的文件。

③AutoCAD 文件格式有两种，分别为 *.dwg 和 *.bak，其中 *.dwg 是可以编辑的图形文件，*.bak 是不可以编辑的备份文件，只有将其后缀用重命名的方式改为 .dwg 后，才可以在 AutoCAD 中打开并编辑。

④用高版本 AutoCAD 绘制的图形，在低版本的 AutoCAD 中是打不开的，此时应先将高版本的 CAD 图形另存为低版本的 CAD 文件类型，如图 4-37 所示。

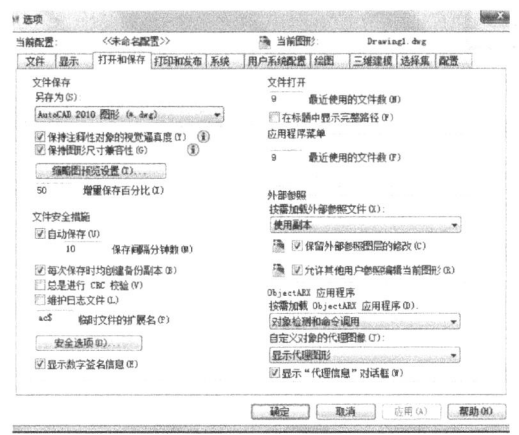

图 4-35 自动保存

图 4-36 自动保存文件路径

图 4-37 将高版本文件另存为低版本文件

4.1.3.6 AutoCAD 的退出

1. 命令格式

★菜单位置:"文件" ⇨ "退出"

★在命令行输入命令:Exit 或 Quit

★直接点击工作界面右上角的"×"。

2. "警告"对话框

当用户发出"退出"命令,而当前图形经修改又尚未存盘时,屏幕即显示"警告"对话框(图 4-38),询问用户是否保存所作改动:"是(Y)"表示保存所作改动;"否(N)"表示放弃保存;"取消"则表示取消"退出"命令,继续使用当前画面。只有当用户作出明确选择后,才能退出系统。

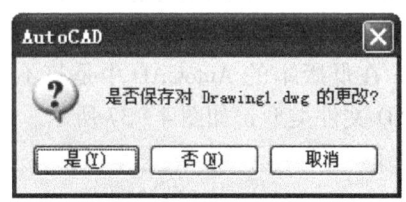

图 4-38 "警告"对话框

图 4-39 【绘图】工具栏

4.1.4 常用绘图与修改命令

4.1.4.1 绘图命令

AutoCAD 系统提供了一组实体来构造图形。实体即是构成图形的图元素,其类型有:点、直线、圆、弧、椭圆、多边形、文字、尺寸标注等。用户只要向系统发出相应的命令,即可调用这些实体,这类命令称之为绘图命令。常用的绘图命令见【绘图】工具栏(图 4-39)或者【绘图】菜单(图 4-40)。

常用绘图命令的名称、对应图标和快捷字、作用见表 4-3。

图 4-40 【绘图】菜单

表 4-3 常用绘图命令一览表

绘图命令	图标	快捷字	作用
直线 LINE		L	该命令用于绘制直线段和由直线段构成的平面折线多边形
多段线 PLINE		PL	该命令用于绘制多段线。多段线可以是由不同宽度的直线段和圆弧组成的连续线段，由一条多段线构成的图形是一个对象
正多边形 POLYGON		POL	该命令用于绘制边数为 3～1024 的正多边形，所绘正多边形为一条封闭的多段线
矩形 RECTANG		REC	该命令用于绘制边数为 3～1024 的正多边形，所绘正多边形为一条封闭的多段线
圆弧 ARC		A	该命令用于绘制圆弧
圆（CIRCLE）		C	该命令用于绘制圆
样条曲线 SPLINE		Spl	该命令用于绘制样条曲线
椭圆 ELLIPSE		EL	该命令用于绘制椭圆
创建块 BLOCK		B	该命令用于将当前图形中指定的对象创建为图块
块插入 INSERT		I	该命令用于将创建的图块插入图形中
点 POINT		PO	该命令用于绘制点
图案填充 BHATCH		H 或 BH	该命令用于绘制材料剖面符号，以表达物体的材料和区分各组成部分
表格 TABLE		TABLE	该命令用于创建空的表格对象
文字 MTEXT		MT	该命令用于创建多行文本

在表 4-3 所示的绘图命令中，像【直线】、【多段线】、【正多边形】、【矩形】等都可以选用前面 "AutoCAD 命令激活方法" 中介绍的方法来激活命令，然后根据已知条件和命令行的提示来完成绘图步骤，在此就不再赘述。本项目重点介绍一些在命令执行中要进行设置的命令。

1. 块操作

块是一组实体（也可以是单个实体）构成的一个集合。系统将块当作一个单一对象来处理，用户可以把块插入到当前图形的任意指定位置，同时还可以将其缩放和旋转。在专业绘图中如果将一些常用的元件创建为"块"，能够加快绘图速度，具有方便、快捷的实际意义。

块可以分为内部块和外部块，内部块只能在定义该块的图形中调用它。外部块既可以在定义该块的图形中调用，也可以插入到其他图形文件中。其命令执行方式不同。

（1）内部块（BLOCK）

①输入"创建块"命令，弹出"块定义"对话框，如图4－41所示；

图4－41 "块定义"对话框　　　　图4－42 "写块"对话框

②在"名称"一栏输入块名（如"W1"）；

③单击"拾取点"按钮，指定插入基点，确定基点后返回原对话框；

④单击"选择对象"按钮，选择要定义成块的实体（以窗选方式选取整个图形）；

⑤返回原对话框，单击"确定"，所选对象已定义为块"W1"。

（2）外部块（WBLOCK）

①在命令行输入W，弹出"写块"对话框，如图4－42所示；

②单击"选择对象"按钮，选择要定义成块的实体（以窗选方式选取整个图形），在下面的三个选项中，根据需要选择其中一个；

③单击"拾取点"按钮，指定插入基点，确定基点后返回原对话框；

④给出"文件名和路径"，按"确定"按钮，所选对象被定义为外部块。

无论是内部块还是外部块，其插入方法都是一样的。

2. 点操作

（1）设置点的样式和大小

命令输入方式：

★下拉菜单：【格式】菜单栏➪"点样式"

★命令行输入：DDPTYPE

执行命令后，弹出"点样式"对话框（图4－43）。

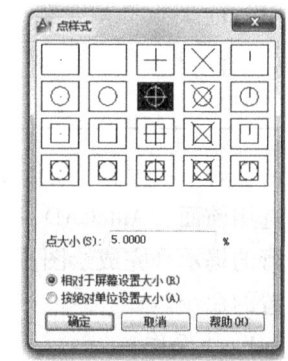

选中的图标就是所绘点的符号，默认的符号为单点。符号的大小在"点大小"框中修改。要注意的是，默认点的大小是相对于屏幕大小百分比设置的，即点的大小随图形窗口　　图4－43 "点样式"对话框

的变化而改变大小。较常用的是"按绝对单位设置大小"。

（2）点运用

①定数等分线段

命令输入：下拉菜单【绘图】菜单栏⇨"点"⇨"定数等分"

②定距等分线段

命令输入：下拉菜单【绘图】菜单栏⇨"点"⇨"定距等分"

3. 文字操作

（1）设置文字样式（St）（样式名、字体、字高、宽度因子、倾角等）

在输入文字之前，首先应建立文字样式。建立文字样式包括选择字体文件（用于描述每个文字书写的基本规则），设定文字高度、字宽与字高的比例和文字倾角，确定文字是否需要以反向、倒置或垂直对齐的形式出现。

操作步骤：

①命令输入方式：

★下拉菜单：【格式】菜单栏⇨"文字样式"

★命令行输入：ST

弹出"文字样式"对话框（图4-44）。

②单击"新建（New）"，出现"新建文字样式"对话框（图4-45），在"样式名"一栏键入新文字样式的名称（由用户自定，如"HZ"）后单击"确定"。

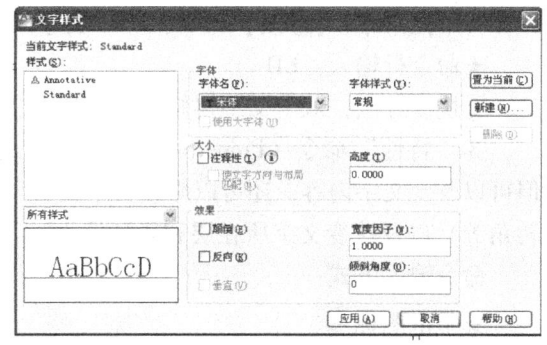

图4-44 "文字样式"对话框

③在"字体名"一栏下选择适当的字体文件名。在该栏的下拉列表中显示两类字体，一类是操作系统提供的 True Type 字体，其字体文件名前的图标为 ![T]，另一类是 AutoCAD 提供的 SHX 字体，其字体文件名前的图标为 ![A]。大部分的 True Type 字体都可以用于书写汉字，用户可通过"文字样式"对话框中"预览

图4-45 "新建文字样式"对话框

（Preview）"一栏加以辨别。但所有 SHX 字体均不能用于书写汉字，预览显示为"？"。

④在"宽度因子"一栏输入字宽与字高的比例值（仿宋体的字宽与字高的比例为2/3≈0.7）。

⑤单击"应用（A）"。新建的文字样式即成为当前文字样式。

上述是建立文字样式的基本操作步骤，用户还可以根据需要对其他选项进行重新定义。将字型设置为"反向"、"颠倒"或"垂直"。一般高度在输入文字时确定。

（2）文字输入

①单行文字（在指定的位置按要求输入文字）。

命令输入方式：

★下拉菜单：【绘图】菜单栏⇨"文字"⇨"单行文字"

★命令行输入：DT

②多行文字（在一个虚拟的文本框内生成一段文字，用户可以定义文字边界，指定边界内文字的段落宽度以及文字的对齐方式等）。

命令输入方式：

★下拉菜单：【绘图】菜单栏⇨"文字"⇨"多行文字"

★命令行输入：MT

★常用的特殊字符与代码如下：

特殊字符"°"：代码为"%%D"；

特殊字符"φ"：代码为"%%C"；

特殊字符"±"：代码为"%%P"。

（3）文字编辑（Ddedit）。对选定的字符串（包括单行文字和多行文字）进行修改。该命令只能采用"单选"方式。

①命令输入方式：

★下拉菜单：【修改】菜单栏⇨"文字"

★命令行输入：ED

②快捷方法：双击文字再修改，这种方法只能修改文字内容。

③"特性"命令（Properties、Ddmodify 或 Ddchprop）。用于修改图形实体的特性，不但可以改变文字内容，还可以修改文字的其他特性（如文字样式、文字对齐方式、字高、转角等）以及改变文字所在层和颜色等。

命令输入方式：

★单击图标

★下拉菜单：【修改】菜单栏⇨"特性"

★命令行输入：MO 或 CH

弹出"特性"窗口（图4-46和图4-47）。

图4-46　单行文字的"特性"窗口　　图4-47　多行文字的"特性"窗口

4.1.4.2 修改命令

系统提供了多种方法对实体进行修改、编辑。常用的修改命令见【修改】下拉菜单（图4-48）或者【修改】工具栏（图4-49）。

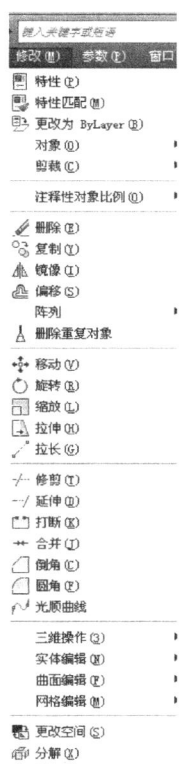

图4-48 【修改】菜单

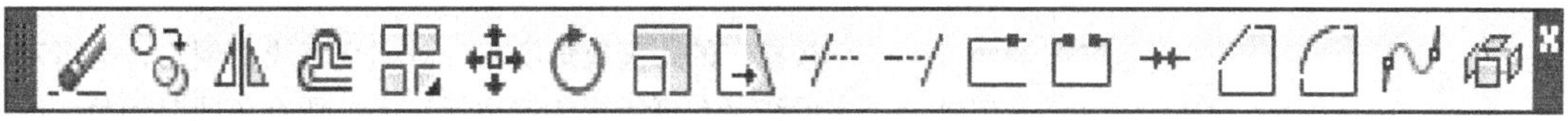

图4-49 【修改】工具栏

常用修改命令的名称、对应图标和快捷字、作用见表4-4。

表4-4 常用编辑命令一览表

绘图命令	图标	快捷字	作用
删除 ERASE		E	用于删除已绘制的对象
复制 COPY	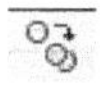	CO	用于将对象复制到指定位置。可以一次复制，也可以多次复制
镜像 MIRROR	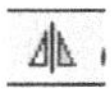	MI	用于将对象按指定的镜像线作镜像复制

续表 4-4

绘图命令	图标	快捷字	作用
偏移 OFFSET		O	用于将选中的直线、圆、多段线等按指定的偏移量或通过点生成一个与原对象相似、等距的新对象
阵列 ARRAY		AR	用于创建以阵列模式排列的对象的副本,分为矩形阵列、路径阵列、极轴阵列
移动 MOVE		M	将选中的对象移动到指定位置
旋转 ROTATE		RO	可以将对象绕指定点旋转
缩放 SCALE		SC	用于将对象按比例放大或缩小。比例因子大于1,放大对象;比例因子小于1,缩小对象。比例因子不能为负值
拉伸 STRETCH		STRETCH	用于将所选对象拉长或压缩到指定位置。执行该命令时,必须用交叉窗口来选择拉伸对象,位于窗口内的端点将被移动
修剪 TRIM		TR	用于修剪对象,将所选对象在指定的修剪边界断开,删除修剪边界指定的部分
延伸 EXTEND		EX	用于将选中的对象延伸到指定边界
打断 BREAK		BR	用于将所选对象指定两点间的部分删除或在指定点处断开
倒角 CHAMFER		CHA	按指定的距离或角度在一对相交直线上倒角,也可对多段线(包括矩形、多边形)上的所有角同时倒角。倒角的两条边的距离可以相等也可以不等
圆角 FILLET		FILLET	是通过一个指定半径的圆弧来光滑地连接两个对象。被连接的两个对象可以是直线、圆弧、圆或多段线。倒圆角时,要先设置圆角半径
分解 EXPLODE		EXPLODE	用于将合成对象分解。可分解多段线、多行文本、图块等。任何被分解对象的颜色、线型和线宽都可能会改变,其结果取决于所分解的合成对象的类型

在表 4-4 所示的修改命令,都可以选用前面"AutoCAD 命令激活方法"中介绍的方法来激活,然后根据已知条件和命令行的提示来完成绘图步骤,在此不再赘述。

4.1.4.3 数据和点的输入方式

绘图时经常要涉及点和数据的输入,比如点坐标、距离、半径、直径等,重点在点。数据输入通常用键盘输入。点的输入方式有 5 种:

(1) 鼠标任意拾取;

(2) 绝对坐标(直角坐标:X,Y);

(3) 相对坐标(直角坐标:@ΔX,ΔY;极坐标@ L<θ);

(4) 直接输入距离(正交和极轴状态);

(5) 目标点捕捉,包括以下几种捕捉方式:

手动捕捉:单击捕捉工具条上的某个特征点。优先执行。

自动捕捉:右击状态栏上的对象捕捉(F3)进行设置。

组合捕捉:从…捕捉。

追踪捕捉:右击状态栏上的对象追踪(F10)进行设置。

特别提示:

①当状态栏的"动态输入"按钮打开时,直接输入的直角坐标值即为相对坐标值,此时要输入绝对坐标,其格式为:# X,Y。

②由于图形中的尺寸为相对尺寸,所以根据图形已知尺寸绘图时,通常采用相对坐标输入,即在"动态输入"状态下直接输入坐标或距离。

4.1.4.4 尺寸标注

1. 设置尺寸标注样式

设置不同的尺寸标注样式,以适应不同类型的图样对尺寸标注的要求。建立尺寸标注样式是通过重新设置一组尺寸变量(用于确定尺寸标注中各个组成部分的样式、大小和它们之间相互位置关系的一些变化的量值)来实现的。改变尺寸变量的方法有两种,一种方法是键入尺寸变量名并改变其初始值来实现;另一种方法是通过对话框的形式对尺寸变量进行重新设置。由于对话框比较方便、直观,故下面主要介绍以对话框形式建立尺寸标注样式的操作方法。

(1) 命令输入方式:

★下拉菜单:【格式】菜单⇨"标注样式"(弹出"标注样式管理器"对话框图,4-50)

★工具栏与图标:在"标注工具栏"中单击图标

★命令行:Dimstyle

(2) 单击"新建"按钮,弹出"创建新标准样式"对话框(图 4-51),在"样式名"一栏输入自定义的尺寸标注样式名(如"建筑"),单击"继续",进入"新建标注样式"对话框的"直线和箭头"选项卡(图 4-52)。

(3) 以系统缺省的标注样式"Standard"为基础,分别对"直线和箭头"、"文字"、"调整"、"主单位"等选项卡中的某些选项进行重新设置,然后单击"确定",返回"标注样式管理器"对话框。

(4) 单击"置为当前"按钮后关闭对话框,新的标注样式即成为当前标注样式。

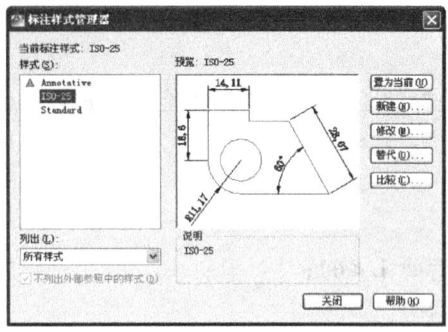

图 4-50 "标注样式管理器"对话框

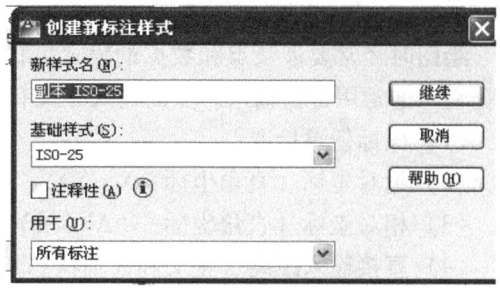

图 4-51 "创建新标注样式"对话框

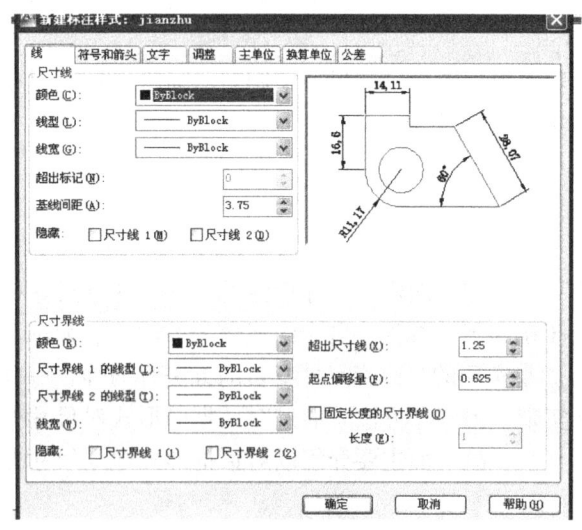

图 4-52 "直线和箭头"选项卡

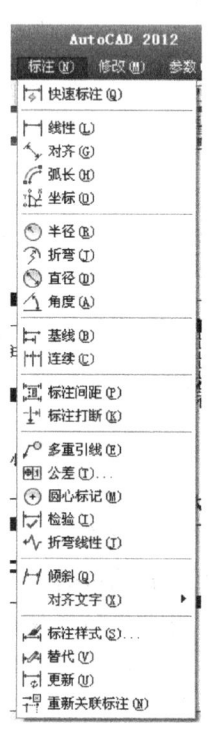

图 4-53 【标注】菜单

2. 尺寸标注方法

AutoCAD 提供的可标注类型见图 4-53 所示【标注】菜单，或者图 4-54 的【标注】工具栏。一般常用标注有：线性标注、对齐标注、半径标注、直径标注、角度标注、基线标注、连续标注和编辑标注文字。

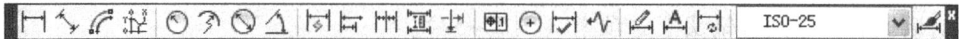

图 4-54 【标注】工具栏

3. 标注编辑与修改

常用标注编辑工具有：

(1)"标注编辑":Ded 或图标 。可以改变标注文字的位置、转角或文字内容,还可以改变尺寸界线与尺寸线的相对倾角。

(2)"标注文字编辑":Dimted 或图标 。可以改变标注文字相对于尺寸线的位置和角度。

(3)"更新":Dimstyle 或图标 。可以把已标注的尺寸按当前尺寸标注样式所定义的尺寸变量进行更新。

(4)文字编辑命令:Ed 命令。可修改标注内容。

(5)特性修改命令:Mo 命令。可修改内容与特性。

4.1.4.5 常用绘图与编辑命令的应用举例

绘图命令和修改命令通常配合使用,但具体要用到哪些命令,要依据图形的已知条件而定,下面通过一些典型例题来介绍常用的绘图和修改命令的应用。

1. 线性类几何图形的绘制

【例 4-1】 画出图 4-55 所示的图形。

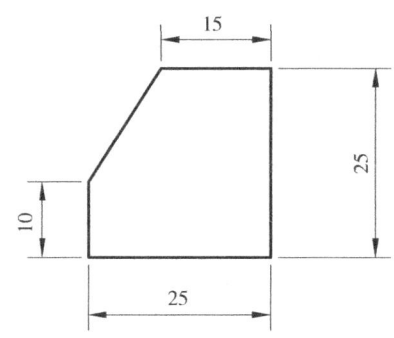
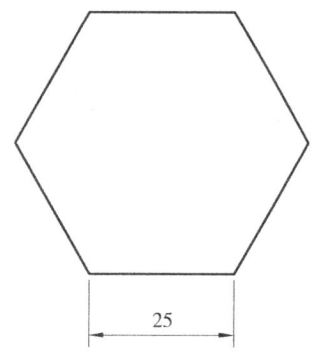

图 4-55 线性类几何图形(一)　　　图 4-56 线性类几何图形(二)

说明:此题作图方法有三种,用"直线"命令;点的输入方式(绝对直角坐标,相对直角坐标);在"正交"状态下,直接输入线段长度来绘图。

操作过程如下:

★方法 1:以坐标原点(0,0)为起画点,键盘依次输入绝对直角坐标值 25,0;25,25;10,25;0,10;最后输入字母 C 闭合。

★方法 2:以屏幕上取一任意点为起画点,键盘依次输入相对直角坐标@25,0;@0,25;@-15,0;@-10,-15;最后输入字母 C 闭合。

★方法 3:打开"正交"状态,配合光标,从键盘直接输入线段长度。

【例 4-2】 画出图 4-56 所示的边长为 25 的正六边形。

说明:此题作图方法有三种,用到"直线"命令;点的输入方式(相对极坐标);在"极轴"状态下,直接输入线段长度或者用"正多边形"命令来画。

操作过程如下:

★方法 1:以屏幕上取一任意点为起画点,键盘依次输入相对极坐标@25<0;@25<60;@25<120;@25<180;@25<240;最后输入字母 C 闭合。

★方法2：先设置极轴增量角为60°，在"极轴追踪"状态下直接从键盘输入线段长度，如图4-57所示。

★方法3：用"正多边形"命令画图。

2. 圆及圆弧类几何图形的绘制

【例4-3】 画出图4-58所示的图形。

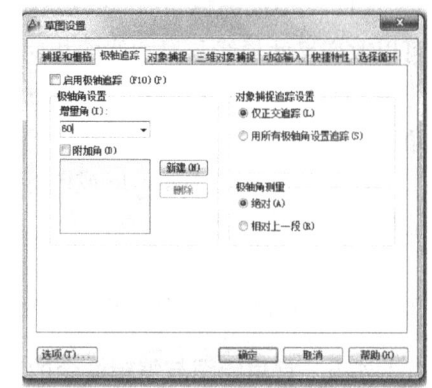

图4-57 设置极轴增量

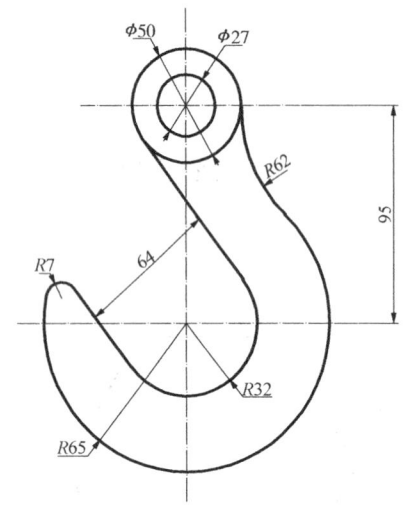

图4-58 圆及圆弧类几何图形

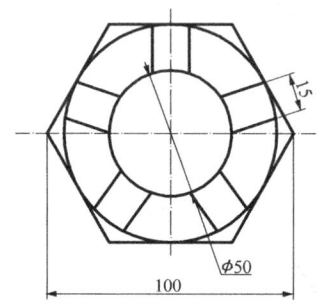

图4-59 阵列类几何图形（一）

说明：该题用到的命令有"直线"、"偏移"、"圆"和"修剪"。

操作过程如下：

①用"直线"、"偏移"命令画出中心线；

②用"圆"命令画 $\phi 27$ 和 $\phi 50$ 的圆，以及如 $R32$ 和 $R65$ 的圆弧；

③用"圆"命令的"相切、相切、半径"选项及"修剪"命令画 $R62$ 的圆弧或者用"圆角"命令画出 $R62$ 的圆弧；

④用"直线"命令，配合捕捉"切点"画出和 $\phi 50$ 的圆与 $R32$ 的圆弧相切的直线，再用"偏移"命令偏移出与之平行的直线；

⑤用"圆"命令的"相切、相切、半径"选项画 $R7$ 的圆弧，用"修剪"命令按已知条件修剪；

⑥标注尺寸，整理完成图形。

3. 对称及阵列类规则排列类几何图形的绘制

【例4-4】 画出图4-59所示的图形。

说明：此题用到的命令有"直线"、"圆"、"正多边形"、"偏移"、"阵列"、"修剪"和"删除"。

操作过程如下：

①用"直线"命令画出中心线；

②用"圆"命令画 $\phi 50$ 的圆，用"正多边形"命令画正六边形；

③用"圆"命令画与正六边形内切的圆;

④用"偏移"命令将竖直中心线向左、右各偏移 7.5,接着用"修剪"命令修剪得出距离为 15 的两直线,再用"阵列"中的"极轴阵列"命令画出阵列部分;

⑤标注尺寸,整理完成图形。

【例 4-5】 画出图 4-60 所示的图形。

说明:该题用到的命令有"直线"、"圆"、"偏移"、"修剪"、"多段线"、"定数等分"、"旋转"和"阵列"。

操作过程如下:

①用"直线"命令画出中心线;

②用"圆"命令画 $\phi25$、$\phi50$、$\phi60$ 和 $\phi94$(隐藏的)的圆,再用"直线"、"偏移"和"修剪"命令完成 $\phi25$ 上的凸出部分;

③用"定数等分"命令将 $\phi60$ 的圆 10 等分,再用"旋转"命令将 10 个等分点绕中心旋转 $90°$;

④用"圆"命令先作一辅助圆,接着用"多段线"命令绘出一个"叶片",再用"阵列"命令中的"极轴阵列"画出阵列部分;

⑤标注尺寸,整理完成图形。

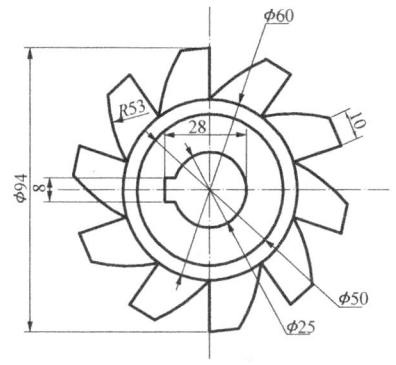

图 4-60 阵列类几何图形(二)

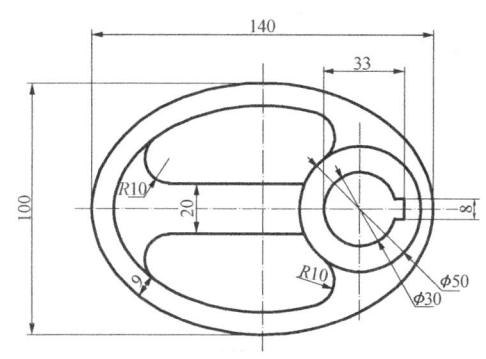

图 4-61 对称类几何图形(一)

【例 4-6】 画出图 4-61 所示的图形。

说明:该题用到的命令有"直线"、"偏移"、"椭圆"、"圆"和"修剪"。

操作过程如下:

①用"直线"和"偏移"命令画出中心线;

②用"椭圆"命令画椭圆,再用"偏移"命令将椭圆向中心偏移 9,得一个小椭圆;

③用"圆"命令画 $\phi30$ 和 $\phi50$ 的圆,再用"直线""偏移"和"修剪"命令完成 $\phi30$ 上的凸出部分;

④用"偏移"命令将水平中心线向上、向下各偏移 10,得两条直线,再用"圆角"命令作出四个半径为 10 的圆弧,用"修剪"命令修剪多余的部分;

⑤标注尺寸,整理完成图形。

【例 4-7】 画出图 4-62 所示的图形。

说明：该题属于左右对称的图形，画图时可先画出左边一半，再用"镜像"命令将右边一半完成。用到的命令有"直线"、"圆"、"偏移"、"修剪"和"镜像"。

操作过程如下：

①用"直线"和"偏移"命令画出中心线；

②用"圆"命令完成三组同心圆，半径分别为 R12 和 R22，以及位于对称线上半径为 R12 的圆；

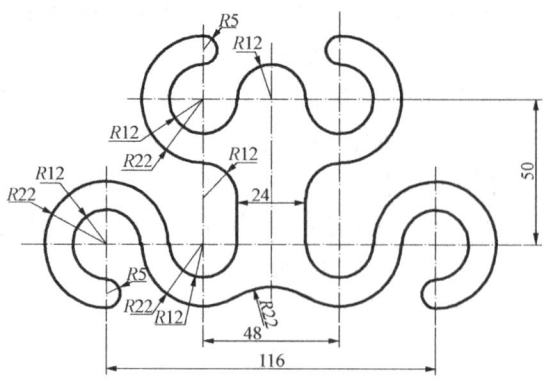

图 4-62 对称类几何图形（二）

③用"圆"命令画出 2 个半径为 R5 的圆，使其与 R12 和 R22 的圆相切，用"修剪"命令修剪；

④用"偏移"命令将对称线往左偏移 12，得一直线，再用"圆角"命令画 R12 的圆弧，用"修剪"命令修剪；

⑤用"镜像"命令将左边一半镜像到右边，用"圆角"命令画出 R22 的圆弧；

⑥标注尺寸，整理完成图形。

4. 三视图的绘制

【例 4-8】 画出图 4-63 所示的三视图。

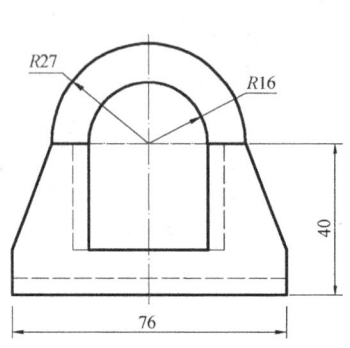

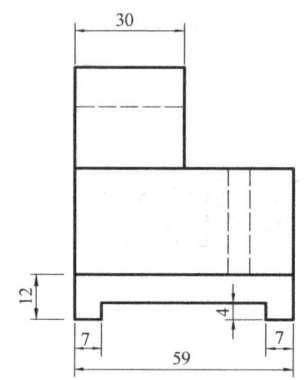

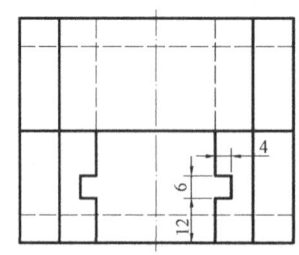

图 4-63 三视图的绘制

说明：该题属于三视图，作图时要注意满足"长对正、高平齐、宽相等"的三视图的投影规律，在 AutoCAD 中，可以用"对象捕捉追踪"来做到"长对正、高平齐"，用"复制"、"移动"和"旋转"命令来做到"宽相等"。

操作过程省略。

5. 剖视图和剖面图的绘制

【例 4-9】 画出图 4-64 所示的剖视图和剖面图。

说明：图 4-64a 为剖视图，作图时要注意满足三视图的"长对正、高平齐、宽相等"的要求，可以用画三视图的方法来画，再用"图案填充"命令来填充材料符号。图 4-64b 所示剖面图的绘制方法与剖视图相类似，不同点在于剖面图只绘制断面形状与材料符号。

操作过程省略。

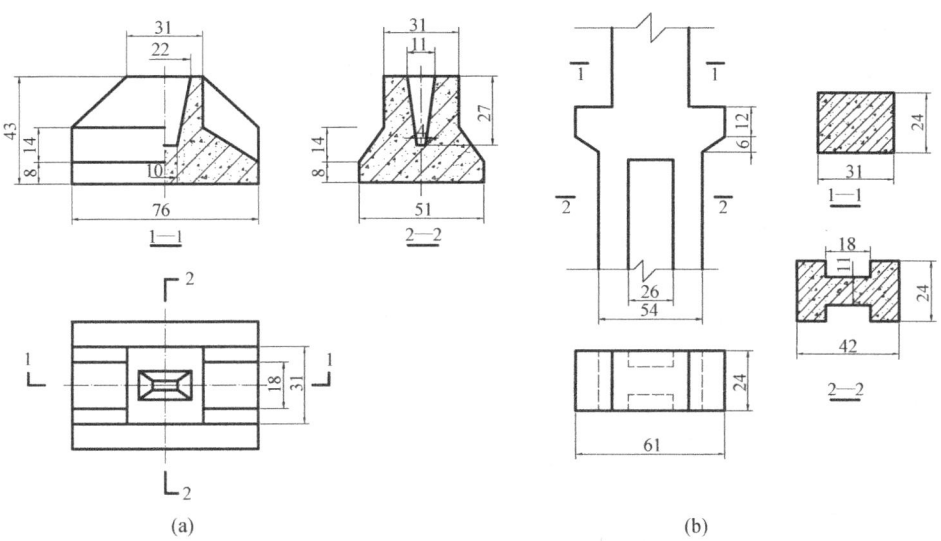

图 4-64 剖视图、剖面图的绘制

4.2 水工结构图的绘制

电脑绘图相比手工绘图而言，具有快速、准确、美观等优点，但要想用 AutoCAD 快速、准确地绘制好一幅水工结构图，需要：

①掌握一定的水利工程图的基本知识，能够看懂水工结构图；

②熟练掌握绘图命令和编辑命令的应用；

③按照一定的绘图步骤来绘制，以节省时间。

说明：通常水工结构的尺寸较大，需按缩小比例作图（如 1∶200），其作图方法有两种（括号中为操作方法缩写）：

★方法 1：

（1）加载线型、设置图层（Lt↙—La↙）；

（2）画图框、标题栏（Rec 或 L↙—0↙—Tr↙—St↙—Dt 或 Mt↙）；

（3）放大图纸，修改参量（①Sc↙—All↙—0，0↙—200↙；②Z↙—E↙；③

Di↙；④线型比例、字高、技术符号均放大200）；

（4）切换相应图层并以1∶1比例绘图；

（5）标注尺寸（D↙标注特征比例为200，测量单位比例为1—标注）与技术要求；

（6）检查、保存、退出。

★方法2：

（1）加载线型、设置图层（Lt↙—La↙）；

（2）画图框、标题栏（Rec或L↙—0↙—Tr↙—St↙—Dt或Mt↙）；

（3）放大图纸，修改参量（①Sc↙—All↙↙—0，0↙—200↙；②Z↙—E↙；③Di↙）；

（4）切换相应图层并以1∶1比例绘图；

（5）缩小图纸（①Sc↙—All↙↙—0，0↙—1/200↙；②Z↙—E↙；③Di↙）；

（6）标注尺寸（D↙标注特征比例为1，测量单位比例为200—标注）与技术要求；

（7）检查、保存、退出。

【例4－10】 绘制图4－66所示某土坝剖面图。要求：

（1）按表4－5规定设置图层及线型，并设定线型比例。

表4－5　图层的设置

层名	颜色（颜色号）	线型	线宽
0	白色　（7）	CONTINUOUS（实线）	0.60mm　（粗实线用）
01	红色　（1）	CONTINUOUS　（实线）	0.15mm　（细实线、尺寸标注及文字用）
02	青色　（4）	中实线　CONTINUOUS	0.30mm（中实线用）
03	绿色　（3）	Acad－iso04w100（点画线）	0.15mm
04	黄色　（2）	Acad－iso02w100（虚线）	0.15mm

（2）按1∶1的比例设置A3图幅（横装）一张，留装订边，画出图框线。

（3）按国家标准规定设置有关的文字样式，然后画出并填写如图4－65所示的标题栏，不标注尺寸。

（4）按1∶200的比例出图绘制图4－66所示某土坝剖面图。

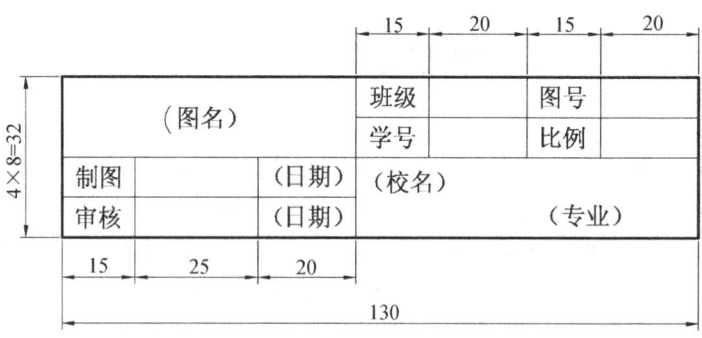

图4－65　标题栏格式

操作过程如下：

1. 设置绘图环境，绘制图幅与标题栏

（1）按要求设置好单位、图幅、图层、线型、文字样式、标注样式，其中图层设置如图4－67所示。因为绘图比例为1∶100，故设置线型比例中的全局比例因子为35。

（2）绘制A3图幅大小（420×297）的图框和标题栏。

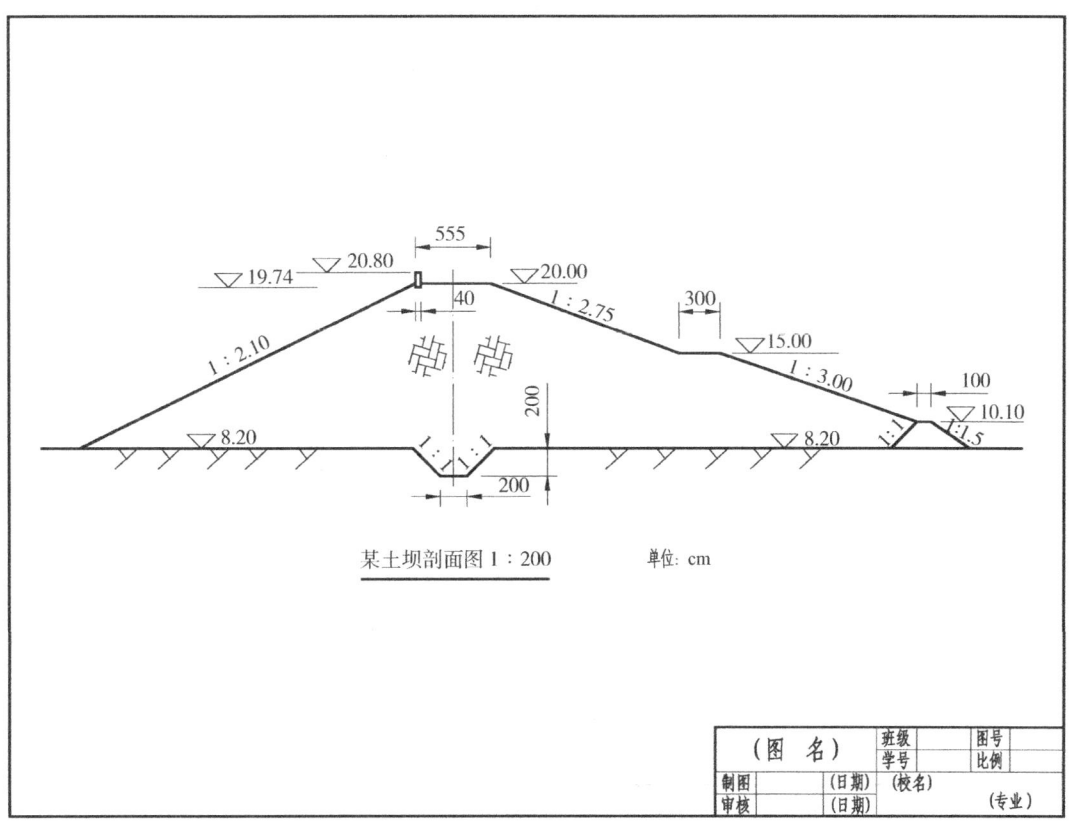

图 4-66 某土坝剖面图

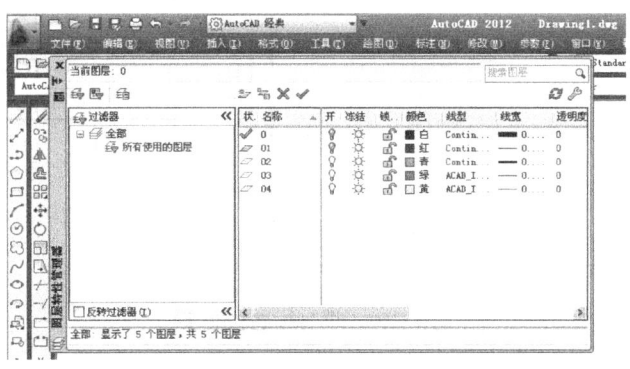

图 4-67 设置好的图层、线型

①将细实线层设置为当前图层,用"矩形"命令画 A3 图幅线,矩形两顶点坐标分别为 0,0;420,297。

②将粗实线层设置为当前图层,用"矩形"命令画 A3 图框线,矩形两顶点坐标分别为 25,5;415,292。

③用"矩形"命令,配合"分解"和"删除"命令画标题栏框线(粗实线),或者用"直线"命令,配合"对象捕捉"与"对象追踪"画标题栏框线,用"偏移"和"修剪"

命令画标题栏内的分格线,用"特性匹配"更改分格线的线型。结果如图 4-68 所示。

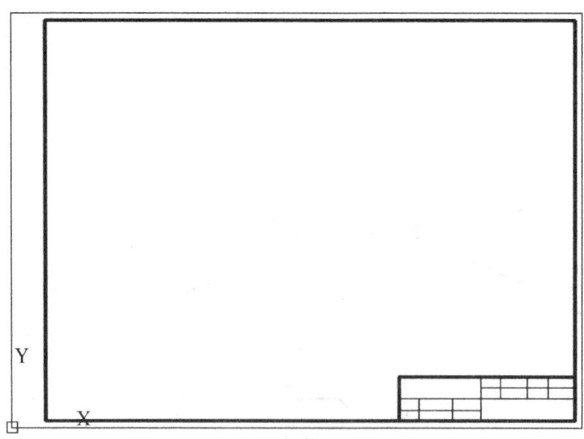

图 4-68　画 A3 图幅和标题栏

④填写标题栏的文字。

首先,设置文字样式。图中汉字样式:T 仿宋-GB2312;高度,0;宽度因子,0.7;倾斜角度,0。图中数字和字母样式:isocp.shx;高度,0;宽度因子,1;倾斜角度,0。

其次,用"多行文字"命令输入文字,如图 4-69 所示。

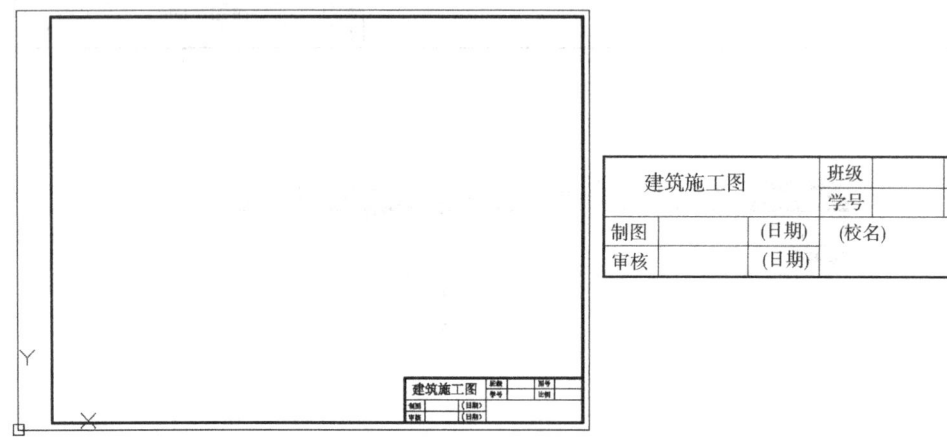

图 4-69　填写标题栏文字

⑤用"缩放"命令将绘制好的 A3 图框放大 200 倍,以备后用。

2. 1∶1 绘制土坝剖面轮廓

电脑绘图,除进行必要的绘图环境设置外,图形的绘制方法与手工绘图基本相同,需要运用形体分析法和线面分析法读图,需要对每个图形进行线段和尺寸分析,确定绘图的顺序和方法。

从图 4-66 所示土坝剖面图可知,土坝断面为梯形,已知坝底标高,坝顶、防浪墙、马道、下游排水棱体顶面宽度和标高尺寸,上、下游坡面及排水棱体、防渗齿墙的坡度。可以按由上向下或由下向上的顺序绘制,关键是坡度的绘制。操作步骤如下:

(1) 运用"直线"和"偏移"命令，绘制坝轴线（点画线）和高程位置线（细实线），如图 4-70 所示。

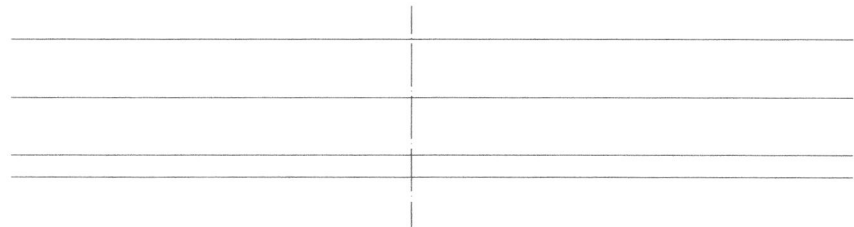

图 4-70　坝轴线和高程位置线的绘制

(2) 切换到粗实线图层，运用"直线"命令，绘制坝顶和防浪墙轮廓线（粗实线）。

(3) 运用"构造线"、"直线"命令和坡度绘制上下游坡道、马道、排水棱体、防渗齿墙等轮廓线（粗实线），用"修剪"或"斜角"命令进行编辑，完成土坝轮廓线的绘制，如图 4-71 所示。

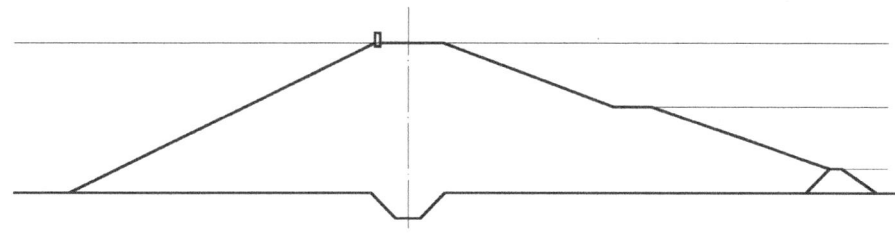

图 4-71　坝断面轮廓线的绘制

3. 绘制剖面材料符号

运用"图案填充"命令，选择相应材料图例，局部绘制填充图案，并绘制和"复制"基岩符号，如图 4-72 所示。

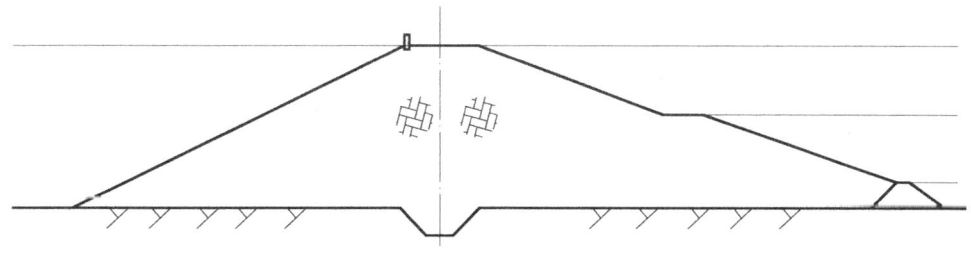

图 4-72　坝断面材料符号的绘制

4. 标注尺寸、标高、坡度

按照前面的介绍，先设置尺寸标注样式，注意要将标注样式中"调整"选项卡中的"全局比例因子"设为 200，否则标注后的尺寸看不到尺寸数字。测量单位比例为 1。然后标注尺寸。

绘制标高符号，运用前面已经设置好的文字样式，采用文字输入命令，注写标高数值，用"复制"命令将其他高程复制出来，修改各个高程数字，完成标高标注。

采用文字输入命令，注写坡度，用"复制"和"旋转"命令将其他坡度复制出来，修改各个坡度数字，完成坡度标注。如图 4-73 所示。

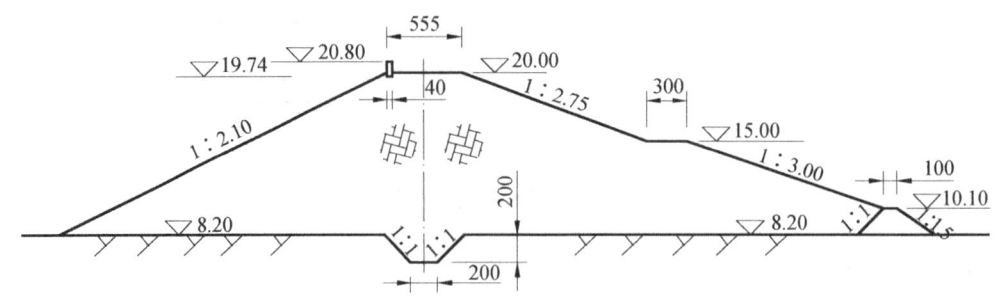

图 4-73　尺寸、标高的标注

5. 注写图名、比例、技术说明等

运用前面已经设置好的文字样式，采用文字输入命令，分别注写好图名、比例、技术说明等。

6. 检查、保存

完成后的图形如图 4-66 所示。

其他常见水利工程图的绘制与此方法类似。

4.3　建筑施工图的绘制

建筑施工图的绘制是中级绘图员（建筑类）资格认证考试的重要内容。下面以图 4-74 所示的建筑施工图为例，来介绍建筑施工图的绘制方法。

【例 4-11】　绘制图 4-74 所示的建筑施工图，要求：

（1）按表 4-5 设置图层及线型，并设定线型比例；

（2）按 1∶1 的比例设置 A3 图幅（横装）一张，留装订边，画出图框线；

（3）按国家标准规定设置有关的文字样式，然后画出并填写如图 4-65 所示的标题栏，不标注尺寸；

（4）按 1∶100 的比例出图，完成图 4-74 所示的建筑施工图的绘制。

操作过程如下：

1. 设置绘图环境，绘制图幅与标题栏

操作方法同水工结构图。

2. 绘制建筑平面图

（1）绘制定位轴线

①在绘制好的 A3 图框里，将绿色点画线层作为当前层，在图中合适位置运用"直线"和"偏移"命令绘制定位轴线。

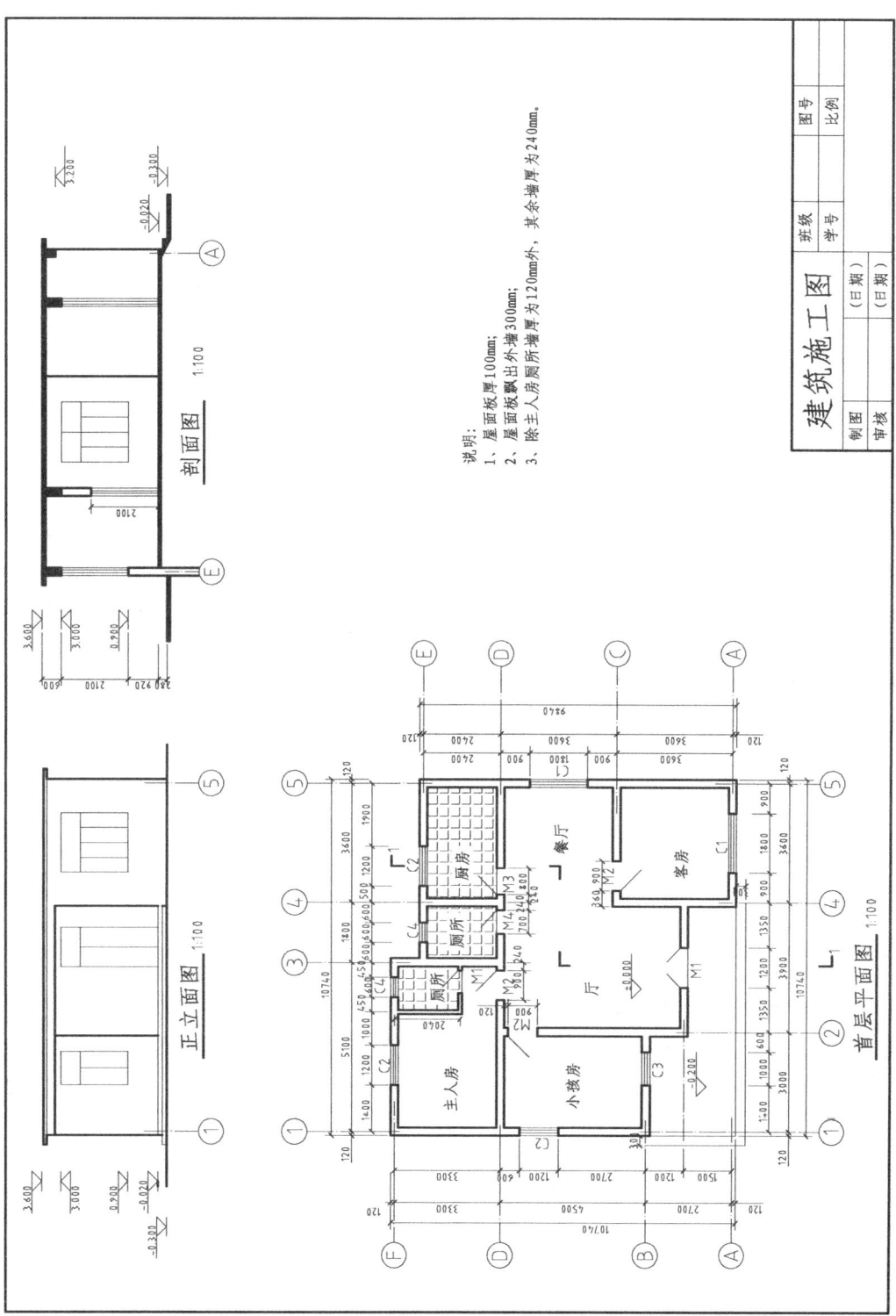

图4-74 建筑施工图

②将细实线层置为当前层,运用"圆"、"多行文字"和"复制"命令,配合对象捕捉的"象限点",完成大小为 8 mm 的定位轴线编号圆,如图 4-75 所示。

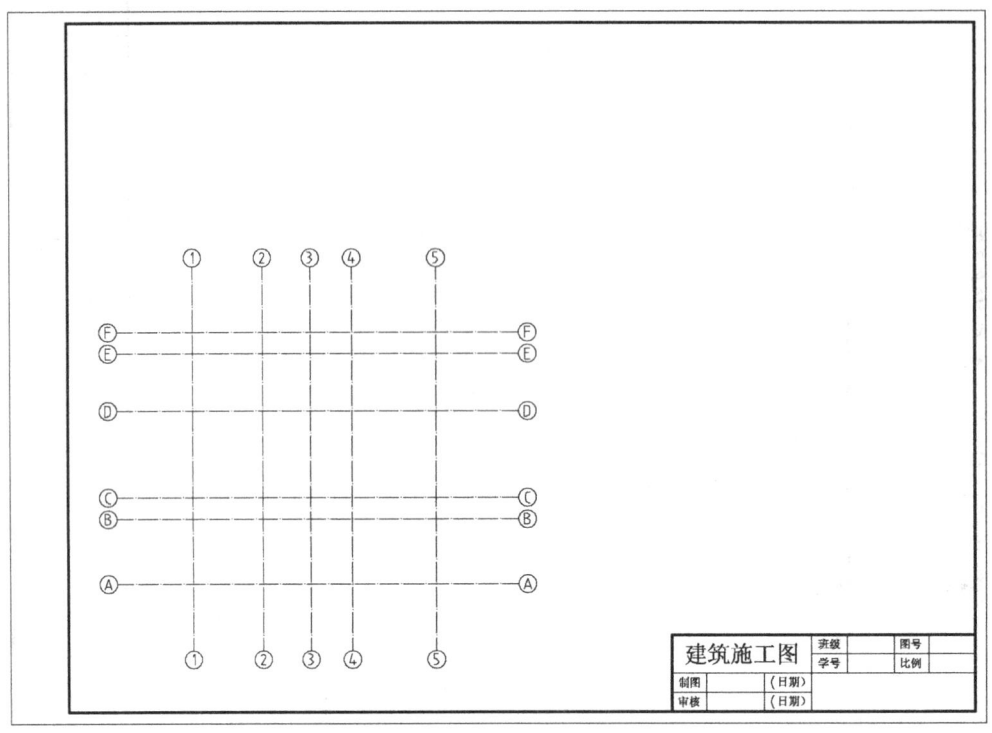

图 4-75　绘制定位轴线与编号圆

(2) 绘制墙线

绘制墙线要用到"多线"命令,包括多线的设置、多线的绘制和多线的编辑三个方面。本例题中用到三种多线,分别是厚度为 240 mm 的墙,厚度为 120 mm 的墙,厚度为 240 mm 的窗。

①设置"多线"样式。

命令输入:下拉菜单【格式】菜单⇨"多线样式"。弹出图 4-76 所示"多线样式"对话框,点击"新建"按钮,弹出"创建新的多线样式"对话框,如图 4-77 所示,在"新样式名"栏中键入"Q1"(或"Wall"),单击"继续"按钮,弹出墙的多线样式对话框,将"元素"特性的"偏移"值分别设置为"120"和"-120";将"封口"特性的"起点"和"端点"分别设置为以"直线"封口,如图 4-78 所示。点击"确定"按钮,返回"多线样式"对话框,设置好墙厚为 240 mm 的墙线。

用同样的方法设置墙厚为 120 的墙线为 Q2(图 4-79),厚度为 240 的窗线为 C(图 4-80)。

②绘制墙线

命令行输入命令:ML(MLINE 的关键字)

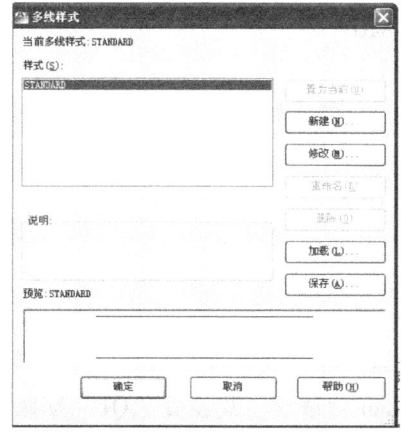
图 4-76 "多线样式"对话框

图 4-77 "创建新的多线样式"对话框

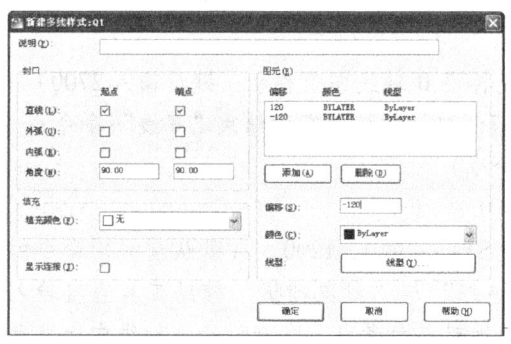
图 4-78 Q1"多线样式"对话框（墙厚 240mm）

图 4-79 Q2"多线样式"对话框（墙厚为 120mm）

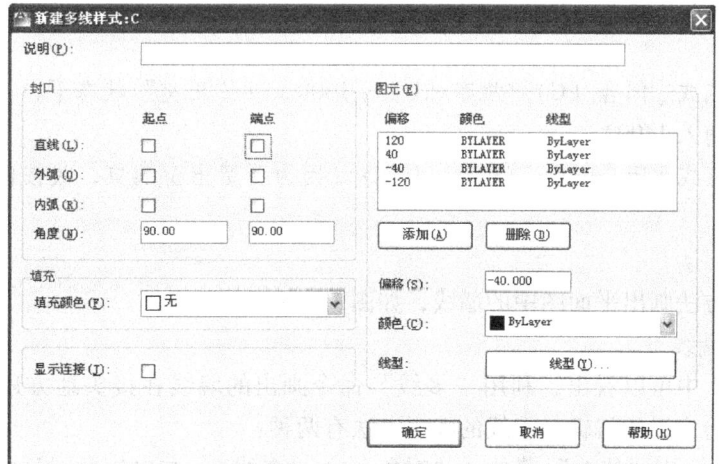
图 4-80 C"多线样式"对话框（窗线）

命令：ML 或 MLINE

当前设置：对正 = 上，比例 = 20.00，样式 = STANDARD

指定起点或 [对正 (J) /比例 (S) /样式 (ST)]：j

输入对正类型 [上 (T) /无 (Z) /下 (B)] 〈上〉：z　（此题中定位轴线位于墙线中心，故对正类型选为"无 (Z)"）

当前设置：对正 = 无，比例 = 20.00，样式 = STANDARD

指定起点或 [对正 (J) /比例 (S) /样式 (ST)]：s

输入多线比例 <20.00>：1　（设置多线比例为1）

当前设置：对正 = 无，比例 = 1.00，样式 = STANDARD

指定起点或 [对正 (J) /比例 (S) /样式 (ST)]：st

输入多线样式名或 [?]：Q1　（首先画厚度为240mm的墙线，故设置"Q1"为当前样式）

当前设置：对正 = 无，比例 = 1.00，样式 = Q1

指定起点或 [对正 (J) /比例 (S) /样式 (ST)]：（捕捉1轴线和B轴线的交点为起点）

指定下一点：2700　（"正交"状态下，光标沿B轴线向上移动，键盘输入2700）

指定下一点或 [放弃 (U)]：（因为要留出窗洞口，故按回车键结束"多线"命令）

命令：（输入 ml 或直接回车重复"多线"命令）

当前设置：对正 = 无，比例 = 1.00，样式 = Q1

指定起点或 [对正 (J) /比例 (S) /样式 (ST)]：@0, 1200　（默认前一次命令的"终点"为本次命令的起点参考点；或用"对象追踪"与"对象捕捉"辅助工具直接输入1200，以前一次命令的"终点"为本次命令的捕捉起点参考点，在光标沿1轴线向上移动出现追踪线状态下，键盘输入1200）

指定下一点：600　（"正交"状态下，光标沿B轴线向上移动，键盘输入600）

指定下一点或 [放弃 (U)]：3300　（"正交"状态下，光标沿B轴线向上移动，键盘输入3300）

指定下一点或 [闭合 (C) /放弃 (U)]：1400　（"正交"状态下，光标沿F轴线向上移动，键盘输入1400）

指定下一点或 [闭合 (C) /放弃 (U)]：（因为要留出窗洞口，故按回车键结束"多线"命令）

……

用同样的方法画出平面图中的墙线，如图4-81所示。

(3) 编辑墙线

从图4-81中可以看出，利用"多线"命令画出的墙线在接头地方还不符合实际情况，此时要进行多线的编辑，多线的编辑方法有两种：

★方法1：运用"修改"菜单⇨"对象"⇨"多线"，在出现的对话框（如图4-82所示）内，选择合适的方式，将所画墙线的接口按要求编辑。

★方法2：先运用"分解"命令将多线分解，再用"修剪"和"删除"命令将墙线按要求编辑。编辑好的墙线如图4-83所示。

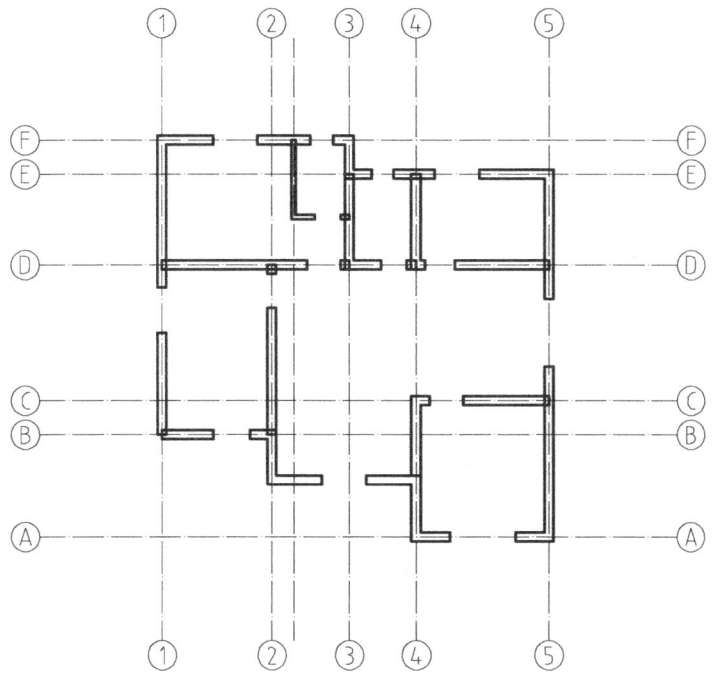

图 4-81 平面图中的墙线

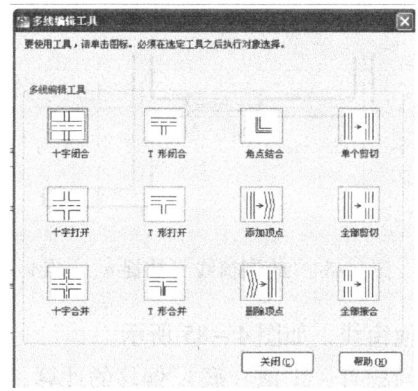

图 4-82 "多线编辑工具"对话框

(4) 绘制窗线

把红色细实线层置为当前层,用"多线"命令绘制。

命令:ML 或 MLINE

当前设置:对正 = 无,比例 = 1.00,样式 = Q2

指定起点或 [对正 (J) /比例 (S) /样式 (ST)]: st

输入多线样式名或 [?]: C （画厚度为 240 mm 的窗线,故设置"C"为当前样式）

当前设置:对正 = 无,比例 = 1.00,样式 = C

指定起点或 [对正 (J) /比例 (S) /样式 (ST)]: (捕捉 a 点)

指定下一点或 [放弃 (U)]: (捕捉 b 点,如图 4-84 所示)

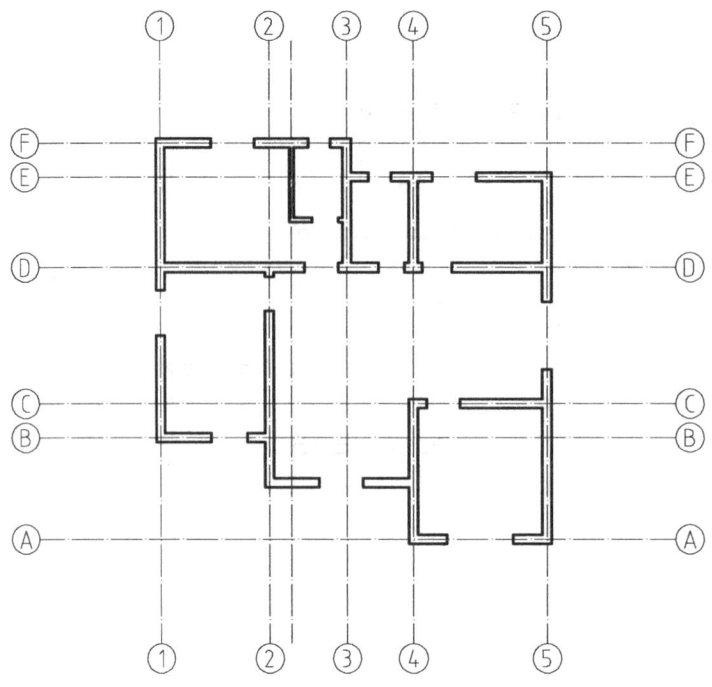

图 4-83 编辑好的墙线

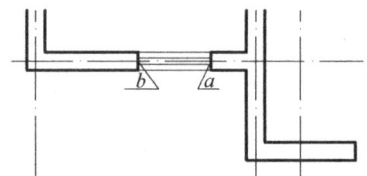

图 4-84 绘制窗线 (捕捉 a、b 点)

用同样的方法绘制出其他窗线,如图 4-85 所示。

使用多线命令时注意的问题有:①顶(底)偏移的计算;②对正方式;③已被使用的多线样式,不能修改其设置值;④多线比例作用于其偏移值。

(5) 绘制门线

将青色中粗线层设置为当前层,先设置极轴增量角为 45°,再用"直线"命令绘制(如图 4-86 所示)。

(6) 绘制高程分隔线和台阶线

①绘制高程分隔线

通常在高程有变化的地方,如阳台与客厅之间、卫生间与房间之间存在一条高程分隔线,用细实线绘出。

②绘制台阶线

台阶线可用"多段线"命令或"直线"、"多段线"、"偏移"命令完成,完成后的图形如图 4-87 所示。

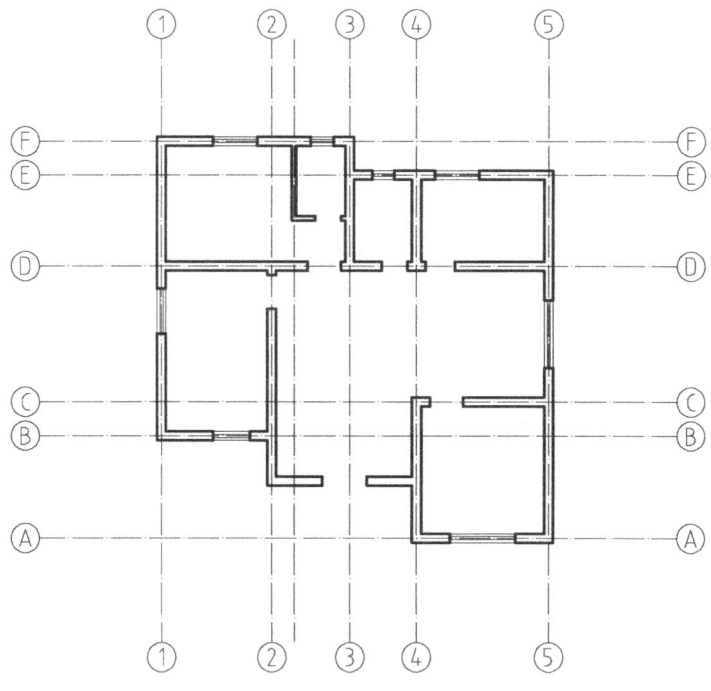

图 4-85　绘制好窗线

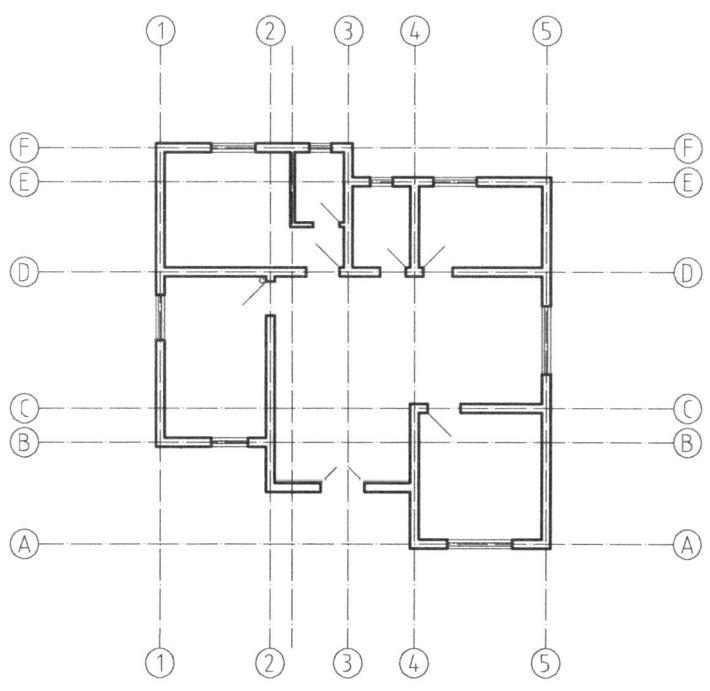

图 4-86　绘制好门线

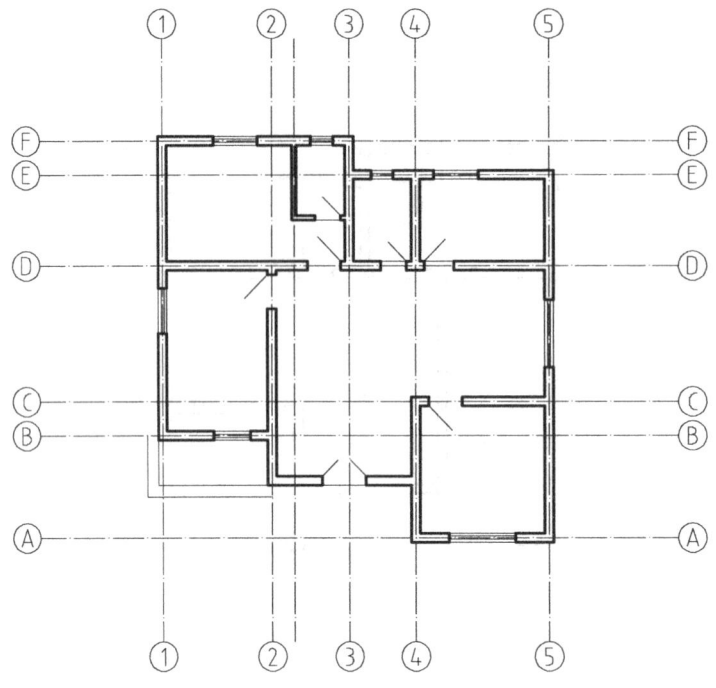

图 4-87 绘制好高程分隔线和台阶线

(7) 写文字和填充图案

运用前面已经设置好的文字样式，分别把图中的文字和字母标上，并运用"图案填充"命令，将厕所和厨房的地板砖铺填，如图 4-88 所示。

(8) 尺寸标注

按照前面的介绍，先设置尺寸标注样式，注意要将标注样式中"调整"选项卡中的"全局比例因子"设为 100，否则标注后的尺寸看不到尺寸数字。然后标注尺寸，如图 4-89 所示。

(9) 整理完成

画上剖切位置线，写上图名、比例，修剪定位轴线，整理平面图，如图 4-90 所示。

3. 绘制建筑立面图

(1) 绘制定位轴线

绘制定位轴线①和⑤，使之与平面图中的定位轴线①和⑤分别在同一直线上，如图 4-91 所示。

(2) 绘制立面图中的外围轮廓线

用"直线"命令画立面图中的外围线包括地坪线、外墙线和屋顶线（粗实线）。注意地坪线为加粗实线（粗实线线宽的 1.4 倍），可简化用粗实线，如图 4-92 所示。

(3) 画立面图中的标高符号

①先用"直线"命令，配合"极轴"，画出标高符号（细实线），并标上高程 -0.300；

②用"复制"命令将其他高程复制出来，修改各个高程数字，运用"镜像"命令将

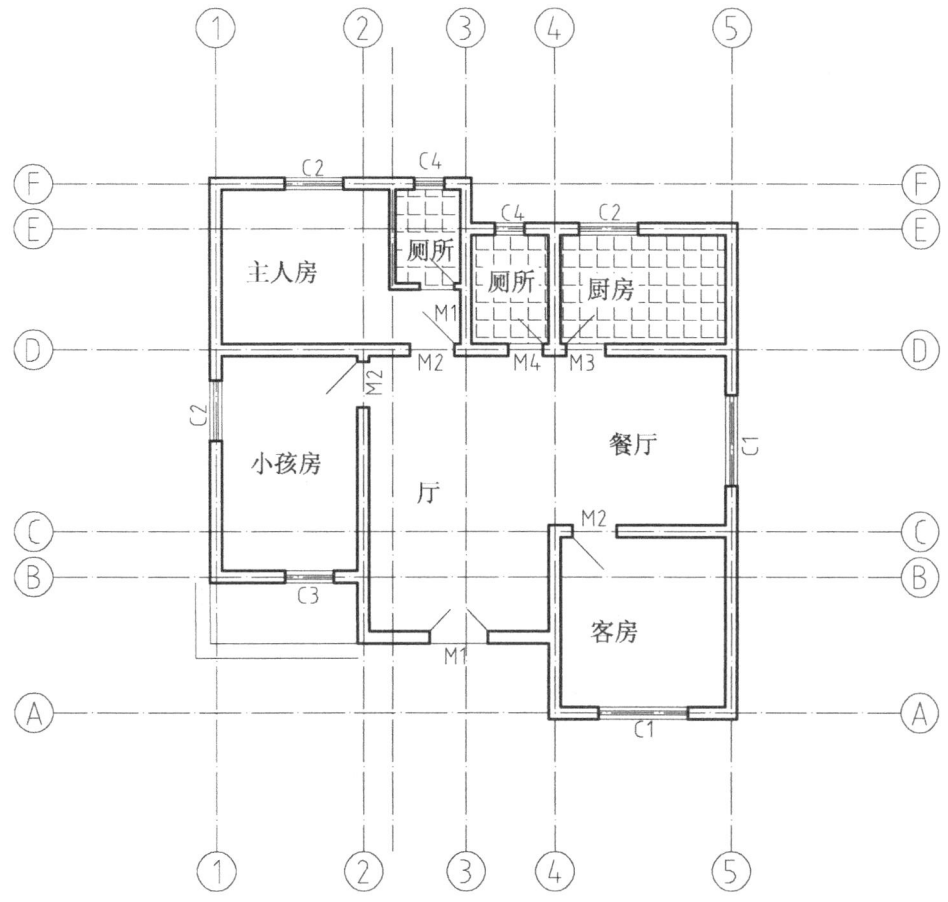

图 4-88 输入文字和填铺地板砖

高程为 3.000 m 的标高符号倒转，如图 4-93 所示。

(4) 画内墙线和台阶

用"直线"、"偏移"和"修剪"命令来画内墙线和台阶（中实线），注意按照投影规律，长度方向要和平面图中的对应部分对齐，可用"对象捕捉追踪"完成；高度方向要和高程符号对齐，如图 4-94 所示。

(5) 画门、窗线

用"直线"、"偏移"和"修剪"命令来画门、窗线（门窗框轮廓线用中实线，门窗分格线用细实线），注意按照投影规律，长度方向要和平面图中的对应部分对齐，可用"对象捕捉追踪"完成；高度方向要和高程符号对齐，如图 4-95 所示。

(6) 写图名、比例，整理立面图，如图 4-96 所示。

4. 绘制建筑剖面图

(1) 绘制定位轴线。

根据平面图中的剖切位置，画好定位轴线 E 和 A，注意轴线 E 和 A 之间的距离应和平面图中轴线 E 和 A 的距离相等，如图 4-97 所示。

(2) 绘制地板线和外墙线。

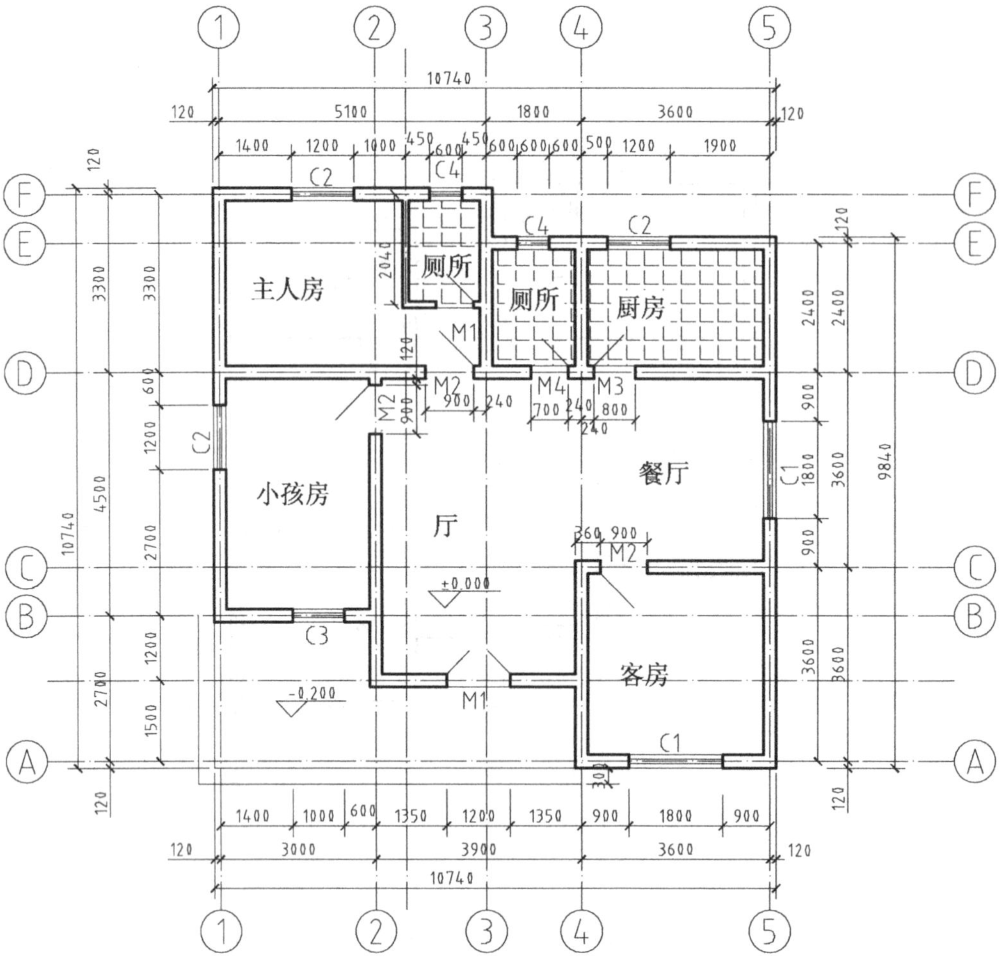

图 4-89 标注尺寸

用"直线"、"偏移"和"修剪"命令来画,注意在高度方向要和立面图中的高程对应,宽度方向和平面图中对应,地板、屋面板厚取 100 mm,如图 4-98 所示。

用"修剪"命令分出室外地面和室内地面,留出 E 轴线上的 C2 窗洞(高程 0.900 mm 到高程 3.000 mm),如图 4-99 所示。

(3)画剖切到的室内部分,如图 4-100 所示。运用"修剪"命令整理后如图 4-101 所示。

(4)画剖面图中的门、窗。

运用"直线"、"多线"、"偏移"和"修剪"等命令来画,注意窗的定位,如图 4-102 所示,整理后如图 4-103 所示。

(5)画剖面图中的台阶和材料填充,如图 4-104 所示。

特别提示:

剖面图中地板、屋面板、梁等的断面的另一种画法:先根据楼地板、屋面板、梁的厚度设置其"多线样式"(如 LB、L 等),在"填充颜色"选项中选择"bylayer"或指定颜

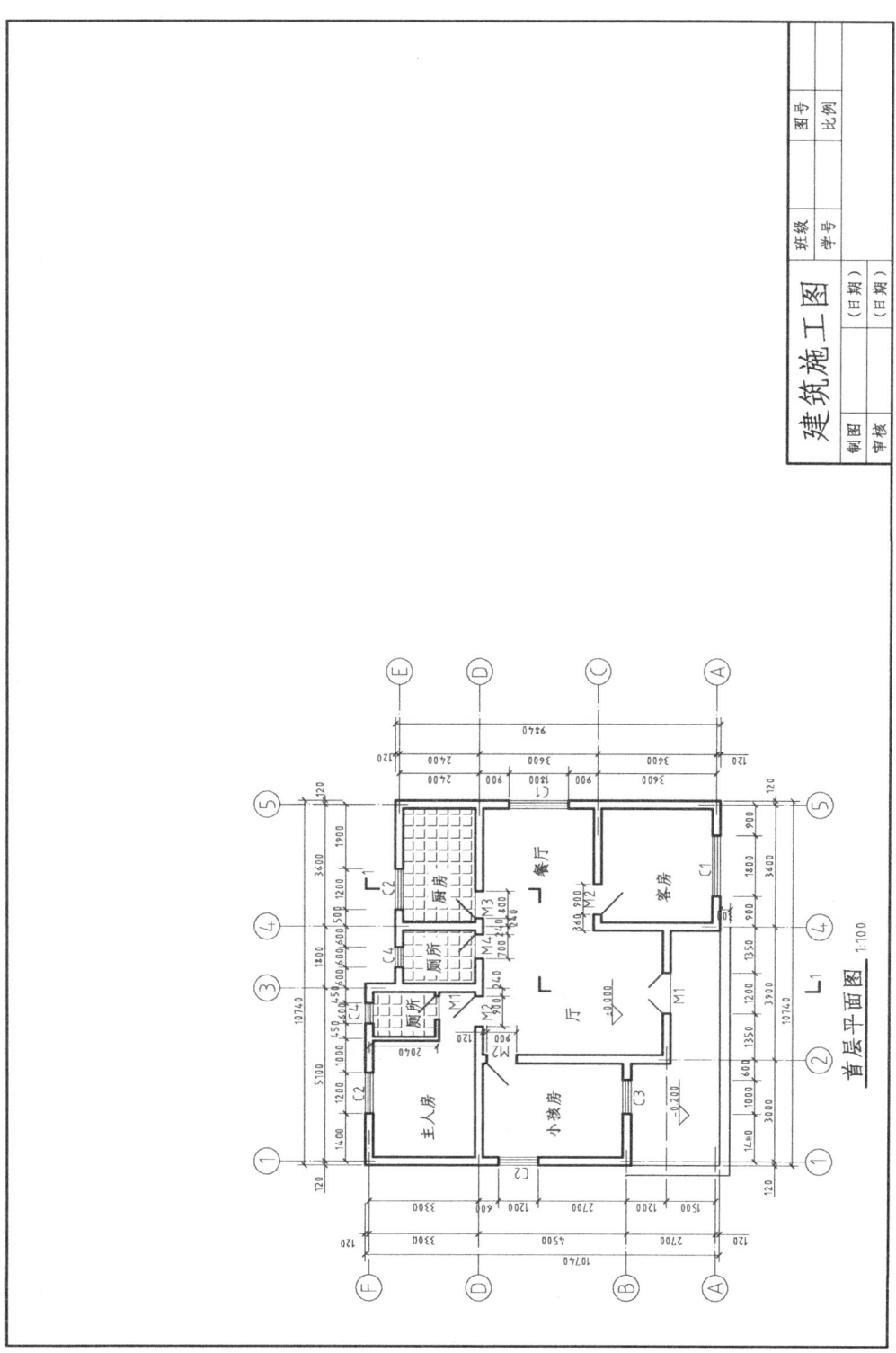

图4-90 整理好的平面图

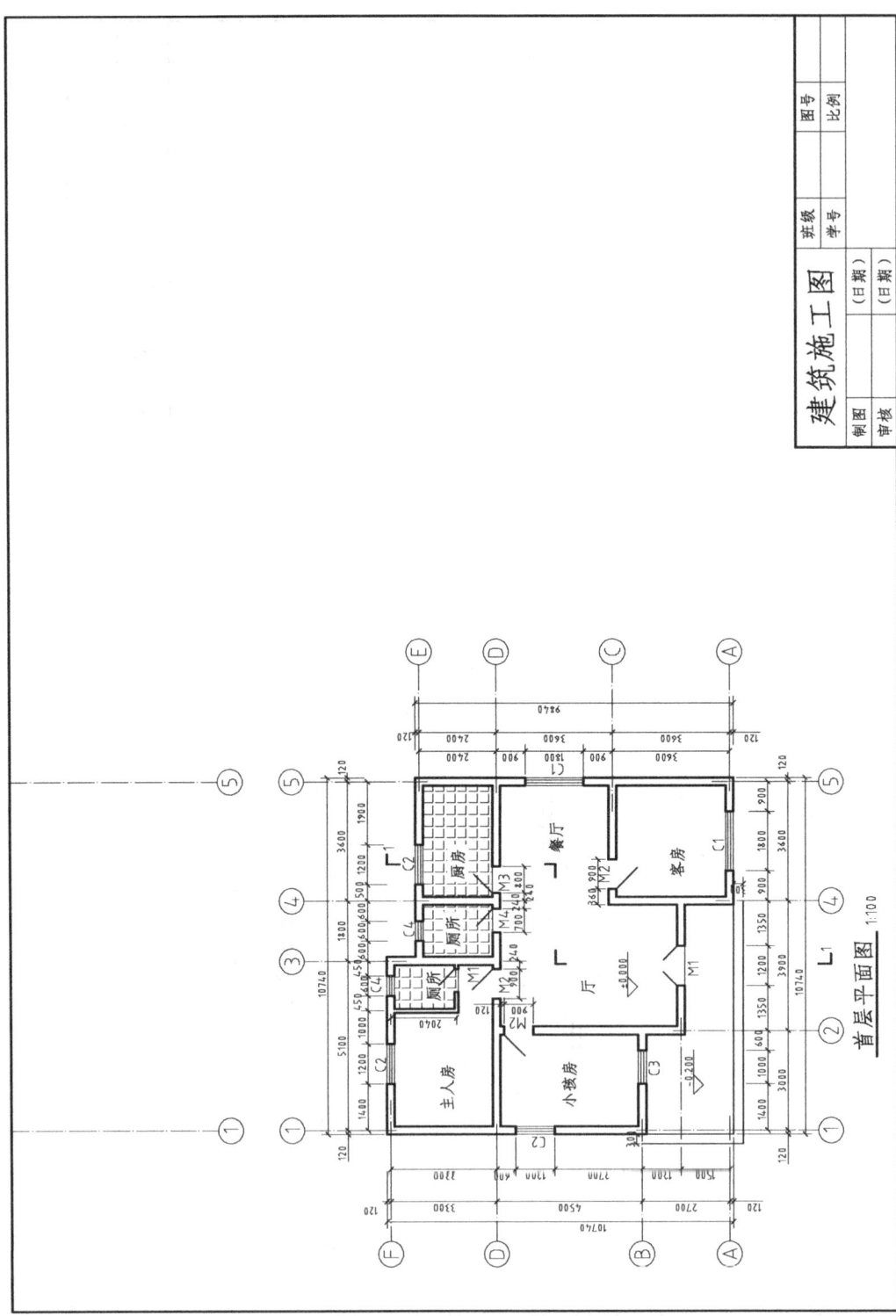

图4-91 立面图的定位轴线

图 4-92 立面图的外围轮廓线

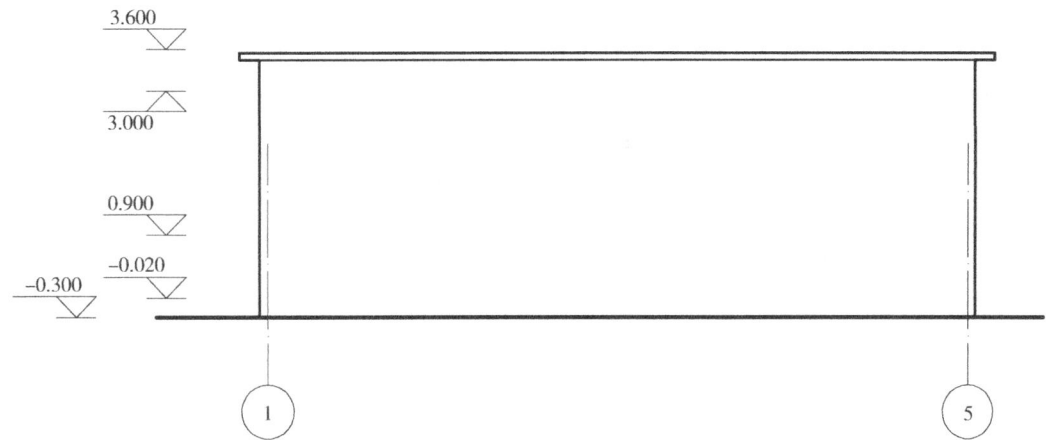

图 4-93 立面图中的标高符号

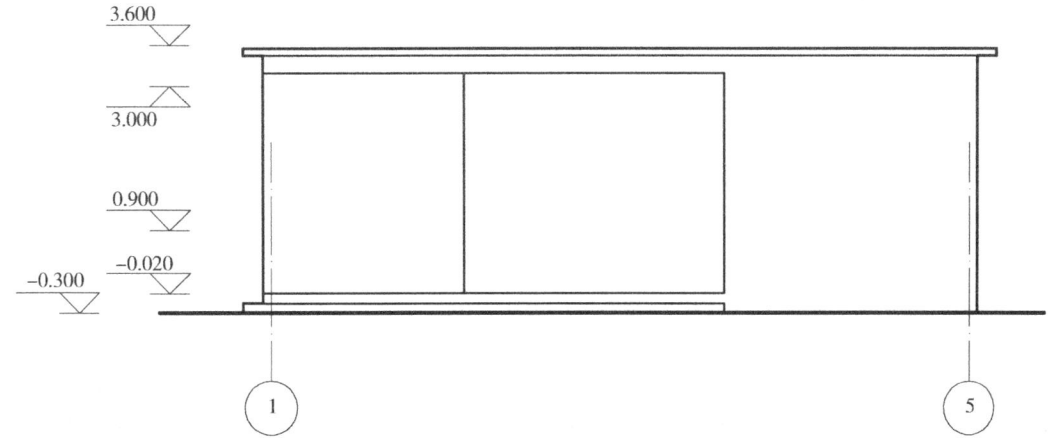

图 4-94 立面图中内墙线和台阶

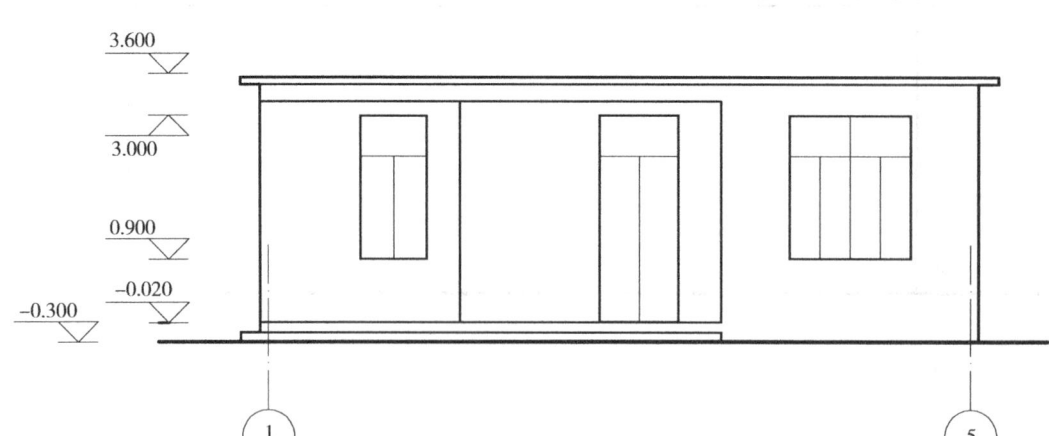

图4-95 立面图中的门、窗

色,如图4-105所示为带"填充"的"LB"的多线样式。再用"多线"命令,直接绘制出带填充的楼地板与梁断面。此种方法在绘制多层建筑剖面图时,速度更快。

(6) 标注尺寸和高程,如图4-106所示。

(7) 写图名、比例,整理剖面图,如图4-107所示。

(8) 输入说明文字,完成整幅图的绘制,如图4-108所示。

5. 绘制建筑详图

在建筑施工图中,通常平面图、立面图和剖面图的比例为1∶100,而详图的比例为1∶40或1∶20,这样就需要解决在同一张图纸内出现两个或多个不同比例的情况,本教材采用以下方法和步骤:

(1) 根据详图上标注尺寸的大小,按1∶1比例完成图形,包括"填充"材料。

(2) 完成上一步后,详图相比平面图等要小很多,用"缩放"命令将详图放大,放大倍数=详图比例/平面图比例。(例如,平面图比例为1∶100,详图比例为1∶20,则放大比例为(1∶20)/(1∶100)=5倍)。

(3) 设置新的标注样式,在原平面图和立面图的标注样式基础上将"主单位"中的"测量单位比例因子"改为平面图比例/详图比例所得的结果。(例如,平面图比例尺为1∶100,详图比例为1∶20,则测量单位比例因子(1∶100)/(1∶20)=0.2)。

(4) 用新的标注样式来标注详图。

(5) 写图名和比例。

引例分析

图4-1所示水工结构图,包括1个平面图、1个纵剖面图和3个剖面图。要想绘制此水工结构图,首先运用投影知识看懂整幅图,然后根据形体特点和尺寸分部分或逐个图形绘制,注意每个图绘制的步骤基本是按定位线→主要结构轮廓线→细部结构→示坡线、材料符号→标注尺寸→文字→图名、比例的顺序来完成的,所用到的命令有"直线"、"偏移"、"修剪"和"打断"等。请读者按提示完成案例绘制。

项目四 AutoCAD 绘图

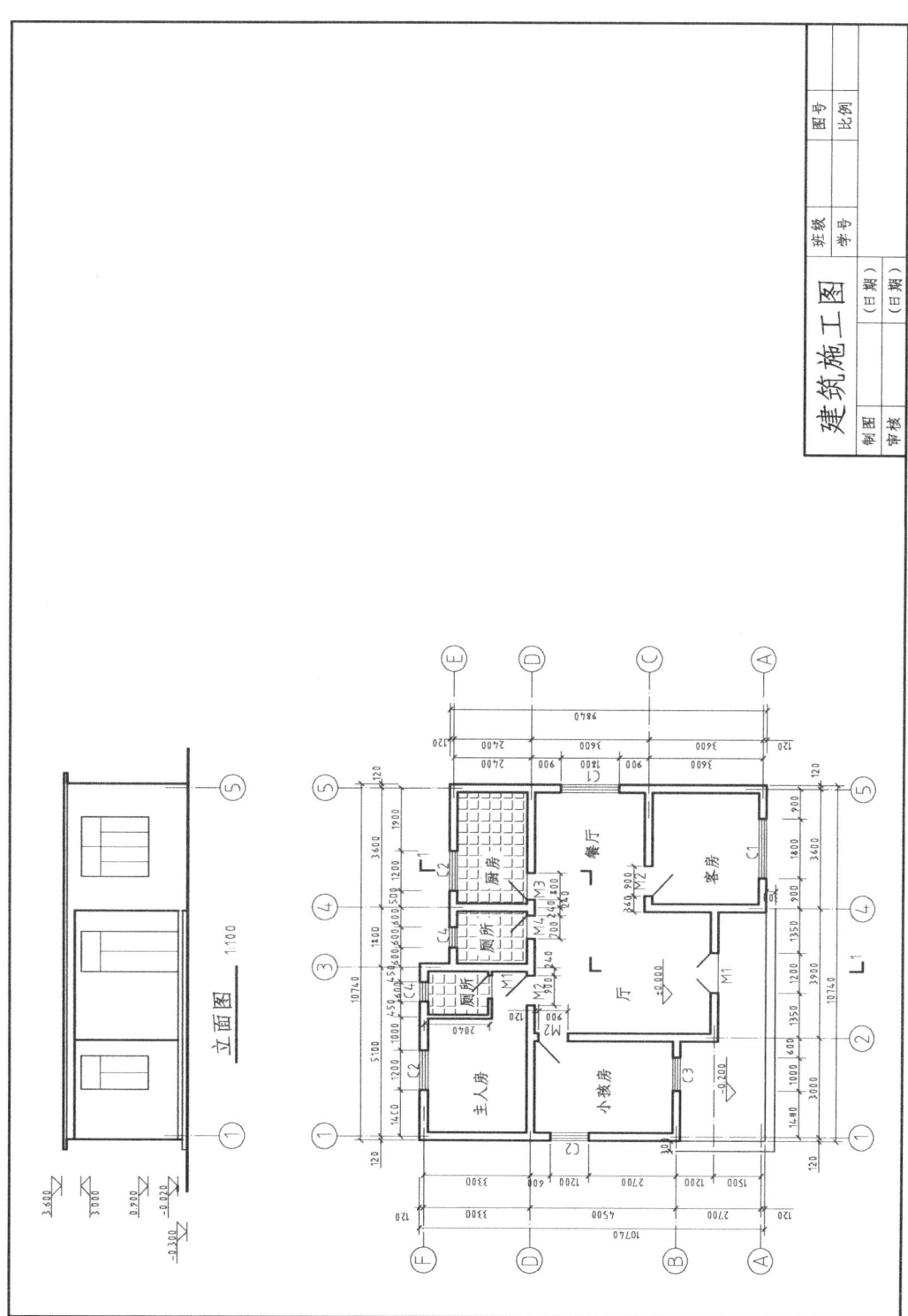

图4-96 整理好的立面图

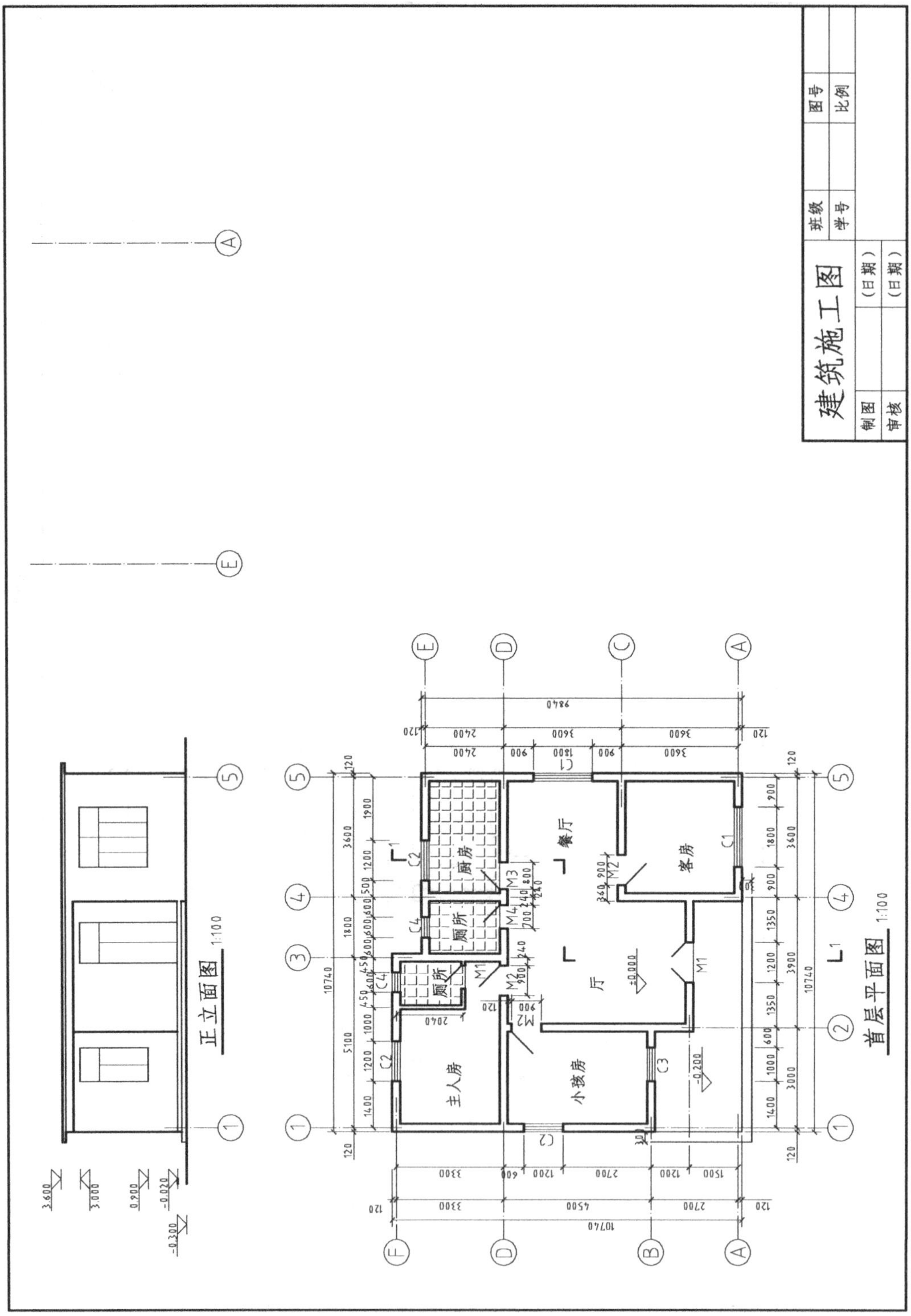

图4—97 剖面图中的定位轴线

图 4-98　剖面图中的外墙线和地板线

图 4-99　剖面图分地面、留窗洞

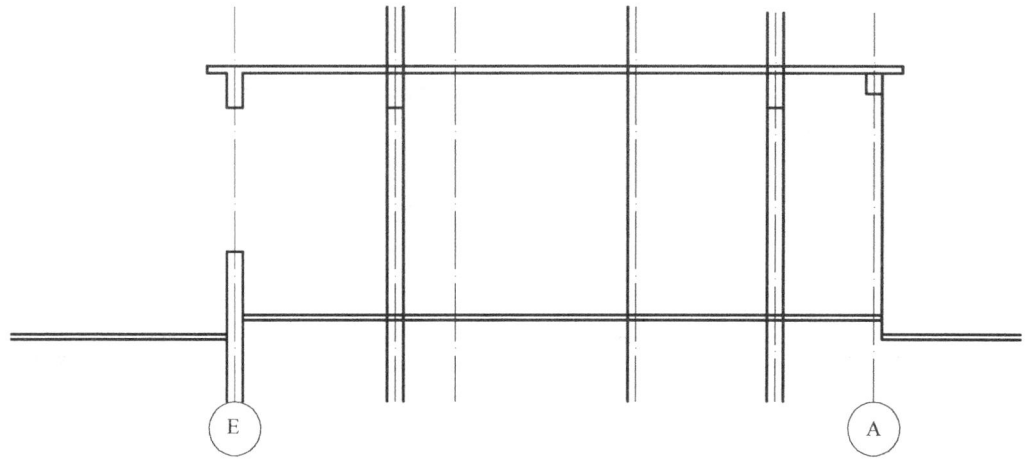

图 4-100　剖切到的室内部分

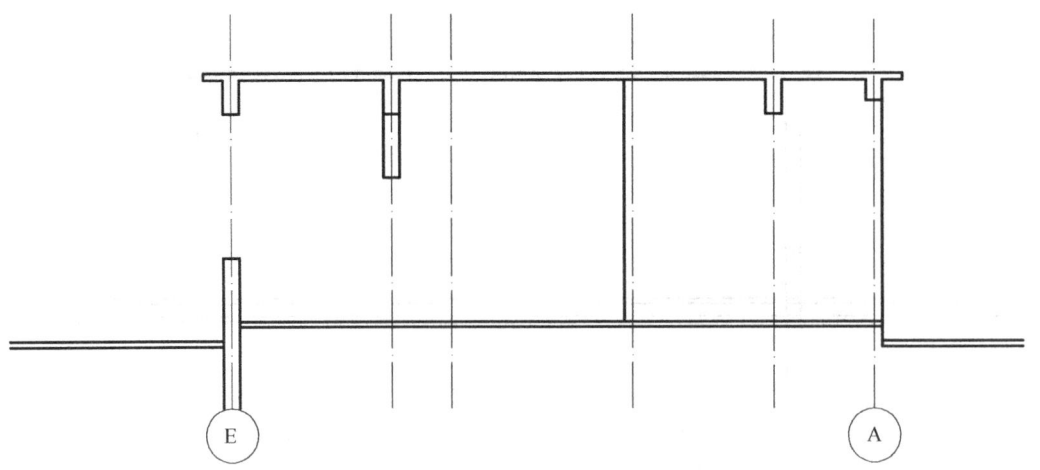

图 4-101　整理剖切到的室内部分

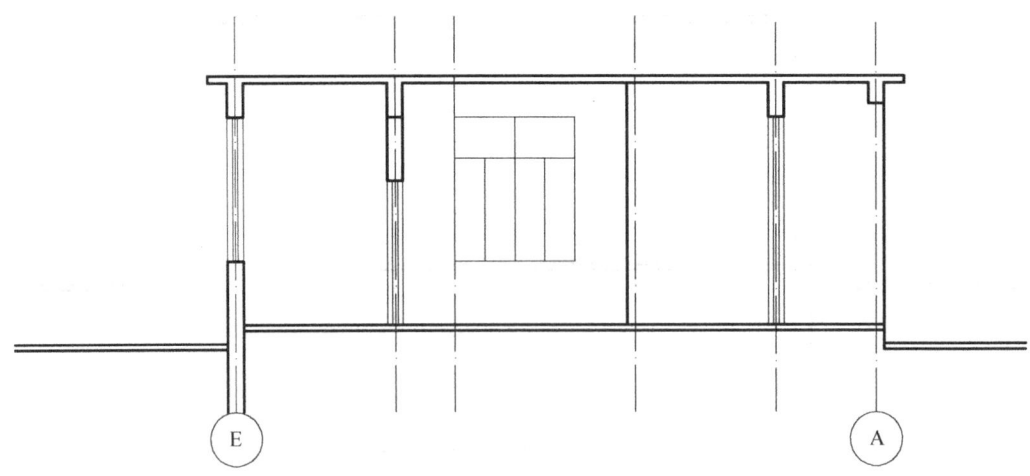

图 4-102　绘制剖面图中的门、窗

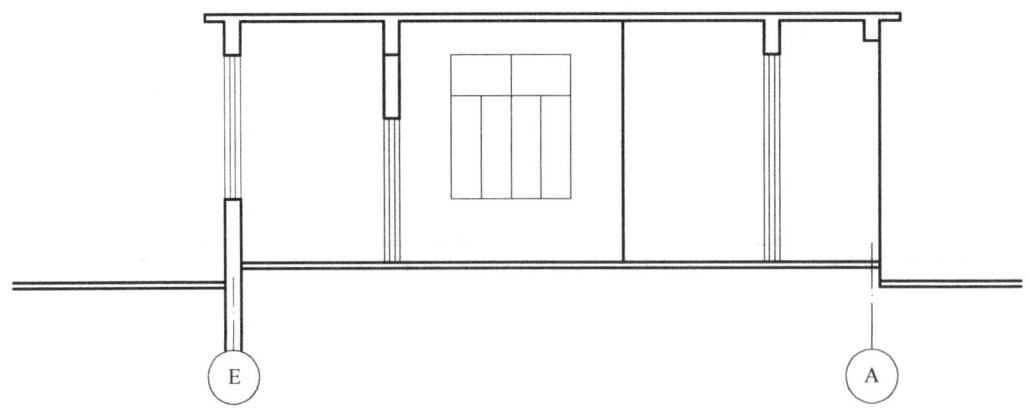

图 4-103　整理剖面图中的门、窗

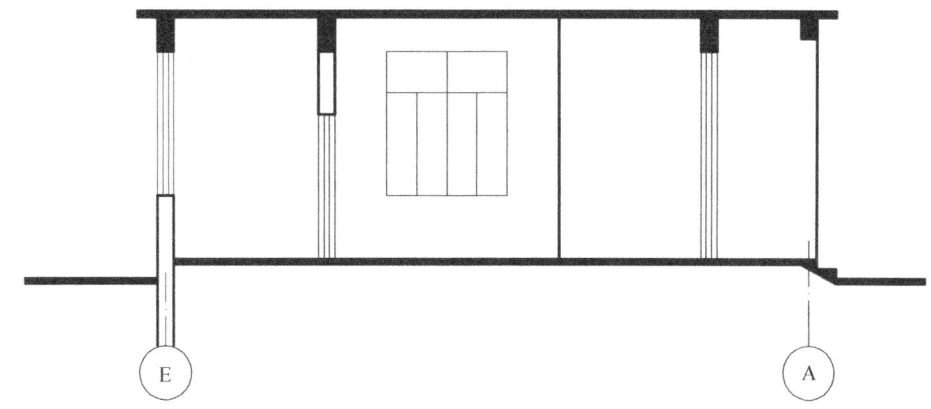

图 4-104　绘制剖面图中的台阶和材料填充

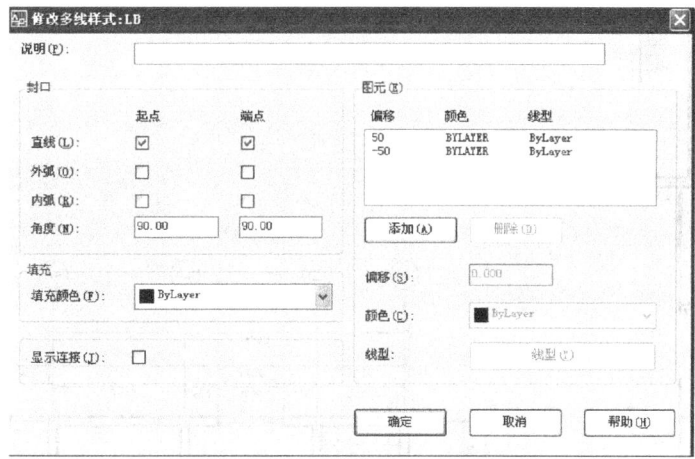

图 4-105　带填充的多线样式

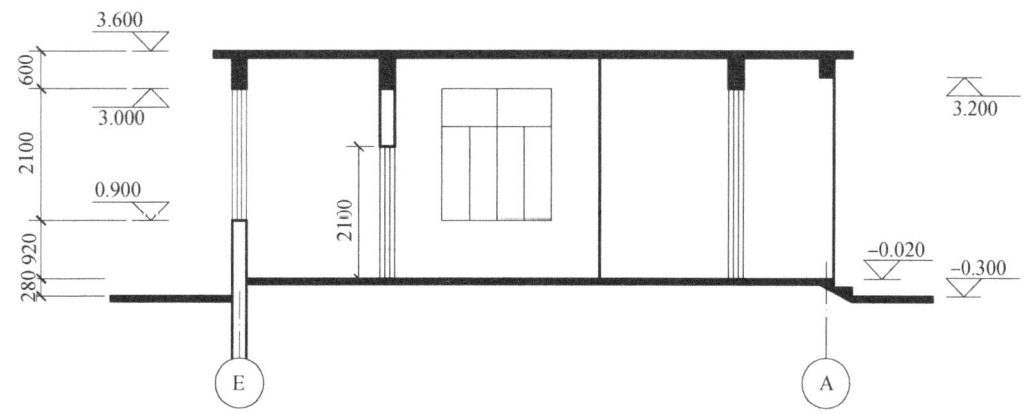

图 4-106　标注尺寸和高程

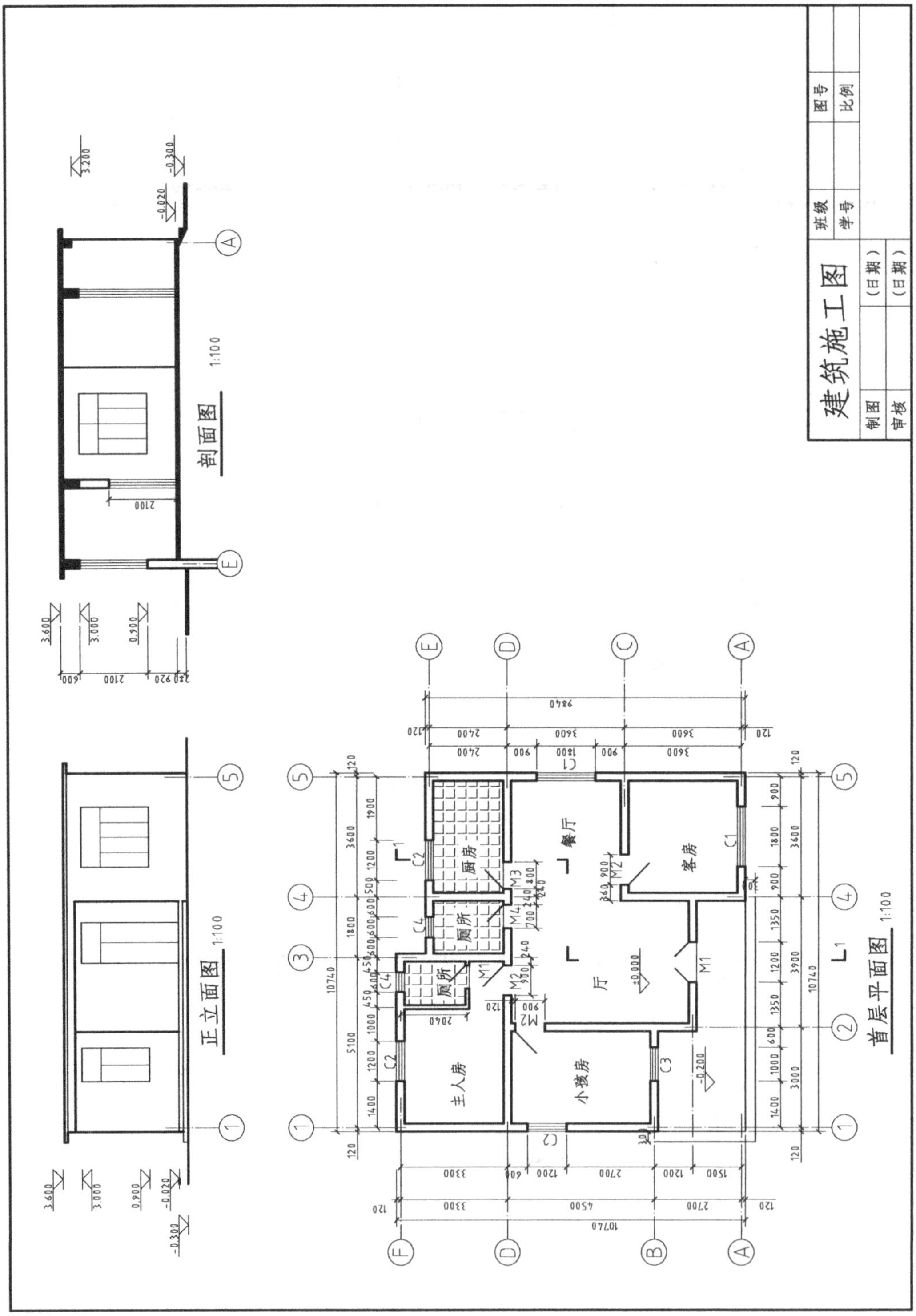

图4-107 整理后的平、立、剖面图

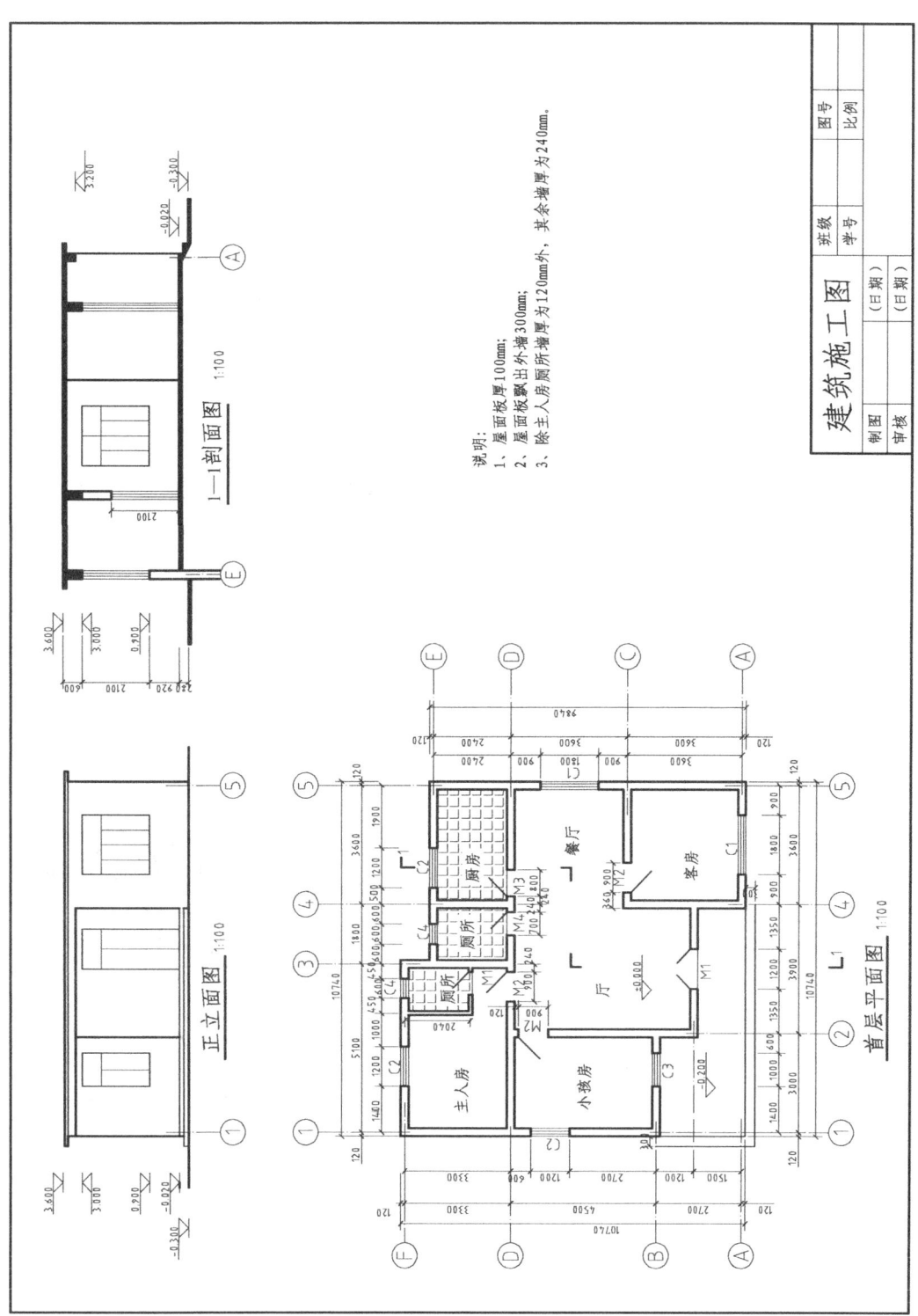

图4-108 完成整幅施工图

若是建筑图,可按平面图→立面图→剖面图→详图→门、窗表的顺序绘制,注意每个图绘制的步骤基本是按定位轴线→墙线→门、窗→台阶等→标注尺寸→文字→图名、比例的顺序来完成的。

通过本项目知识内容的学习可知,绘制专业图样首先要会读图,运用制图的知识看懂这幅图表达的内容;其次要会运用命令,熟练运用 AutoCAD 介绍的绘图与修改命令;最后要会安排步骤,有序的绘图步骤可以提高绘图的速度。

技能训练

1. 进行必要的设置,抄画图 4-109～图 4-114 所示平面图形。

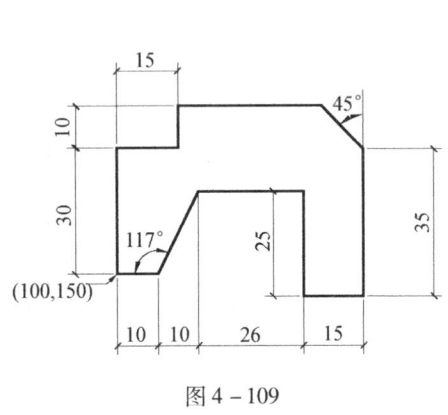

图 4-109

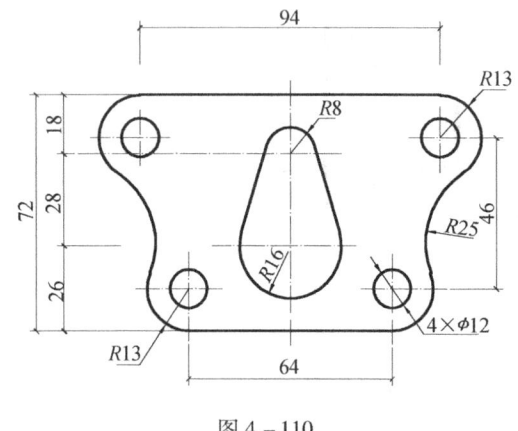

图 4-110

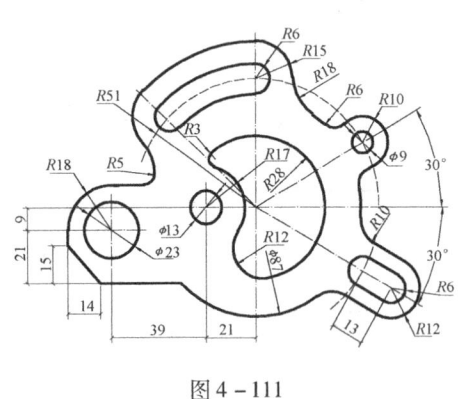

图 4-111

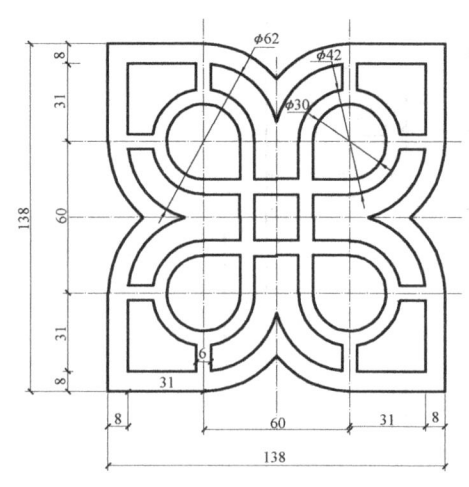

图 4-112

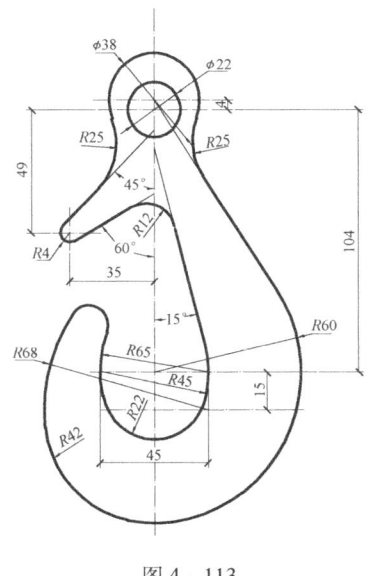

图 4-113

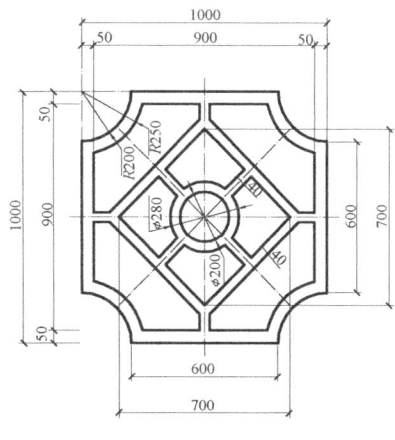

图 4-114

2. 进行必要的设置,完成下列三视图的绘制。

(1) 抄画三视图(图 4-115)　　　　　　(2) 抄画三视图(图 4-116)

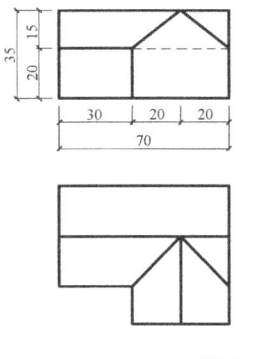
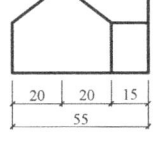
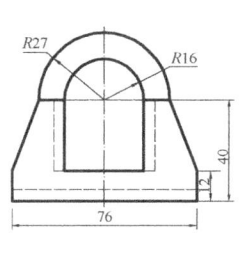
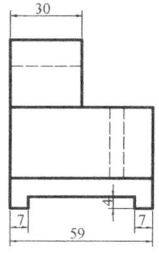
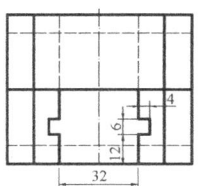

图 4-115

图 4-116

(3) 补画第三视图 (图 4-117)

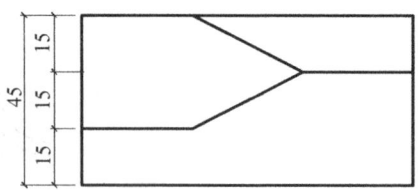

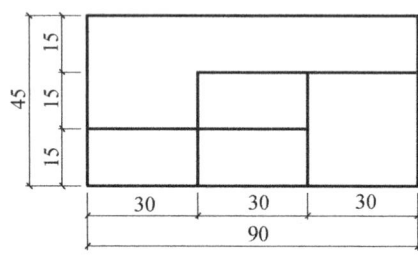

图 4-117

(4) 补画第三视图 (图 4-118)

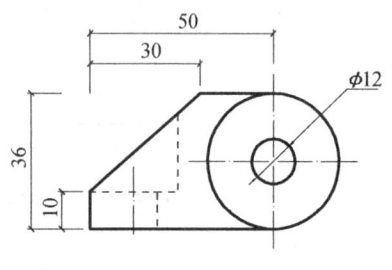

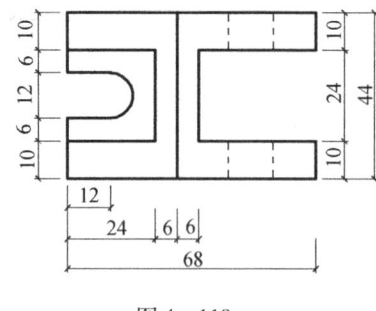

图 4-118

3. 进行必要的设置,用 A3 图幅按图示比例抄画图 4-119 所示水工结构图。
4. 进行必要的设置,抄画图 4-120、图 4-121 所示建筑施工图。

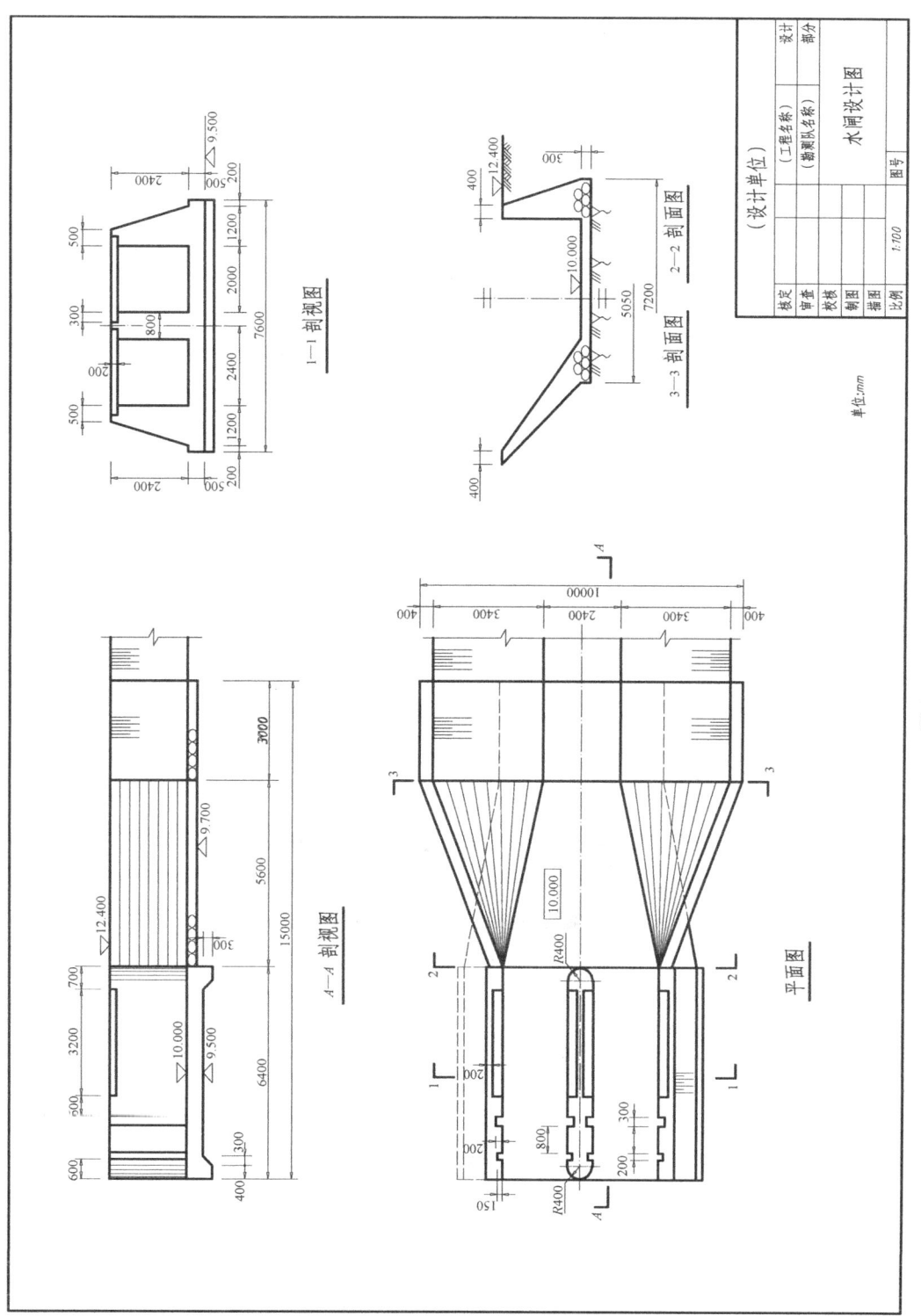

图4-119

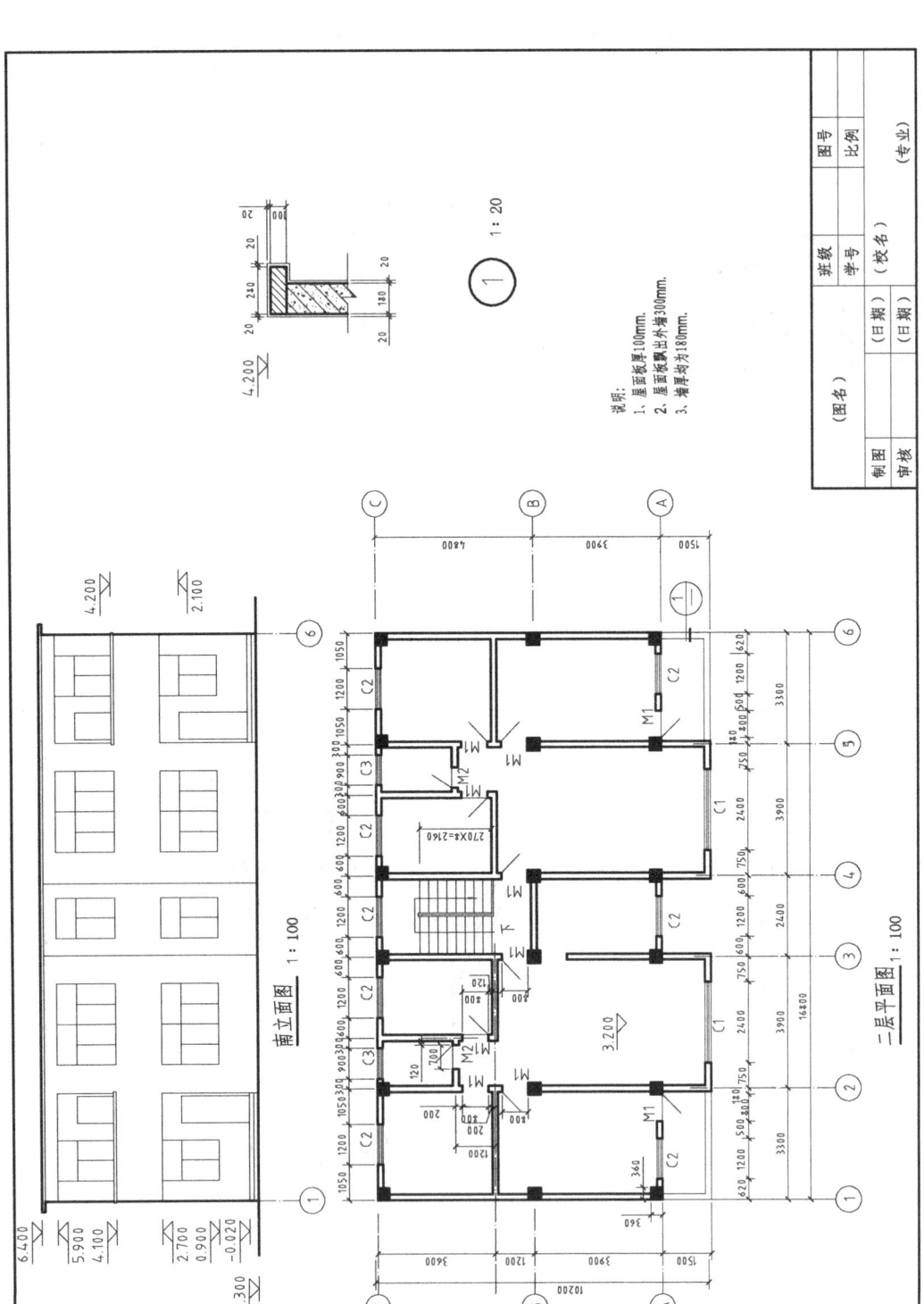

图4-120 建筑施工图（一）

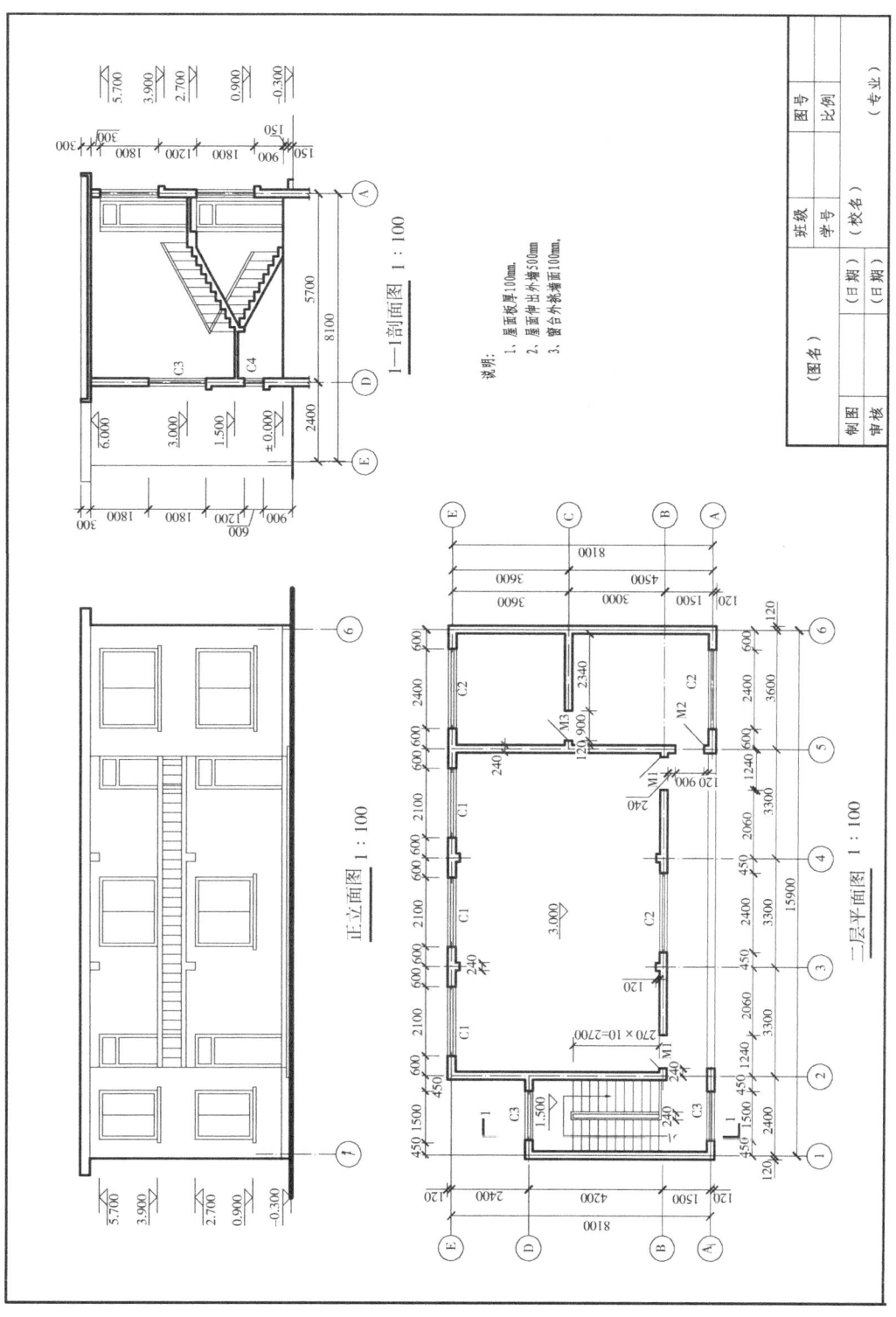

图4-121 建筑施工图（二）

附录一 计算机辅助设计（机械/建筑）中级绘图员鉴定标准

一、知识要求和技能要求

（一）知识要求

1. 掌握微机绘图系统的基本组成及操作系统的一般使用知识；
2. 掌握基本图形的生成及编辑的基本方法和知识；
3. 掌握复杂图形（如块的定义与插入、图案填充等）、尺寸、复杂文本等的生成及编辑的方法和知识；
4. 掌握图形的输出及相关设备的使用方法和知识。

（二）技能要求

1. 具有基本的操作系统使用能力；
2. 具有基本图形的生成及编辑能力；
3. 具有复杂图形（如块的定义与插入、图案填充等）、尺寸、复杂文本等的生成及编辑能力；
4. 具有图形的输出及相关设备的使用能力。

实际能力要求达到：能使用计算机辅助设计绘图与设计软件（AutoCAD）及相关设备以交互方式独立、熟练地绘制产品的二维工程图。

二、鉴定内容

（一）文件操作

1. 调用已存在图形文件；
2. 将当前图形存盘；
3. 用绘图机或打印机输出图形。

（二）绘制、编辑二维图形

1. 绘制点、线、圆、圆弧、多段线等基本图素；绘制字符、符号等图素；绘制复杂图形，如块的定义与插入、图案填充、复杂文本输入。
2. 编辑点、线、圆、圆弧、多段线等基本图素，如删除、恢复、复制、变比等；编辑字符、符号等图素；编辑复杂图形，如插入的块、填充的图案、输入的复杂文本等。
3. 设置图素的颜色、线型、图层等基本属性。
4. 设置绘图界限、单位制、栅格、捕捉、正交等。
5. 标注长度型、角度型、直径型、半径型、旁注型、连续型、基线型尺寸；修改以上各种类型的尺寸；标注尺寸公差。

附录二　计算机辅助设计绘图员技能鉴定样题（建筑类）

考试说明：

本试卷共 4 题。

1. 考生须在考评员指定的硬盘驱动器下建立一个以自己准考证号后 8 位命名的文件夹；

2. 考生在考评员指定的目录，查找"中级绘图员试卷 A.exe"文件，并双击此文件，将文件解压到考生已建立的考生文件夹中，解压密码：111111（注意密码字母的大小写）；

3. 然后依次打开相应的 4 个图形文件，按题目要求在其上作图，完成后仍然以原来图形文件名保存作图结果；

4. 考试时间为 180 分钟。

一、基本设置（20 分）

打开图形文件"A1.dwg"，在其中完成下列工作：

1. 按以下规定设置图层及线型，并设定线型比例：

图层名称	颜色（颜色号）	线型	线宽
0	白色（7）	实线 CONTINUOUS	0.60mm（粗实线用）
01	红色（1）	实线 CONTINUOUS	0.15mm（细实线，尺寸标注及文字用）
02	青色（4）	实线 CONTINUOUS	0.30mm（中实线用）
03	绿色（3）	点画线 SO04W100	0.15mm
04	黄色（2）	虚线 ISO02W100	0.15mm

2. 按 1:1 的比例设置 A3 图幅（横装）一张，留装订边，画出图框线；

3. 按国家标准规定设置有关的文字样式，然后画出并填写如附图 1 所示的标题栏，不标注尺寸；

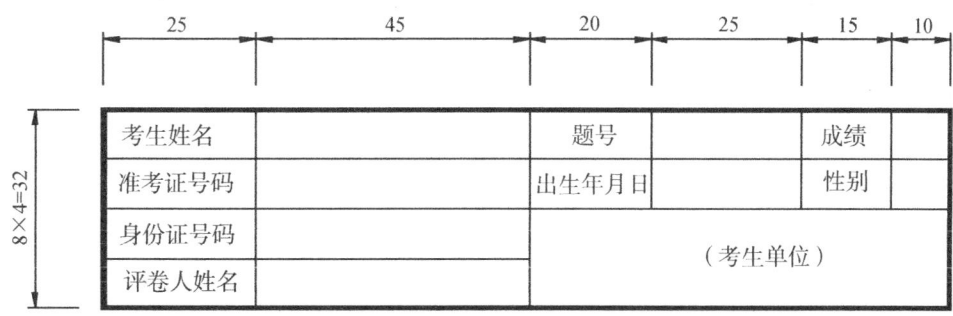

附图 1

4. 完成以上各项后,仍然以原文件名"A1.dwg"保存。

二、抄画房屋建筑图(60分)

1. 取出"A2.dwg"图形文件;
2. 在已有的1∶100比例图框中绘画附图4中的建筑施工图;
3. 不必绘画图幅线、图框线、标题栏和文字说明;
4. 绘画平面图中的门线,要求为与水平成45°的中实线;
5. 填充图例画在细实线层;
6. 绘画完成后存盘,仍然以原文件名"A2.dwg"保存。

三、几何作图(10分)

1. 取出"A3.dwg"图形文件;
2. 绘画附图2的几何图形,应按图示尺寸及比例绘出,不注尺寸;
3. 绘画完成后存盘,仍然以原文件名"A3.dwg"保存。

四、投影图(10分)

1. 取出"A4.dwg"图形文件;
2. 如附图3,按图示尺寸及比例绘出其两面投影,并求出第三投影,不注尺寸;
3. 绘画完成后存盘,仍然以原文件名"A4.dwg"保存。

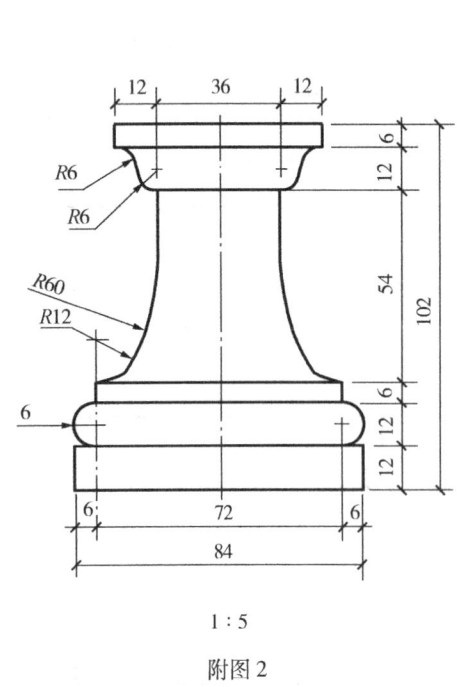

1∶5

附图2

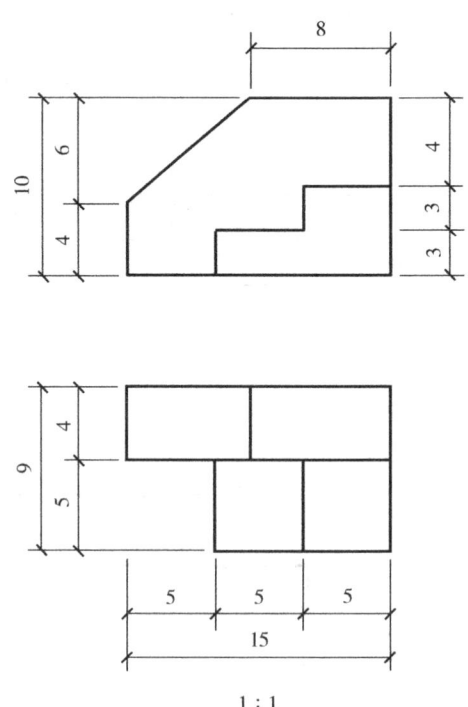

1∶1

附图3

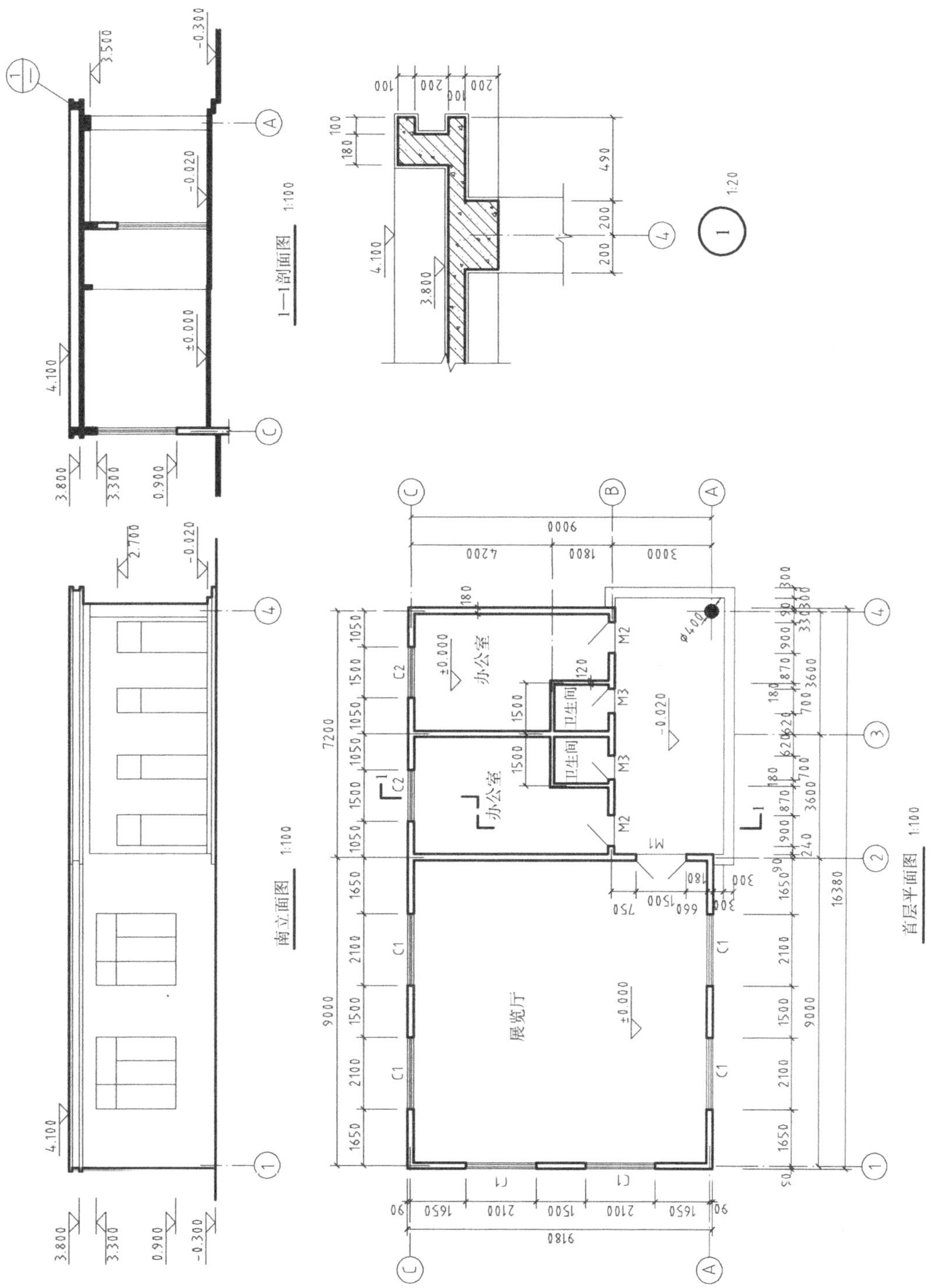

附录二　计算机辅助设计绘图员技能鉴定样题（建筑类）

附图4

参 考 文 献

［1］ SL73—95 水利水电工程制图标准［S］．北京：中国水利水电出版社，1995．
［2］ 孙世青，曾令宜．水利工程制图［M］．北京：高等教育出版社，2006．
［3］ 曾令宜．水利工程制图［M］．北京：高等教育出版社，2007．
［4］ 胡建平．水利工程制图［M］．北京：中国水利水电出版社，2007．
［5］ 邹葆华，栾容．水利工程制图［M］．北京：中国水利水电出版社，2007．
［6］ 柯昌胜，李玉笄．水利工程制图［M］．北京：中国水利水电出版社，2005．
［7］ 邢国清．工程制图与AutoCAD［M］．北京：中国电力出版社，2009．
［8］ 邓兴龙．AutoCAD2008实例教程［M］．广州：华南理工大学出版社，2009．